公建项目建设管理书系

U0346999

体育公园项目建设技术与管理

蒋凤昌　唐金来　郁　俊　　著
沈小秋　徐东峰

同济大学 出版社
TONGJI UNIVERSITY PRESS
·上海·

内 容 提 要

本书基于泰州体育公园"一场三馆"工程项目建设进行技术开发和创新应用,该项目中的体育场大开口车辐式索承网格钢结构和体育馆大跨度钢桁架结构施工技术特征显著,是影响工程建设质量、安全、进度和造价的关键部分。书中所述体育公园的项目设计、施工和项目管理相关内容,可为类似体育场馆建设提供借鉴。

本书适合从事土木工程与建筑专业项目的管理人员、设计人员、施工技术人员和技术开发与研究人员阅读,也可供高等院校师生学习参考。

图书在版编目(CIP)数据

体育公园项目建设技术与管理/蒋凤昌等著. --上海:同济大学出版社,2022.11
(公建项目建设管理书系/蒋凤昌主编)
ISBN 978-7-5765-0472-9

Ⅰ.①体… Ⅱ.①蒋… Ⅲ.①体育—公园—建设—工程项目管理 Ⅳ.①TU986.5

中国版本图书馆 CIP 数据核字(2022)第 216317 号

体育公园项目建设技术与管理

蒋凤昌 唐金来 郁 俊 沈小秋 徐东峰 著

责任编辑 姚烨铭 **责任校对** 徐春莲 **封面设计** 张 微

出版发行	同济大学出版社 www.tongjipress.com.cn	
	(地址:上海市四平路 1239 号 邮编:200092 电话:021-65985622)	
经 销	全国各地新华书店	
排 版	南京月叶图文制作有限公司	
印 刷	江苏凤凰数码印务有限公司	
开 本	787 mm×1092 mm 1/16	
印 张	17.5 插图 4	
字 数	449 000	
版 次	2022 年 11 月第 1 版	
印 次	2022 年 11 月第 1 次印刷	
书 号	ISBN 978-7-5765-0472-9	

定 价 98.00 元

编　委　会

著　　者：蒋凤昌　唐金来　郁　俊　沈小秋　徐东峰

编 写 组：蒋凤昌　唐金来　郁　俊　沈小秋　徐东峰
　　　　　周桂香　林网朋　姜荣斌　曹　进　常玉生
　　　　　袁华山　郑仟福　许晓慧　石　波　张　振
　　　　　石亚建　刘国华　韩海荣　丁　峰　罗太安
　　　　　董　杰　李永奎　刘如兵　陈　鹏　王　宇
　　　　　移伯华　南　进　赵　凯　陈祖俊　闵　卫
　　　　　陈建军　陈庆友　唐达俊　冯宁馨　张兴刚
　　　　　钱　军　杨　政　曹子昂　刘远洋

编写单位：锦宸集团有限公司
　　　　　泰州职业技术学院
　　　　　中体泰州体育场馆运营管理有限公司
　　　　　泰州市城市建设投资集团有限公司
　　　　　同济大学复杂工程管理研究院
　　　　　中国建筑西南设计研究院有限公司
　　　　　泰州市第一建设工程监理有限公司
　　　　　泰州市恒鼎工程咨询管理有限公司

前　言

　　随着我国经济的高质量发展和国民生活水平的稳步提高,体育事业获得快速发展,各省(自治区、直辖市)对体育场馆和设施的需求日益增大,从而推动了地区级城市体育公园(体育场馆、体育中心)的建设。体育公园通常融体育竞技和群众健身活动为一体,是拓宽城市空间结构、带动城市经济发展的重要载体。体育公园项目建设规模庞大、技术复杂、建设周期长、管理协调工作复杂且社会关注度高。本书对体育公园项目的设计、施工和项目管理进行研究,并且推广应用研究成果,可产生良好的经济效益和社会效益,为其他类似的体育场馆建设项目提供有益的借鉴。

　　泰州体育公园项目主要由体育场、体育馆、游泳馆、健身馆和其他商业辅助用房组成,简称“一场三馆”,占地面积约 46.9 hm²,总建筑面积约 $17.6×10^4$ m²。其中体育场建筑面积约 $6.3×10^4$ m²,体育馆建筑面积约 $5.4×10^4$ m²,游泳馆建筑面积约 $2.7×10^4$ m²,健身馆建筑面积约 $2.0×10^4$ m²。整个园区的规划设计理念为“三水交汇、山水相依”,深层次地体现泰州的地域特色和文化内涵。总平面设计以“两轴双核四片”的规划结构统帅全局,南北向的人文景观轴延续并强化城市中轴线,东西向的体育运动轴用于统筹布置各类场馆。体育场大开口车辐式索承网格钢结构、体育馆大跨度钢桁架圆形屋盖、大面积金属屋面防水系统等工程是施工技术和管理创新的重点与难点。在推进工程项目建设的同时,施工总承包单位锦宸集团有限公司与泰州职业技术学院组建了校企合作“产教融合”课题组,开展课题研究和技术创新活动,已获得国家专利授权 5 项、江苏省级施工工法 2 项、国家级 QC-Ⅰ 类成果 1 项和省级 QC 成果 4 项,为该项目争创国家“鲁班奖”优质工程奠定了良好基础。

　　本书的研究内容主要源于泰州体育公园项目的工程实践,获得泰州市科技局立项的社会发展科技支撑项目“泰州市体育公园绿色建造关键技术应用研究与工程实践(项目编号:TS202049)”、江苏省发展和改革委员会立项的“江苏省复杂项目绿色建造 BIM 技术应用工程研究中心”(项目编号:JPERC2021—168)建设项目、泰州职业技术学院自然科学研究项目"大型体育场馆绿色建造关键技术研究"(项目编号：TZYKY‐21‐4)等项目资助。在此对资助单位深表感谢。

本书在撰写过程中,获得锦宸集团有限公司、泰州职业技术学院、中体泰州体育场馆运营管理有限公司、泰州市城市建设投资集团有限公司、同济大学复杂工程管理研究院、中国建筑西南设计研究院有限公司、泰州市第一建设工程监理有限公司、泰州市恒鼎工程咨询管理有限公司和浙江东南网架股份有限公司等单位的支持和帮助。在此对支持单位及个人表示感谢。

由于泰州体育公园项目建设规模大、建设周期长,当前建筑业的大跨度钢结构建造技术及 BIM 技术仍在快速发展,体育公园项目运营管理相关理念与实施方案随着市场变化不断更新,同时限于作者水平,书中难免存在一些不当甚至错误,恳请专家和读者批评指正。

著者

2022 年 9 月

目　　录

第1章

概　　述

1.1　体育设施建设的时代背景

体育是社会发展和人类文明进步的标志之一,体育事业发展水平是一个国家综合国力和社会文明程度的重要体现,体育事业作为现代服务业的重要组成部分,对落实科学发展观具有重要作用。体育作为一种群众广泛参与的社会活动,不仅可以增强体质,也有助于培养人们勇敢顽强的性格、超越自我的品质、迎接挑战的意志和承担风险的能力,有助于培养人们的竞争意识、协作精神和公平观念。体育还是促进友谊、增强团结的重要手段,体育活动能够扩大人们的情感交流,增进人与人之间的相互了解,改善人际关系,建立健康、合理的生活方式,创建文明和谐的社会环境。高水平竞技体育对丰富人们的精神文化生活,弘扬集体主义、爱国主义精神,增强国家和民族的向心力、凝聚力,都有着不可缺少的作用。体育作为新兴产业,对于扩大内需、拉动经济增长、实现现代化建设发展目标,有着显著的推动作用。

改革开放使中国发生了翻天覆地的变化,各族人民的生活水平得到了很大的提高,精神面貌发生了深刻的变化,人们生活方式的多元化,生活质量、生活标准需求的日益提高,"健康第一"的观念深入人心。我国体育事业取得了很大成就。群众体育蓬勃发展,参加体育活动的人数不断增加,人民体质普遍增强,群众性体育活动的内容和形式更加丰富多彩,竞技体育全面登上世界体育舞台,在国际赛场上屡创佳绩。体育产业工作也进一步得到重视和加强。2002 年 7 月,中共中央、国务院下发了《关于进一步加强和改进新时期体育工作的意见》(中发〔2002〕8 号),全面、深刻地阐明了体育在社会发展、经济建设中的重要地位和作用,科学分析了体育工作面临的形势和任务,明确提出了新时期发展体育事业的指导思想、工作方针和总体要求,以与时俱进的精神,从政策上为体育工作提供了有力的支持,为体育事业的更快发展开辟了广阔的空间和前景。按照江苏省委、省政府"全面达小康、建设新江苏"的总体要求,从经济社会发展的实际出发,省体育局于 2006 年提出实施体育设施"新四个一"工程,具体要求是:到 2010 年,各省辖市至少要建设一个 5.0 千座的体育馆、一个 3.0 万座的塑胶跑道标准体育场、一个包括游泳馆在内的体育中心和一个 5 000 m² 以上的全民健身中心。江苏省人民政府办公厅《关于深入推进体育强省建设的意见》(苏政办发〔2007〕17 号)提出了"到 2010 年各市要建成面向公众开放的功能完善、配套齐全的体育运动中心(体育馆、运动场、游泳馆)和全民健身中心"的要求。

随着时代的发展,中国老百姓在关注运动员竞技表现的同时,也越来越积极地投入到全民健身运动中,对体育的需求日趋多元化。乒乓球、羽毛球、游泳等传统体育项目仍大受欢迎,而滑雪、网球、高尔夫、赛车等需要一定经济实力的新兴项目也逐渐走进寻常百姓生活。与此同时,中国竞技体育运动水平不断提高。在2004年雅典奥运会上,中国健儿以32枚金牌、17枚银牌和14枚铜牌的成绩勇夺金牌榜第二名;在2006年都灵冬奥会上,中国体育代表团获得了2枚金牌、4枚银牌、5枚铜牌的好成绩,部分落后项目取得突破,奖牌数稳中有升;在2006年多哈亚运会上,中国体育代表团获得165枚金牌,总奖牌数316枚,再次蝉联金牌数和奖牌数第一名。特别是2008年,北京成功举办了第29届奥运会,中国共获得100枚奖牌,其中包括51枚金牌、21枚银牌、28枚铜牌;在2012年伦敦奥运会上,中国体育代表团获得38枚金牌,总奖牌数87枚;2021年东京奥运会上,中国体育代表团又获得38枚金牌、32枚银牌、18枚铜牌,总奖牌数88枚,追平了境外奥运会最佳成绩,仅次于北京奥运会,拿到历史第二的好成绩。这充分反映了我国在体育事业上的丰硕成果,对推动新世纪我国经济和社会发展,形成全方位、多层次、宽领域对外开放的格局,以及提高我国的国际地位等方面都产生了深远的影响。

泰州体育公园项目的建设,不但能够满足江苏省人民政府办公厅《关于深入推进体育强省建设的意见》(苏政办发〔2007〕17号)中提出的"到2010年各市要建成面向公众开放的功能完善、配套齐全的体育运动中心(体育馆、运动场、游泳馆)和全民健身中心"的要求;而且能够完善泰州市的体育设施、满足承接全国综合性运动会和国际单项赛事对体育场馆的要求,增强新区发展的吸引力和活力以及繁荣泰州市文化体育事业,实现城市的跨越式发展。建成后的泰州体育公园必定成为泰州市的标志性建筑,巍峨壮观的体育建筑群和体育产业广场,在展示泰州市的城市面貌,促进体育产业和社会经济的发展及提高城市知名度等方面都将起到不可估量的推动作用。

1.2　体育设施建设的必要性

体育公园项目的建设是拓宽城市空间结构、带动城市经济发展的重要载体。体育设施建设作为大型公共空间,从整体上改变了城市的发展形态,推动了城市的现代化进程。体育建筑和配套设施的建设,能极大地改善城市的环境,使城市功能、形象得到较快地提升,从而助力周边地区的建设和发展,而场馆的合理分布则能达到优化城市空间结构的目的。体育场馆是创造公众参与率较高、影响程度较大的社会群体活动的场所,它所营造的公众注意力资源是现代城市经济发展的重要机会和因素。由于其具有展示和宣传国家或地区经济社会发展水平,拉动经济增长的功能,体育场馆建设会带动周边区域服务产业和房地产业的良性发展,会对周边社区产生较大的溢价效应。大型体育馆的市场化运作很大程度上能刺激城市居民体育消费,据估算,人们用于体育健身消费的开支每增加10%,就可以带动GDP增长0.3%。

而且项目建设能为社会提供较多的就业机会。随着经济的发展、休闲时间的增加,人们对体育的需求也越来越高,对体育产品的需求量也越来越大,因此必须增加体育服务或劳务的供给。体育场馆作为体育产品生产的投入结晶,在其建设和市场化运营过程中需要大量管理人员、经营人员、服务人员、体育指导人员以及修理工、清洁工等,让体育场馆在人们与失业的斗争中发挥积极作用。项目建设完成后,不仅为绿城增添了一道靓丽的城市风景线,提高泰州市的城市品位,而且还能促进城市的开放和对外交流,扩大招商引资。

体育公园项目的建设对繁荣和发展泰州市的体育事业是非常必要的。泰州体育场馆建设远远落后于全省平均水平,规划建设步伐甚至落后于苏北地级市。在其他城市不断举行引人瞩目的国际、国家、省级体育文化大型活动的同时,泰州市的体育活动却没有跟上其他城市的步伐,失去了很多展示和发展的潜在机会。

体育场馆的建成,一方面可以满足泰州市承办省内综合性赛事和国内单项赛事对体育场馆的需求,成为江苏省培养和输送高水平体育人才的基地;另一方面在比赛空档期,体育场馆内的篮球场、羽毛球场、排球场等场所以及训练场地,可以在适当时间内向大众开发,这将吸引大批市民进场馆锻炼,从而不断增强市民的健身意识,促进全民健身活动的开展,成为全民健身乐园,成为大型文艺演出、展览展示、室内集会的重要场地,同时所得收入可适当补贴体育中心后期维护费用。

1.3 国内体育设施建设及发展现状分析

1.3.1 各省(自治区、直辖市)体育场地状况分析

截至 2003 年 12 月 31 日,我国共有符合第五次体育场地普查要求的各类体育场地 850 080 个,占地面积为 22.5 亿 m²,建筑面积为 7 527.2 万 m²,场地面积约为 13.3 亿 m²。由于各省(自治区、直辖市)经济发展水平不同,因此在体育场地的发展上也表现出较大差异。体育场地数量最多的是广东省,有 77 589 个,占全国体育场地总数的 9.1%,场地数量最少的是西藏自治区,仅有 1 057 个,占全国体育场地总数的 0.12%,前者是后者的 73 倍。在各省(自治区、直辖市)中,平均万人拥有场地数量最多的省份是海南省和宁夏回族自治区,平均每万人达到 12 个场地,平均每万人拥有场地数量最少的省份是河南、湖南、安徽和西藏自治区,仅为每万人 4 个,前者是后者的 3 倍。人均场地面积较高的省份是海南、内蒙古自治区、天津和北京等,人均场地面积最少的省份是贵州省,人均仅有 0.4 m²。历年累计投入最高的省份是广东省,高达 296.2 亿元,占全国体育场地总投入的 15.5%,累计历年投入最少的是西藏自治区,仅有 2.65 亿元,前者是后者的 112 倍。将各省(自治区、直辖市)体育场地建设资金的来源进行同比,财政拨款比例最高的是西藏自治区,占其场地总投入的 61.3%,财政拨款比例最低的是海南省,仅占其场地总投入的 11.3%,单位自筹比例最高的省份是新疆自治区,占其场地总投入的 68.6%。

上述数据表明我国各省(自治区、直辖市)场地发展不平衡。

1.3.2 我国部分省会城市大型综合体育场馆建设分析

2001 年北京申办奥运会成功以后,带动了全民健身的热潮,我国各个省份都大力兴建了省级体育中心或奥体中心,大多数采用"一场两馆"的建设模式。体育或奥体中心的建设,使这些城市赢得了国家级和国际体育赛事的举办权,推动了城市的经济发展。

1.3.3　我国体育场馆建设中存在的问题

虽然近年来我国体育场馆建设有较大的发展,但我国室内体育场馆设施仍严重不足。室外篮球场、小运动场、排球场和门球场占我国标准体育场的比例为87.61%,加上其他室外体育设施,室外体育场地占我国标准体育场馆的比例为90.48%。而室内体育馆和健身房约6万个,占我国标准体育场馆的比例仅为9.52%,比例过低。

我国健身休闲类体育场馆数量不能满足人们多层次的体育需求。随着人民生活水平的提高和假日经济的来临,我国居民对健身休闲的需求日益提高。目前我国健身馆和健身房为1万多个,占我国标准体育场馆的比例仅为2.06%。因此"加快我国健身休闲类体育场馆的发展"应当成为我国体育场馆建设的一项重要任务。

我国体育场馆设施分布不尽合理。我国体育场大多数分布在校园,约55万个,占全国体育场地总数的69.8%;其次为机关、企事业单位楼院,约8万个,占全国体育场地总数的9.2%;其他依次为:乡(镇)村8.8%,居住小区4.9%,厂矿3.5%;其他3.8%(老年活动场所1.6%,宾馆饭店0.9%,公园0.7%,广场0.6%)。公园、广场等公共场所体育场地较少的现象,表明满足一般群众参加体育活动的场地不足。

1.4　泰州城区体育场馆的总体布局和功能定位

1.4.1　体育场馆建设情况对照

泰州体育场馆建设远远落后于江苏全省平均水平,规划建设步伐甚至落后于苏北地级市,泰州市是省内13个地级市里唯一没有修建大型体育场馆设施的城市。

按照江苏省委、省政府"全面达小康、建设新江苏"的总体要求和江苏省体育局在2006年提出实施体育设施"新四个一"工程,即到2010年,各省辖市至少要建设一个5 000座的体育馆、一个30 000座的塑胶跑道标准体育场、一个包括游泳馆在内的体育中心和一个5 000 m² 以上的全民健身中心。

对照要求,南京、苏州、无锡、常州、南通、扬州、徐州、宿迁、镇江、连云港、盐城、淮安的新体育中心基本建成。相关地级市新建体育中心的规模在36～52 hm² 之间。纵观全省地级市的体育场馆建设,各市原有体育场馆基本保留,多数老城区的体育场馆改造升级为集商贸、娱乐、健身、休闲于一体的多功能健身活动中心,新体育中心作为拉动新城开发、集聚人气、提升城市品位的综合体育场馆集聚地。

1.4.2　泰州市体育场馆空间分布分析

随着泰州经济和社会的发展,泰州城区的体育场馆布局根据城市总体规划,本着分级设置、适度规模、各具特色和综合利用的原则,泰州城区体育场馆可形成一个中心、三个分点及各学校体育场馆互动共存的基本格局。

"一个中心":即南部新体育中心,集竞赛、健身、会展、娱乐休闲、商贸于一体的综合体育场所。

　　"三个分点"：即一是现有东风路体育中心,作为辐射莲花新区的全民健身场所,承担服务周边高教园区的任务;二是老体育场(市体校),承担体育业余训练任务,也作为辐射海陵区的全民健身场所;三是在高港新规划建设一个供市民健身、休闲、旅游的临湖体育主题公园,满足高港文体活动、吸引周边群众高端消费、健身休闲活动。

　　"各学校体育场馆"：即泰州市现有泰州中学、江苏牧院、泰州师专等体育场馆以及将来规划建设的医药城里三所高校和泰州中学分校等体育场馆,主要承担着学校体育教学和学生日常活动的任务,并可有条件有组织地适当对外开放。

　　另根据泰州市竞技体育和群众体育的发展实际,结合泰州市全民健身活动项目的拓展,整合场馆资源,挖掘各方优势,可以为射击、自行车、网球、壁球、棒球、高尔夫球等有发展前途的项目,留有未来场馆建设的发展空间。

　　"一个中心、三个分点"体育设施格局的形成,一方面能满足全市人民体育健身的需求,另一方面为泰州市承办较大型的体育赛事和其他经济文化活动、展现泰州市体育文化面貌和城市形象提供了条件。

1.4.3　需求分析

　　泰州市在建市初期就很重视体育中心的规划建设,现有体育中心位于东风路 488 号,原规划占地面积 570 亩(1 亩 = 666.67 m²),建成使用的体育中心占地面积 129 亩,包括一座 3.9 千座的体育馆、一片有一侧看台(2.8 千座)的田径场,一座有 2 片场地的网球馆、4 片室外网球场和 3.0 千座的田径场。原计划在"十一五"期间完成的游泳馆和全民健身中心等后续工程因规划调整未能完成。泰州现有场馆已不能满足全民健身、举办高水平体育赛事(如申办省运会、承办国际国内品牌赛事等)和承办大型文体活动的需求,体育场馆建设规模和数量都远远不够。

1.4.4　功能定位

　　依据国家标准的相关规定(表 1-1)和省内同级城市体育设施定位(表 1-2),可以确定泰州体育公园需满足承办省内综合性赛事和国内单项赛事对体育场馆的需求。

表 1-1　国家标准《体育建筑设计规范》(JGJ 31—2003)的体育设施分级规定

等级	主要使用要求
特级	举办亚运会、奥运会及世界级比赛主场
甲级	举办全国性和国际单项比赛
乙级	举办地区性和全国单项比赛
丙级	举办地方性、群众性运动会

表1-2 其他省内同级城市体育设施定位

名称	主要体育场馆设施等级	名称	主要体育场馆设施等级
盐城城南体育中心	乙级	扬州市体育公园	乙级
淮安市体育中心	乙级	常州体育会展中心	乙级
连云港市体育中心	乙级	镇江体育会展中心	乙级
南通体育会展中心	乙级		

泰州体育公园的体育设施总体定位应为国家乙级标准,满足当代泰州市人民精神文化需求,能够承办大中型文化活动。不但可以举办政府的公共文化活动,同时还可以与国际国内的各种演出公司、展览公司签订长期合作协议,承接各种综合娱乐活动,如音乐会、明星演唱会、杂技、展览会、表演庆典等大型活动。成为泰州市的城市形象地标,城市文化地标,是泰州市经济、文化、体育事业成就的载体。

1.5 项目选址及建设条件

1.5.1 建设选址

泰州体育公园项目位于江苏省泰州市周山河街区园博园以南地块,占地面积46.858 hm²。项目建设场地地势平坦、交通便利、通达性好,为项目的实施提供了良好的条件。项目建成后具有良好的标志性,项目四面临路,有利于形成良好的道路景观,通过分析,该选址符合泰州市总体城市布局规划,在地理位置、周边环境、交通条件和发展余地上均有一定的优势。

1.5.2 城市建设条件

泰州地处江苏中部,长江北岸,是长三角核心区16城市之一。全市总面积5 797 km²,总人口504万,现辖靖江、泰兴、兴化三个县级市和海陵、高港、姜堰三个区。泰州有2 100多年的建城史,秦称海阳,汉称海陵,州建南唐,文昌北宋,兼融吴楚越之韵,汇聚江淮海之风。千百年来,风调雨顺,安定祥和,被誉为祥瑞福地、祥泰之州。作为历史悠久的文化名城,人文荟萃、名贤辈出,施耐庵、郑板桥、梅兰芳是其中的杰出代表。泰州名胜古迹众多,千年古刹光孝寺、安定书院、明代园林日涉园、始建于南宋的"江淮第一楼"望海楼以及梅兰芳纪念馆、中国人民解放军海军诞生地纪念馆等,纵贯古今,留存历史,文脉灵动;天德湖公园、古银杏森林、溱湖湿地、水上森林等生态自然,风光绮丽,令人流连。

泰州自古就有"水陆要津,咽喉据郡"之称。优良的区位优势,成就了泰州承南启北交通枢纽的重要地位。新长、宁启铁路,京沪、宁通、宁靖盐高速公路以及在建的江海高速纵横全境。泰州火车站6条黄金始发线路通往全国63个主要城市。国家一类开放口岸——泰州港联结远海大洋。泰州长江大桥于2012年建成通车,扬泰机场也已通航。

泰州生态环境质量评价指数在江苏省领先,所辖三市全部建成国家级生态示范区。百姓安居乐业,社会和谐稳定。2015年城镇登记失业率1.89%,"五大保险"覆盖率97%以上,全市社会公众安全认可度达 97.04%。泰州已进入国家卫生城市、国家环保模范城市、中国优秀旅游城市、全国双拥模范城市和中国宜居城市行列,也是江苏省历史文化名城、江苏省文明城市、江苏省园林城市。

"鱼米之乡"泰州拥有 32.6 万公顷耕地、11.3 万公顷水面滩地,是国家重点粮棉、蔬菜和水产品生产基地。以无公害大米为主的河横绿色食品基地被联合国环境署认定为"全球 500 佳""大佛指"银杏是昆明世博会指定的全国唯一无公害白果,被誉为"长江三鲜"的刀鱼、鲥鱼、鲴鱼蜚声中外、名满天下。50 多家农业产业化龙头企业带动着泰州农业实现由传统向现代转变的历史性跨越。泰州是一个开放步伐加快的滨江城市。

1.5.3　水文地质和气候条件

泰州地处江苏中部,位于北纬 32°01′57″~33°10′59″,东经 119°38′24″~120°32′20″。南部濒临长江,北部与盐城毗邻,东临南通西接扬州,是苏中入江达海 5 条航道的交汇处,是沿海与长江"T"形产业带的结合部。全市除靖江有一独立山丘外,其余均为江淮两大水系冲积平原。地势呈中间高、两头低走向,南边沿江地区真高一般在 2~5 m,中部高沙地区真高一般在 5~7 m,北边里下河地区真高在 1.5~5 m。全市总面积 5 790 km²,其中陆地面积占 82.74%,水域面积占 17.26%。市区面积 428 km²。

泰州境内河网密布,纵横交织。北部地区,地势低洼,水网呈向心状,由四周向低处集中,这里的湖泊分布较多。淮分水岭由西向东从中部穿过该市,境内河流大致以通扬公路为界,路北属淮河水系,路南属长江水系。人们习惯上把属于长江水系的老通扬运河和与之相连接的河流称为"上河",而把属于淮河水系的新通扬运河和与之相连的河流称为"下河"。高水位时,上河水位高于下河水位 1.2 m 左右,平均水位差为 0.9 m。

泰州市在北亚热带湿润气候区,受季风环流的影响,具有明显的季风性特征。这里四季分明,夏季高温多雨,冬季温和少雨,具有无霜期长、热量充裕、降水丰沛、雨热同期等特点。泰州市的气温最高在 7 月,最低在 1 月,冬夏季南北的温差不大,年平均气温在 14.4~15.1℃,年平均降水量 1 037.7 mm,降雨日为 113 d,但受季风的影响,降水变率较大,且南北地域之间亦存在着差异。泰州市地区的温度带属亚热带、干湿区属湿润区。泰州地区一般在 3 月底、4 月初进入春季,6 月上、中旬进入夏季,9 月中旬开始进入秋季,11 月中旬转入冬季。大致上每年冬季有 4 个多月,夏季有 3 个多月,春、秋季各 2 个多月。一般情况下,该市四季的气候特征比较明显。冬季冷空气活动频繁,易受到寒潮侵袭。当冷锋过境时(即北方冷空气南迁时),全市普遍降温,气压上升,有时还会出现大风、雨雪、霜冻等天气现象。冷锋过境后,天气转晴,形成"三日寒,四日暖"的寒暖交替的天气变化过程。如果遇到强冷空气爆发南下(即冬季风强烈作用),48 h 内气温骤降 10℃以上就是寒潮天气。寒潮是该市冬半年主要的气象灾害。寒潮入侵时,会造成剧烈降温,有时还会出现大风、大雪、冻害等灾害性天气,这对农业生产、水陆交通、市政建设及人民的生活等都会造成严重的危害。

泰州地处东亚季风气候区,属亚热带季风气候。常年主导风向以东南风居多,春、夏两季多东南风,秋季多东北风,冬季以偏北风为主。春季,泰州市天气多变,春季冷暖气团互相争雄,旋进旋退,因此天气就时寒时暖,乍晴乍雨。夏季最典型的两种天气是梅雨和伏旱。

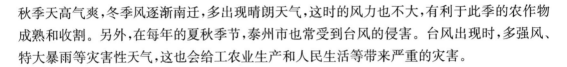

秋季天高气爽,冬季风逐渐南迁,多出现晴朗天气,这时的风力也不大,有利于此季的农作物成熟和收割。另外,在每年的夏秋季节,泰州市也常受到台风的侵害。台风出现时,多强风、特大暴雨等灾害性天气,这也会给工农业生产和人民生活等带来严重的灾害。

1.5.4　地质地貌条件

泰州地区在地质构造上位于下扬子准地台的中部。下扬子准地台北以淮阴—响水断裂为界,西以郯庐断裂带为界,南以无锡—崇明断裂为界;其构造单元基底由张八岭群组成,为一套绿片岩相岩类。该地台晋宁运动结束地槽发展历史;震旦纪进入盖层沉积阶段,盖层地层发育齐全,且厚度大;燕山运动则以剧烈的断裂活动为主,并伴有强烈的岩浆活动,形成一系列规模不等的断陷盆地;晚第三纪和第四纪,盆地继续扩大,但沉降速度减慢,盆地由原来的断陷型转化为坳陷型。

在地震带的划分上,泰州地处扬州—铜陵地震带,该地震带内地质构造复杂,分布着多条断裂系统,地震与活动断裂密切相关。同时,周边的南黄海地区位于环太平洋地震带的边缘,西北方向自山东半岛至安徽中部有郯城—庐江断裂带,因此泰州市在一定程度上,也受到外围地震活动的影响。

泰州地处长江三角洲冲积平原和里下河沉积平原交会处的扬泰岗地。汉初吴王刘濞为在海边煮盐,从扬州经泰州向东沿扬泰岗地至海边盐场开挖了一条运盐河。运盐河流经的线路,把两种不同的地质地貌巧妙地分隔开来。河的南侧是长江三角洲冲积平原,属于长江水系;而距河的北侧不远处,则是里下河泻河沉积平原,属于淮河水系。西汉元狩六年(公元前117年)开始在泰州这里设立海陵县。先人们在介于江淮水系间建造的海陵城,为2 000多年来城市的经济发展和水陆交通创造了得天独厚的优越条件。海陵区地势平坦,南高北低,南部多属平地,北部河网密布,地面标高2.6～5.5 m,最高处岳阜标高20.28 m。

1.6　建设规模与内容

1.6.1　用地规模

参照国家标准的相关规定(表1-3)以及省内各市体育中心用地规模(表1-4),泰州体育公园项目的建设地点位于江苏省泰州市周山河街区园博园以南地块,区域位于海陵南路东侧、海军东路南侧、鼓楼南路西侧、淮河路北侧,占地面积46.858 hm²,从大多数在建和已建地级市体育中心实例中分析,用地在40～50 hm²之间比较合适。

考虑体育场馆室内外场地、停车场、广场道路系统,商业配套服务建筑,市民体育运动设施场地,并且按照城市最低绿化率30%计算,一个与泰州市人口规模相匹配的体育中心最低占地面积应为40 hm²左右,如果提高绿化率,以公园的环境标准来打造,占地面积至少应在45 hm²。根据需要,尤其是考虑配套商业的经营,泰州体育公园的总建设量可以在15万～20万 m²,如果资金允许,经济运营可行,还可以进行更深入的开发,在保持建筑密度的基础之上,通过增加建筑高度,营造更好的城市天际线,达到更充分的开发量。

表 1-3　《体育建筑设计规范》(JGJ 31—2003)中市级体育设施用地面积的规定

	100 万以上人口城市		50 万～100 万人口城市		20 万～50 万人口城市		10 万～20 万人口城市	
	规模(千座)	用地面积(×10³ m²)	规模(千座)	用地面积(×10³ m²)	规模(千座)	用地面积(×10³ m²)	规模(千座)	用地面积(×10³ m²)
体育场	30～50	86～122	20～30	75～97	15～20	69～84	10～15	50～63
体育馆	4～10	11～20	4～6	11～14	2～4	10～13	2～3	10～11
游泳馆	2～4	13～17	2～3	13～16	—	—	—	—
游泳池	—	—	—	—		12.5		12.5

表 1-4　省内各市体育中心用地及规模情况

名称	用地面积(hm²)	总建设量(m²)
盐城体育中心	41.02	14 万
淮安市体育中心	48	16 万
南通市体育中心	40	16 万
镇江体育会展中心	50.66	19 万

1.6.2　建设内容

省政府办公厅《关于深入推进体育强省建设的意见》(苏政办发〔2007〕17 号)提出了"到 2010 年各市要建成面向公众开放的功能完善、配套齐全的体育运动中心(体育馆、运动场、游泳馆)和全民健身中心"的要求。按照泰州市体育事业的发展构思和思路,泰州体育公园项目需满足能承接省级运动会和国内单项比赛的要求。为满足定位要求,项目的设施设置为综合性比赛场地、单项比赛场地、网球比赛场地、训练场地,以及运动员用房、赛事管理用房、新闻媒体用房、贵宾用房、观众用房、多功能服务用房、管理用房、设备用房等。

1) 省内各市体育中心建设内容借鉴

鉴于《城市公共体育运动设施用地定额指标暂行规定》(1986 年)颁布时间较早,至今尚未修改,所以泰州市体育场馆的坐席数及建筑规模的确定主要参照省内其他同级城市新建的大型体育馆。

(1) 盐城市城南体育中心

盐城市城南体育中心(图 1-1)位于市城南新区,解放南路西、纬十四路北,中心总用地面积 41.02 hm²,规划建设"一场四馆",即 3.5 万座的体育场、6.0 千座的体育馆、1.5 千座的游泳馆、1.0 千座的网球馆、1.8 万 m² 的综合训练中心和一座 6.6 万 m² 的五星级酒店组成,体育中心按可承办国际单项比赛和全国性综合运动会标准建设。一期建设体育场,投资约 4 亿元,项目总投资约 13 亿元。

图 1-1　盐城市城南体育中心

（2）淮安市体育中心

淮安市体育中心项目（图 1-2）总占地约 48 hm²，按功能分为体育中心主题广场区、体育场馆组团区（主体育场区、体育馆及游泳馆区、综合训练馆、网球中心及指挥中心区）、室外训练场地及室外停车区。其中包括 3.0 万座体育场一座、1.7 千座游泳馆一座、6.0 千座体育馆一座，以及综合训练馆、运动员接待中心等相关配套设施，总建筑面积约 15.75 万 m²，总投资约 12 亿元。

图 1-2　淮安市体育中心

（3）连云港市体育中心

连云港市体育中心（图 1-3）占地 38.24 hm²，建筑面积 131 241 m²，工程总投资约 9.8 亿元,2010 年开工,2011 年底建成。建设内容包括主体育场、游泳跳水馆、体育馆和全民健身馆等"一场三馆":一座可容纳 3 万名观众,能承办国家级田径、足球比赛的主体育场,建筑面积 42 060 m²,高度 47 m;一座可容纳 5 000 人的体育馆,建筑面积 16 128 m²,建筑高度 27 m;一座可容纳 2 700 名观众的游泳、跳水馆,建筑面积 20 627 m²,建筑高度 20 m;全民健身馆建筑面积约 19 000 m²。体育配套设施包括田径训练场、体育运动学校训练馆、教学、办公和生活等设施以及网球场、小足球场和迷你高尔夫场等全民健身设施,体育公园占地面积约 11.2 hm²,室外广场占地约 13 000 m²。另外有一座能源中心及相应的配套设施。

图 1-3 连云港市体育中心

(4) 南通体育会展中心

南通体育会展中心(图 1-4)总占地面积约 40 万 m²,总建筑面积 16 万 m²,总投资概算

图 1-4 南通体育会展中心

11 亿元。南通体育会展中心由体育场、体育会展馆和游泳馆三座单体组成。其中体育场建筑面积 4.86 万 m²，具备 20 000 固定座位和 2 000 活动座位，拥有目前国内第一座可开闭式屋盖和标准体育场及附属足球、田径训练场；体育会展馆建筑面积 9.05 万 m²，它融合了 6 300 座位的标准体育馆(第二层为网球训练馆)和 1 000 个国际标准展位规模的会展馆。游泳馆建筑面积 1.85 万 m²，具备 1 000 个活动座位，可承办国内标准游泳比赛。体育会展中心作为 2006 年江苏省第十六届运动会主会场，目前已成为体现南通市社会事业快速发展的标志性精品工程。

(5) 扬州市体育公园

扬州市体育公园(图 1-5)位于扬州市新城西区。项目用地北侧为外环路，南侧为文昌西路，东临沿山河和扬州国际展览中心及双博馆，西接火车站，全部用地约 38.47 hm²，总建设量 15 万 m²。扬州市体育公园规划建设 6.0 千座体育馆一座、3.0 万座体育场一座、室外全民健身场地一组(包括 9 片网球场、4 片篮球场及一条由 33 件健身器材组成的健身路径)。此外还有一座综合球类训练馆、室内田径馆以及一座体育运动学校及中长跑竞走训练基地等。其中体育馆项目总投资 2.15 亿元，游泳跳水馆总投资约 1.6 亿元，体育运动学校和江苏省中长跑竞走项目训练基地总投资为 7 500 万元。采取分期建设方式，建成后的体育公园能满足国内大型比赛和国际单项比赛的要求，同时具备体育训练、市民健身、休闲、商贸旅游、办公、餐饮等多重功能。

图 1-5 扬州市体育公园

(6) 镇江体育会展中心

镇江体育会展中心(图 1-6)位于江苏省镇江市，总投资 12 亿元，建筑面积 19 万 m²，由体育场(3.0 万座)、体育会展馆(其中体育馆 6.0 千座、会展 600 个展位)以及综合训练馆三大建筑组成。工程于 2009 年开工，2012 年竣工，建成后已成为镇江乃至华东地区的标志性建筑。2013 年 5 月，镇江市体育会展中心钢结构工程获 2012 年中国钢结构金奖(国家优质工程）。2013 年 8 月 7 日，开始作为江苏舜天足球俱乐部的临时主场，举行 2013 赛季中国足协杯 1/4 决赛，江苏舜天 VS 大连阿尔滨的比赛，以及随后几场主场赛事。2020 年 7 月，被认定为江苏省第三批体育服务综合体。

图 1-6　镇江体育会展中心

综合分析省内周边同级城市的体育中心建设情况（表 1-5），同级城市的体育馆都在 6.0 千座左右，游泳馆在 2.0 千座左右，体育场在 30 千座左右。同时可以发现，大多数体育中心都修建了单独的全民健身中心，这与国家大力发展全民健身的政策和全国人民越来越多地参与到锻炼健身活动中的情况密切相关。

表 1-5　江苏省内泰州市周边同级城市的体育中心建设情况

	盐城市城南体育中心	淮安市体育中心	连云港市体育中心	南通市体育会展中心	扬州体育公园	镇江体育会展中心
用地规模	41.02 hm²	48 hm²	38.24 hm²	40 hm²	38.47 hm²	50.66 hm²
总建筑面积	140(×10³ m²)	160(×10³ m²)	130(×10³ m²)	160(×10³ m²)	150(×10³ m²)	190(×10³ m²)
体育场	35(千座)	30(千座)	30(千座)	22(千座)	30(千座)	26.7(千座)
			42.1(×10³ m²)	48.6(×10³ m²)	48.6(×10³ m²)	54.0(×10³ m²)
体育馆	6.0(千座)	6.0(千座)	5.0(千座)	6.3(千座)	6.0(千座)	7.0(千座)
			16.1(×10³ m²)	33.8(×10³ m²)	24.8(×10³ m²)	30.0(×10³ m²)
游泳馆	1.5(千座)	1.7(千座)	2.7(千座)	1.0(千座)		
			20.6(×10³ m²)	18.5(×10³ m²)	25.0(×10³ m²)	
全民健身中心	18(×10³ m²)	有	19(×10³ m²)		室外	40.7(×10³ m²)
会展中心				24.96(×10³ m²)		13.8(×10³ m²)
其他			26.7(×10³ m²)		51.6(×10³ m²)	51.5(×10³ m²)

2) 全民健身项目的建设方式分析

（1）合建方式

将全民健身项目与其他体育场馆合建的情况主要发生在场地紧张时，合建有利于更紧凑的总体布局；总体投资资金较少的情况下。全民健身场馆与其他场馆合建的主要问题是使用对象之间的干扰和牵制问题比较突出。

其优点在于：

① 节约用地，布局紧凑。

② 减少建设量，控制资金投入。

③ 体育设施资源的最大化利用。

（2）单独建设方式

单独建立全民健身中心的缺点主要在于，建设量更大，需要更多的资金投入。其优点在于：

① 对于用地充分的体育中心，有利于化解单体建筑的体量，重点突出体育场、体育馆这样的主体建筑，更有利于公园化的环境景观，尺度宜人。

② 利于分期分段的施工建设。

③ 独立的管理体系和服务人群更便于管理。

④ 对于使用者来说，全民健身的使用人群与体育学校，单位组织团体活动等的对象人群是不一样的。单独建设全民健身馆，使用人群之间不会相互干扰，相互影响，专业团体的训练，单位大中型活动的举办，市民的个人锻炼行为都可以同时举行。

⑤ 独立设置的全民健身馆，其设施设备可以更有针对性，设施设备的种类和档次也可根据全民健身的需要经行调整。

经过研究分析，在泰州体育公园项目中，充分考虑主要体育场馆对全民健身项目开放，再建立一座独立的综合性全民健身场馆。采用以集中设置的全民健身馆为主，以分散开放于其他场馆的体育健身设施为辅的综合布局形式，充分满足不同市民群体的需要，达到全民健身的总体目标。

3) 确定建设内容

根据《体育建筑设计规范》(JGJ 31—2003)对体育场馆规模的相关要求，对泰州体育公园项目建设指标进行控制（表 1-6）。结合泰州市体育事业发展的实际需求，城市的生长进程。泰州体育公园的主要体育设施建设内容：62 905 m² 体育场一座，24 935.53 m² 体育馆一座，23 829.83 m² 游泳馆一座，同时在充分考虑以上体育场馆的对外开放，全民健身项目引入的基础上，再建立综合性全民健身馆一座。布局上，全民健身馆与主要体育场馆相对接近，便于作为训练馆使用。另外，体育中心还需要辅助配置室外训练场地、活动场地，及其他中小型运动设施。主要体育场馆及设施的总建筑面积在 10 万 m² 左右比较合适。

表 1-6　泰州市各项体育场馆设施建设面积控制列表

用地规模	46.858 hm²
体育场	25 千座
	$(40\sim50)\times10^3$ m²

用地规模	46.858 hm²
体育馆	6.0 千座
	$(18\sim25)\times10^3$ m²
游泳馆	1.5 千座
	$(16\sim25)\times10^3$ m²
全民健身中心	$(8\sim12)\times10^3$ m²

第2章

体育公园项目设计

2.1 泰州体育公园设计概况

2.1.1 设计范围

为加强体育设施建设,推动泰州市经济及社会事业的发展,提升城市形象,完善城市功能,泰州市委、市政府决定在城市南部新区建设体育公园。泰州体育公园是泰州市发展竞技体育、群众体育及体育产业的基础,是推动体育强市建设的重要项目。

泰州体育公园项目的建设地点位于泰州市周山河街区园博园以南,北临海军东路,东临鼓楼南路,西邻海陵南路,南临淮河路,占地面积 46.932 0 hm²。一期主要建设内容为:3.05 万人体育场一座,6 000 人体育馆一座,1 500 人游泳馆一座,全民健身馆一座,热源中心一座,另外还有综合产业空间,体育运动公园及相应配套商业设施。

项目建设是为了完善泰州市的体育设施、满足承接省内综合性运动会和国内国际单项赛事对体育场馆的要求。根据总体规划原则,结合场地地块分布位置及占地规模现状,本规划先进行合理功能划分,然后在此基础上进行总体布置。项目建筑基地形状较为规整,为了节约投资,合理地利用现有资源,在总平面布局中应充分利用优越的地理位置,合理安排各单体建筑的位置,以美观新颖的现代体育建筑与周围环境融合,形成布局合理、空间流畅、相互包容的建筑氛围。

项目设计范围为总平面、体育场、体育馆、游泳馆、健身馆、地下商业及车库、热源中心等。工程设计内容包括建筑、结构、给排水、电气(强、弱电)、暖通、景观、幕墙、体育工艺、节能、声学、人防等。

2.1.2 设计目标

(1)实用——功能齐全,分区明确,内外分明,互不干扰,空间有弹性,有功能转换和发展的可能性(多功能)。

(2)好看——地域特色鲜明,时代感强,环境和谐,具有一定标志性,符合大众审美取向,建成后是新城区新景观。体育场馆设施是城市里的独特建筑,其设计和建筑风格既要与城市主题形象匹配,又需要具有鲜明的指示性和个性,能够给人留下深刻而美好的印象。建筑物和环境的塑造和建设能够反映城市的经济水平及社会与民众的精神面貌,展现城市文化,其建设本身就是城市建设的一种成就。

(3)好建——技术合理,工艺成熟,施工便捷,造价易控;节能高效,易维修,易清洁保养。

（4）好养——建成后体育公益与体育产业经营相结合，以馆养馆。维护赛后的经营运作和日常管理，是政府、场馆业主和所有场馆经营管理者必须面临和解决的重大问题。传统的"政府型""公益型"体育管理模式已被"经营型""产业型"体育管理模式取代。对泰州体育公园，可将其经营方向设定为三大市场：体育产业市场、文化娱乐市场、商业餐饮市场。使其集体育竞赛、会议展览、文化娱乐和休闲购物于一体，这种体育场馆的高识别性有助于在较大的区域范围内吸引客源。

2.1.3　建筑设计经济技术指标

本项目建筑设计的经济技术指标包括主要经济技术总指标（表 2-1）和配套建筑经济技术指标（表 2-2）。

表 2-1　泰州体育公园设计主要经济技术总指标

一	净用地面积		46.858 hm²
二	规划总建筑面积		176 492.55 m²
	体育场		62 905 m²
	体育馆		54 115.6 m²
	其中	地上	24 935.53 m²
		地下（不计容）	23 690.37 m²
		架空层（不计容）	5 489.7 m²
	游泳馆		27 009.83 m²
	其中	地上	13 476.76 m²
		地下（不计容）	10 353.07 m²
		架空层（不计容）	3 180 m²
	健身馆		20 121.35 m²
	其中	地上	17 037.7 m²
		架空层（不计容）	3 083.65 m²
	地下商业（不计容）		11 805.77 m²
	半地下热源中心		535 m²
三	建筑基底面积		82 723 m²
四	地上总建筑面积		130 643.34 m²
五	建筑密度		17.6%
六	容积率		0.278
七	绿地率		30%
八	机动车停车位		1 566
	其中	地上固定车位	1 235 个
		地下车位	331 个

表 2-2　泰州体育公园配套建筑经济技术指标

1 号活动服务用房	637.4 m²	1F
2 号活动服务用房	653.7 m²	1F
配套服务点	162 m²	1F
开闭所	228 m²	1F
门卫室	9 m² ×8	1F
合计	1 753.1 m²	

2.2　总平面设计

2.2.1　场地概况

项目建设场地地势平坦、交通便利、通达性好,为项目的实施提供了良好的条件。项目建成后具有良好的标志性,而且项目四面临路,有利于形成良好的道路景观,通过分析,该选址符合泰州市总体城市布局规划,在地理位置、周边环境、交通条件和发展余地上均有一定的优势。

2.2.2　总平面布置

1) 规划理念——"三水交汇、山水相依"

泰州位于江苏省中部,大地因水增高,如玉一般地浮出于江河之间,江、淮、海三水交汇,清、浑、咸三味交融,橙黄碧绿的河水密如蛛网,故泰州别称"三水之城"。泰州没有山,泰州人却在诗、书、画中写满对山的想象与渴望。如图 2-1 所示,方案以"三水交汇、山水相依"为规划理念,改河道为三水环绕,造建筑成山峦起伏,以艺术抽象的手法描绘出泰州独有的地理特征和对美好环境的向往之情。如此体育公园内有曲水流觞,外有绿树成荫,中间山峦起伏,不但深层次地体现泰州的地域特色和文化内涵,还暗含中国风水的"山环水抱、藏风聚气"的理念。

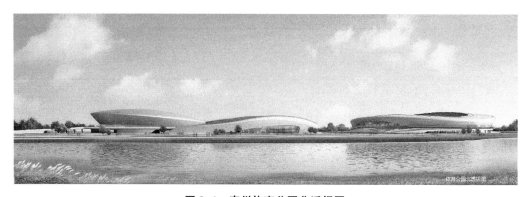

图 2-1　泰州体育公园北透视图

2) 规划结构——"两轴双核四片"

泰州体育公园的总平面设计(图 2-2)以"两轴双核四片"的规划结构统帅全局。如图 2-3 所示,两轴即南北向的人文景观轴延续并强化城市中轴线,东西向的体育运动轴统筹布置各类场馆;双核即西面以体育场为核心、东面以体育综合体为核心,其中体育馆及训练馆功能相近,合为一个建筑布置在东面,游泳馆布置在北面,全民健身馆布置在南面,三个建筑以极具人气的活力中庭联系在一起,打造集运动健身、购物旅游、水疗休闲于一身的体育综合体,实现空间资源共享,功能互补,具备规模效应、打造最具活力的泰州新名片和城市会客厅。

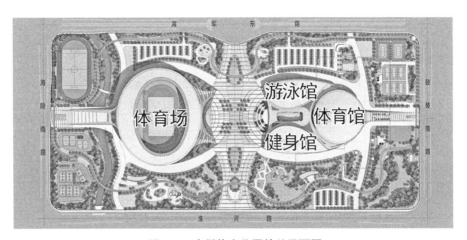

图 2-2　泰州体育公园的总平面图

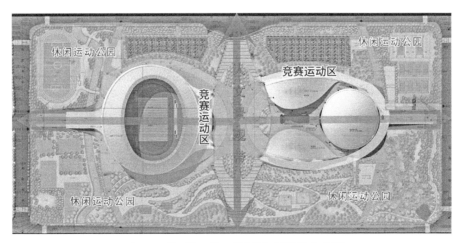

图 2-3　"两轴双核四片"的规划结构示意图

3) 功能分区

人文景观带:位于基地南北中轴上,从主入口广场开始,经过奥运五环标志,沿途设计喷泉水池,中央喷泉广场,到南面次入口广场结束,地面设计反映泰州历史文化内涵的雕塑,强调体育公园的文化内涵。

竞赛运动区：位于基地中部，围绕体育场、体育综合体形成大型集散广场，使用人数最多的体育综合馆和体育场分别位于东西面，三面临路，便于人群快速地疏散。

网球俱乐部：位于基地东南，设计带看台的室外网球场，包括一片决赛场和一片半决赛场，满足中小型网球赛事要求，平时可作为网球俱乐部开展经营。

休闲运动公园：位于基地东北两面，优美的树林草坪将各类运动场地整合在一起，形成绿色运动公园。内部布置一片室外田径训练场、篮球场、排球场、羽毛球场，门球场以及老人、儿童活动场地，并设计一条总长度达2 km的绿道，为市民提供舒适宜人的骑车、慢跑路径。

生态停车区：位于基地南部，集中布置树阵式生态停车场。

体育综合体的设计理念：创造性地提出"体育综合体"设计理念，通过聚集人气的观众平台将体育综合馆、游泳跳水馆、健身馆整合成建筑群，结合自身特点，体育馆打造竞赛健身、会展演出产业，游泳馆打造水疗休闲产业，健身馆打造羽毛球、网球、篮球、排球、跆拳道等全民健身产业，与观众平台下部的商场、超市、餐饮、酒吧等形成互动，功能互补、资源共享，打造完整的体育休闲经济圈。再加上体育场的产业用房和室外运动场地，为场馆经营打下坚实的基础，实现"以馆养馆"、创造经济效益的目的。

4）交通组织

遵循人车分流的原则，外围环路为车行线路，入口广场及中央景观带之间为步行区域。主要考虑的交通组织要素包括：

（1）车行交通：基地四面均设置车行入口，沿建筑外围设机动车环线，各入口就近设地面停车场，避免大量车流进入内部，体育场周围设置环路，便于比赛时贵宾、运动员、新闻媒体等工作车辆到达停靠。紧急情况消防、医疗、应急车辆也可通过大广场直接进入各建筑。

（2）人行交通：体育中心内人群可分为观众、运动健身、商业休闲三类，比赛时大量观众通过斜坡式平台进入体育场，其余三个场馆也通过二层架空平台联系在一起，观众可通过平台进入各馆。广场及中央景观带为安全步行区域。

（3）消防设计：人数多的体育场、体育馆分居外侧，便于人流快速疏散；体育公园内利用道路和广场形成完整的消防环道，保证每个建筑四周都有消防扑救面，体育场设有四个车行通道，消防车可进入内场扑救，体育综合体功能复杂，建筑体量大，除保证四周的消防扑救面，还在内部设计专用消防通道，使每个建筑单元都可独立扑救，确保安全。

（4）运动休闲流线：在运动公园内设计绿道，连接各类运动场地和儿童、老人活动区，满足市民休闲健身的需求。

（5）赛时交通流线分析：如图2-4所示，赛时观众车辆在南北四个车行入口处进入停车场或地下车库，工作人员、贵宾、运动员等比赛相关车辆由管制路线进入各场馆。步行及经公共交通到达的观众从基地四面步行广场进入，经广场、台阶、坡道到达各场馆。所有步行及车行路线基本无交叉。

（6）平时交通流线分析：如图2-5所示，平时机动车辆从南北四个车行道及西广场进入，在建筑外围形成车行环道，基地共设有一个地下车库和多个地面停车场，广场周边也可作为临时停车，共计可容纳2 500个车位。南北广场及中央均为步行区域，只允许消防、急救车等应急车辆进入。

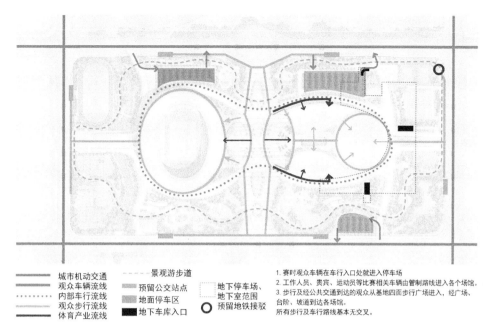

			1. 赛时观众车辆在车行入口处就近进入停车场。
城市机动交通	景观游步道		2. 工作人员、贵宾、运动员等比赛相关车辆由管制路线进入各个场馆。
观众车辆流线	预留公交站点	地下停车场、	3. 步行及经公共交通到达的观众从基地四面步行广场进入, 经广场、
内部车行流线	地面停车区	地下室范围	台阶、坡道到达各场馆。
观众步行流线	地下车库入口	预留地铁接驳	所有步行及车行路线基本无交叉。
体育产业流线			

图 2-4 赛时交通流线

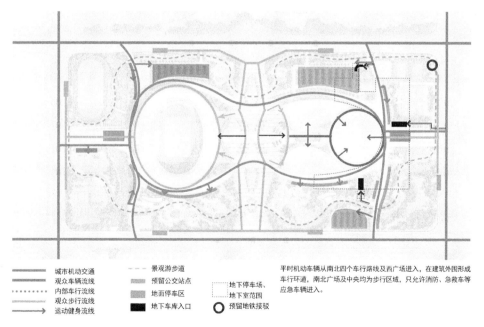

			平时机动车辆从南北四个车行路线及西广场进入, 在建筑外围形成
城市机动交通	景观游步道		车行环道, 南北广场及中央均为步行区域, 只允许消防、急救车等
观众车辆流线	预留公交站点	地下停车场、	应急车辆进入。
内部车行流线	地面停车区	地下室范围	
观众步行流线	地下车库入口	预留地铁接驳	
运动健身流线			

图 2-5 平时交通流线

5）景观环境设计

泰州体育公园项目位于城市中轴线上（图 2-6），北临园博园，南面为行政办公用地，拥有得天独厚的地理环境条件，建筑采用集中式布局后留出宽敞集中的景观用地，通过合理规划、精心设计打造生机盎然的绿色体育公园。

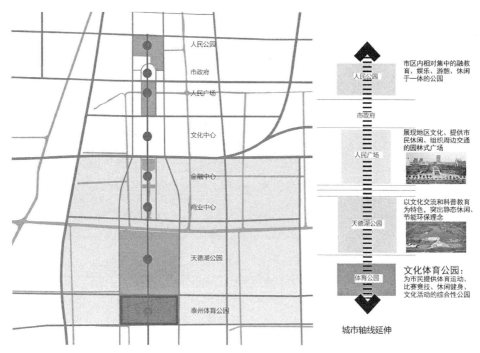

图 2-6　泰州市城市中轴线功能定位图

（1）景观设计原则

①"时代精神"——和体育中心的定位及新区总体规划风格相呼应,在景观设计中体现出时代特征和科技元素。

②"生态和可持续发展"——呼应城市良性健康的生态发展策略,让场馆漂浮在绿色海洋之上。

③"经济性"——尽可能提高场馆及外部空间使用频率;尽量做到以园养园。

景观设计中将场馆建筑与生态体育完美结合,体育馆集赛事、表演、会展、健身和商贸于一体,全民健身中心项目设计科学,30多个项目既考虑群众健身需求又顾及市场发展前景,星罗棋布地分布在体育公园之内。这种以馆养馆的经营理念、健身与休闲融为一体的构建风格成为本项目的一大特色。

（2）规划框架

按照城市规划总体要求,基地是城市多个轴线的交汇点,将其"一轴一线四面"的景观规划框架与之对应。

① 一轴:体现人文体育精神的城市风景轴线。

② 一线:是贯穿绿色公园的绿道,串联起各类运动场地,为市民提供健身、跑步、自行车骑游路径。

③ 四面:即沿海军东路、海陵南路、淮河路、鼓楼南路不同形象展示面。

④ 按照主题不同分为以场馆区为核心的六个主题景观区域:体育场馆区、中心广场区、专业体育训练区、老人及低龄儿童体育公园区、中青年体育运动区、景观停车场区。

植物种类的规划要抓住当地的气候和土壤情况,使得所选树种的生态学特性与栽植地的条件相适应,充分发挥土地和树种的潜力,保证植物生长良好。按实际需要,速生树种和慢生树种要合理搭配,尽快达到绿化的美化效果,同时要尽可能减少施工与养护成本,选择来源广、繁殖较容易、苗木价格低、移栽成活率高、养护费用较低的树种。营造以绿化为重点的生态环境,让人们看到绿色的自然,呼吸到新鲜的空气,保证局部区域内人与自然和谐共生。

泰州体育公园体育场馆周边绿化设计与现代建筑相协调,以纯净的水面映射主题建筑,以简洁、明快、大方的绿化景观衬托主体建筑,使得建筑的特色更突出。设计中采用现代园林的大手笔、大块面的设计手法,注重植物的自然特性和时空特性,实现体育园林美的主旋律。体育公园内还可适当布置与运动相关的景观、雕塑,使人们在观看比赛的同时,又可以了解体育运动的内涵,从中接受体育知识的熏陶。

2.3　建筑设计

2.3.1　设计构思

高起点、高标准、多功能,不留遗憾,不背包袱。结合总体规划和场地地形、地貌特点,以美观、新颖的现代体育建筑形象与周边环境结合,渗透形成一个功能合理、相互融合的建筑群体。建筑与环境的和谐,二者相辅相成、相互依托,使富于变化的建筑形体成为城市的一道风景。

泰州体育公园项目的设计应赋予建筑时代精神,体现出泰州体育公园的运动活力、蓬勃发展的鲜明特色,充分利用现代化设计手段体现和谐积极的体育精神。建筑物造型要灵活多变,协调生动,通过多样性的设计语汇赋予建筑本身独特的时代感和强烈的运动气息。结合体育建筑的功能及使用特点,综合地段特点,力求总体布局合理。注重平面布局的灵活性及变通性,以适应体育比赛、大型表演和娱乐活动等不同的使用要求。坚持"以人为本"的原则,在平面和空间的处理中处处体现出为人的活动与生活创造最优条件的主旨,在建筑结构、设备、建材、环保、节能、智能化、通信、信息、景观环境等方面采用先进的高新技术成果,利用自然通风、日照、绿化等条件减少能源与自然资源的消耗,营造良好的人文环境。建筑的造型与功能布局、结构关系相统一,体现建筑的基本逻辑关系,并结合泰州体育公园的整体环境和周边环境,创造有特色的、丰富灵活的空间形象。让功能、环保、节能和艺术有机结合,体现可持续发展的思想。

2.3.2　体育场功能设计

体育场(图 2-7)位于体育公园西部,属中型乙级场,可举办地区性和全国单项比赛,总建筑面积 62 905 m²,总坐席数约 30 500 座,其中下层看台约 25 750 座,二层看台约 4 750座,并在西看台上层预留 2 000 座的活动坐席扩展空间。体育场内设正式比赛场地,包括周长 400 m 的标准环形跑道、标准足球场及各类田赛场地。

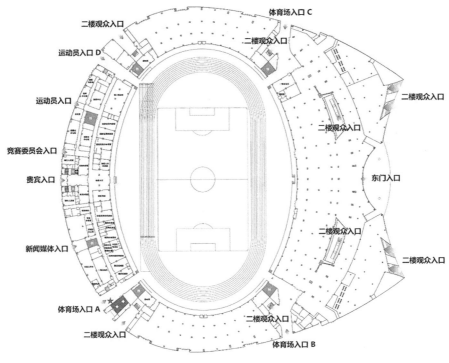

图 2-7　体育场底层平面布置图

1）平面功能布局

体育场 ±0.000 m 标高层为比赛场地和竞赛用房、产业用房,场地四角设有净宽 6 m× 高 4 m 的出入口。首层西侧为主要竞赛功能房间。运动员入口位于场地西北角,在入口处设有第二检录处,西看台中部设有检录大厅,南北对称设置两套运动员休息淋浴房间以及裁判用房。竞赛委员会办公用房位于西北,有独立的出入口和走道。贵宾用房位于西面中部,设有贵宾门厅、贵宾前厅、休息室和随行人员房间,并设楼梯、电梯各两部直达三层贵宾包厢。西南外侧为新闻发布中心和媒体用房,内侧为裁判休息室、计时计分、赛后控制中心等技术用房,靠近西南入口设有急救用房、兴奋剂检测、公共卫生间等功能房间。首层东、南、北利用看台和观众平台下部空间形成面积约 14 000 m² 的体育产业用房,东面朝向主广场处设有产业用房主入口。体育场东北角设有高低压配电房、东南角设柴油发电机房,四角出入口旁边均设有公共卫生间,便于内外使用。

体育场 7.000 m 标高层为观众休息厅和小卖部、卫生间等附属用房。西看台 12.100 m 标高层为贵宾包厢、商务包厢层及技术用房,约有 220 个贵宾坐席以及 5 个贵宾包厢、15 个商务包厢以及评论、声控、光控等相关技术用房。17.200 m 标高层为上层看台观众休息厅和附属用房。23.650 m 标高层为预留活动坐席扩展平台。

2）流线说明

（1）观众流线:由东西两侧的大台阶上行至 7.000 m 标高大平台,从四周进入观众休息厅,直接通过猫洞进入下层看台,或通过西面的 8 个大楼梯到达 17.200 m 标高层的上层观众休息厅,经猫洞进入上层看台。商务包间观众通过 ±0.000 m 标高层 VIP 门厅经电梯到达

12.100 m 标高层进入商务包间。

（2）贵宾流线：利用体育场车行环道到达西侧 ± 0.000 m 标高层贵宾厅,通过电梯至 12.100 m 标高层贵宾休息厅后进入贵宾包间及主席台。

（3）运动员流线：通过体育场车行环道到达西北侧 ± 0.000 m 标高层运动员门厅后,进入运动员房间淋浴更衣后经检录厅进入场内。

（4）竞赛委员会、裁判流线：通过体育场车行环道到达西北侧 ± 0.000 m 标高层竞赛委员会门厅后,进入各功能房间。

（5）新闻媒体流线：通过体育场车行环道到达西南侧 ± 0.000 m 标高层新闻媒体门厅后,进入新闻发布大厅、记者工作间等功能房间。

3）剖面及竖向交通设计

体育场在剖面设计时采用西面双层看台,东面单层看台的不对称布置方式：下层看台东面约 9 500 座,西面约 5 250 座,南、北看台各约 5 500 座,西面上层看台坐席数约 4 750 座。体育场看台视线分析设计视点选在东看台外侧跳远沙坑的南侧对角线点,高度距地 0 mm。复核点选在南,北弧形跑道外侧以及 100 m 直道外边线与终点线相交处,高度距地 0 mm,视线升起值（C 值）取每排升起 60 mm,前后座位错排布置,视线等级二级,保证每个座位均有良好的视线。主席台位于西侧下层看台 9.010 m 标高至 11.520 m 标高之间,视线优良,上部屋盖水平投影能遮蔽主席台。西看台顶棚最高处高度 47.850 m,照明方式考虑为灯带照明,东看台顶棚最高处高度 40.850 m。

整个体育场的竖向交通分为三部分,地面至 7.000 m 观众大平台由东、西面的三个大台阶和南北面的 4 个开敞大楼梯上下；7.000 m 观众平台至西面上层看台 17.200 m 观众休息厅则通过 8 部开敞大楼梯上下；主席台、贵宾、则通过首层专用的 2 部楼梯和 2 部电梯上下,商务包厢通过 VIP 门厅 2 部楼梯及 2 部电梯上下。

4）安全疏散

一层看台人数 25 750 人,通过 34 个猫洞疏散,最宽的猫洞宽度为 3.4 m,最窄的猫洞宽度为 2.0 m,每百人疏散宽度为 0.301 m。西面上层看台人数 4 750 人,各通过 10 个 2.2 m 宽的猫洞疏散,每百人疏散宽度为 0.463 m。再通过 8 个疏散宽度为 3.1 m 的楼梯疏散至 7.000 m 标高,每百人疏散宽度为 0.522 m。以上疏散宽度均大于体育建筑设计规范要求的每百人疏散宽度不小于 0.25 m 的规定。

5）无障碍设计

按照无障碍设计规范,在各个主要入口均设置有残疾人坡道,内部裁判、媒体、运动员在主要通道均设置有无障碍设施,凡残疾人能够到达的所有卫生间均有专用的残疾人设施,看台上设置 65 个无障碍坐席,满足体育建筑设计规范中残疾观众席位数为观众席位总数的 2‰ 的要求。

6）体育产业经营及赛后利用

体育场东、南、北面首层设置 14 000 m² 的体育产业用房。

2.3.3 体育馆功能设计

体育馆（图 2-8）位于场地东侧体育综合体东端。馆内设固定看台坐席 5 999 座,活动坐席 1 500 座,为中型乙级馆,可举办地区性和全国单项比赛。设有 70 m×40 m 比赛场地,可满足篮球、排球、手球等比赛要求。建筑主体为单层、局部四层,总高度约 35 m。

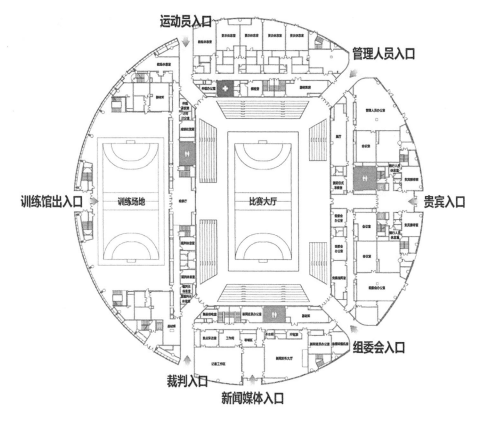

图 2-8　体育馆底层平面布置图

1）平面功能布局

体育馆比赛大厅采用四面看台、训练场同层的布局方式,在大厅西侧布置容纳两片篮球场的训练场地,为便于赛后开展娱乐演出,临训练场一侧之间的看台留出 24 m 的缺口,比赛时作为运动员检录出入口,演出时作为临时舞台,训练场则转变为后台。

首层周边为竞赛功能房间:东面外侧为贵宾区,包括门厅、休息、接见用房和专用楼电梯;贵宾区南北两侧为组委会办公用房兼赛后产业用房,设有专用门厅进入;南面为新闻媒体区,包括专用门厅、可容纳 200 人的新闻发布大厅、记者工作间和采访、转播机房;北面为运动员区,包括门厅、四套运动员更衣淋浴用房、两套教练员休息室等;首层中走道内侧临比赛大厅的房间主要为竞赛技术用房和各类机房,包括运动员检录厅、裁判休息室、新闻混访区、成绩处理、计时计分、竞赛指挥、计算机房等,东北侧设有裁判员门厅。

二层为观众休息厅和贵宾包厢,比赛大厅东、南、北侧各设有观众休息厅环通,观众休息厅通过四个大门进入到看台区域,厅内设卫生间、存取柜、设备用房和库房等,贵宾区设三个包厢和专用休息厅,有楼梯、电梯直达首层贵宾入口。建筑外围为体育综合体共用的疏散平台,平台东面设大坡道,南北平台设大台阶,观众可快速疏散至地面。

三层为上层看台和观众休息厅,观众休息厅设有卫生间、小卖部,观众通过五个出入口进入看台,并设有四个大楼梯疏散到二层的观众休息厅及疏散平台。南北看台后部设有显示屏安装及维修机房、库房等辅助房间;东侧上层看台后部设有评论员室、显示屏控制室、声控、光控等设备房间。

2) 流线说明

(1) 观众流线:体育馆观众可通过东侧坡道及南北两侧的大台阶上至 5.900 m 标高室外平台后,再进入 6.000 m 标高观众休息厅,由四个入口进入一层看台;二层看台观众可由四部楼梯到达三层观众休息厅再通过五个猫洞进入二层看台。

(2) 运动员流线:运动员由馆西北侧的专用入口进入,在一层北侧的运动员休息室更衣后,可经检录厅进入比赛大厅或达到西侧训练馆。

(3) 贵宾流线:贵宾可由馆东侧贵宾专用入口进入,通过贵宾门厅楼电梯上至贵宾包厢或看台观看比赛。

(4) 新闻流线:新闻媒体入口设置在馆南侧,经过新闻门厅后分流进入新闻发布大厅和记者工作区,混访区紧靠新闻功能部分,方便记者采访和召开新闻发布会。

(5) 裁判及竞赛委员会流线:竞赛委员会工作人员及裁判均通过馆东北侧的专用门厅进入,裁判通过更衣后经清洁区进入比赛大厅。而工作人员进入后可通过内部走道到达看台下部的竞赛委员会用房。

3) 剖面及竖向交通设计

体育观众坐席以地面手球边界作为计算视点,看台视线升起值(C 值)为 6 cm。前后座位错排布置,视线等级一级,保证每个座位均有良好的视线。贵宾观众区竖向交通由 2 部封闭楼梯间和 2 部电梯组成;观众区二层看台竖向交通由 4 部开敞楼梯及 2 个封闭楼梯间组成,楼梯于整个平面中分布均匀,有利疏散;无障碍电梯设于体育馆西南侧。

4) 安全疏散

体育馆看台总数约 7 500 座,其中固定看台 6 000 座,活动看台 1 500 座,一层看台疏散宽度为 26.4 m,疏散时间为 2.2~3.5 min,二层看台疏散宽度为 11 m,疏散时间为 3.3~3.5 min,满足相关规范要求。

5) 无障碍设计

按照无障碍设计规范,在各个主要入口均设置有残疾人坡道,内部裁判、媒体、运动员区域在主要通道均设置有无障碍设施,馆西南侧设有无障碍电梯。所有卫生间均有专用的残疾人设施,看台上设置无障碍坐席,满足《体育建筑设计规范》(JGJ 31—2003)中无障碍坐席占总坐席数 2‰的要求。

6) 体育产业经营及赛后利用

一层东侧的组委会办公用房及管理人员办公室赛后可兼做产业用房。

2.3.4　游泳馆功能设计

游泳馆(图 2-9)位于场地东侧体育综合体北端,内部设置长 50 m×宽 25 m×深 2 m 的 10 道标准比赛池、长 50 m×宽 18.5 m×1.65 m 的 7 道训练池、儿童戏水池。馆内设固定看坐席 1 494 座,为中型乙级馆。

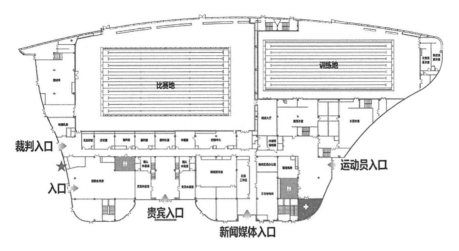

图 2-9　游泳馆底层平面布置图

1) 平面功能布局

游泳馆设全地下室,主要功能为水、电,暖通设备用房,并增加更衣淋浴用房,充分满足日常开放使用。首层为比赛大厅、训练池及竞赛功能房间,其中运动员区在东南面,包括门厅、更衣淋浴用房、检录厅等;裁判、贵宾、竞赛委员会、新闻等功能房间位于比赛厅南面,各自成区并有专门的门厅,互不干扰。二层为观众休息大厅及商业用房、咖啡茶座、库房等。

2) 流线说明

(1) 观众流线:游泳跳水馆观众通过东西两侧的大楼梯上至 5.900 m 标高室外平台再进入观众休息厅,由 4 个猫洞进入看台。

(2) 运动员流线:运动员由馆东南侧的运动员门厅进入,通过更衣淋浴间后进入清洁区到达训练池,由训练池经检录厅进入比赛大厅。

(3) 贵宾流线:贵宾可由馆南侧贵宾门厅进入,通过贵宾门厅楼梯上至贵宾看台观看比赛。

(4) 新闻流线:新闻媒体入口设置在馆南侧,经过新闻门厅后分流进入新闻媒体专用用房,新闻发布大厅和混访区紧靠新闻功能部分,方便记者采访和召开新闻发布会。

(5) 竞赛委员会:竞赛委员会工作人员及裁判均通过馆西侧的专用门厅进入,裁判通过更衣后经清洁区进入比赛大厅。而工作人员进入后可通过内部走道到达看台下部的竞赛委员会用房。

(6) 赛后游泳馆、训练池、室外泳池经营流线:运动员用房可作为赛后经营用房,由运动员区更衣淋浴后进入泳池;二层观众休息厅两侧均设有配套商业用房。

3) 剖面及竖向交通设计

游泳馆剖面设计时采用单边看台布置方式,固定坐席 1 494 座,包括无障碍坐席和贵宾坐席。看台设计视点选在最外泳道外侧边线处,高度距水面 0 mm,视线升起值(C 值)取每排升起 60 mm,前后座位错排布置,视线等级二级,保证每个座位均有良好的视线。地面层竖向交通由 3 部封闭楼梯间组成。楼梯于整个平面中分布均匀,有利疏散。地下一层疏散楼梯为 3 部。

4)安全疏散

游泳馆看台总数约 1 500 座,疏散宽度为 11 m,疏散时间为 1.74～2 min,满足消防规范要求。

5)无障碍设计

按照无障碍设计规范,在各个主要入口均设置有残疾人坡道,内部裁判、媒体、运动员的主要通道均设置有无障碍设施,西侧设有无障碍电梯。所有卫生间均有专用的残疾人设施,看台上设置 4 个无障碍坐席,满足《体育建筑设计规范》(JGJ 31—2003)无障碍坐席占总坐席数 2‰的要求。

6)体育产业经营及赛后利用

根据以往游泳馆赛后经营的情况,我们对本馆游泳部分专门配置了约 110 个更衣淋浴位以供赛后使用。二层观众休息厅两侧均设有配套商业用房。

2.3.5 健身馆功能设计

健身馆(图 2-10)位于用地东侧体育综合体南端。内设室内篮排球场地、羽毛球场地、贵宾羽毛球场地、网球训练场、乒乓球场地及各类体育健身用房。

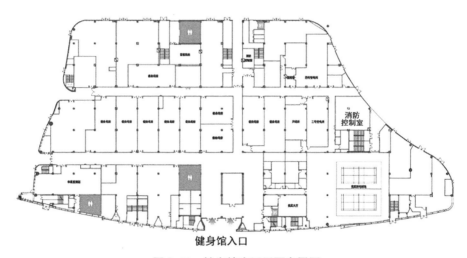

图 2-10 健身馆底层平面布置图

1)平面功能布局

健身馆一层为入口门厅、更衣淋浴、各类健身运动用房以及贵宾羽毛球馆,靠近共享中庭一侧布置有商业用房;二层设有篮排球馆、羽毛球馆、乒乓球馆以及配套的休息厅、卫生间、库房等。

2)剖面及竖向交通设计

健身馆一层层高为 6 m,可满足大部分健身类运动项目的空间需求;二层主要为大空间训练用房,其中羽毛场地净高可达到 11 m,篮排球场地净高可达到 10 m,乒乓球场地净高可达到 5 m,均满足各场地训练使用要求。球类馆地面层竖向交通由 3 部封闭楼梯间和 1 部电梯组成。

3)无障碍设计

按照无障碍设计规范,在各个主要入口均设置有残疾人坡道,球类馆内部设置无障碍电梯及卫生间。

2.3.6　地下商业及车库功能设计

1)平面功能布局

地下商业及车库位于体育综合体地下一层(图 2-11),地下车库位于体育综合体东端体育馆的地下一层,主要功能为地下机动车停车库、设备用房及体育馆贵宾入口门厅。

地下商业部分位于体育综合体平台及健身馆的地下一层,含商业中庭、超市、商铺及设备用房。平台天井下方为露天商业中庭,中庭西侧设有大台阶直接与广场连接,中庭南北两侧为商铺,东侧与地下车库之间为超市门厅;超市位于健身馆下方,与地下车库之间设有货物入口,设备用房位于超市西侧。

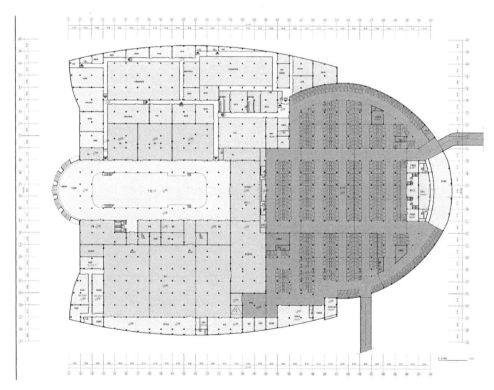

图 2-11　地下商业及车库(地下一层)平面布置图

2)剖面及竖向交通设计

车库部分层高为 6 m,设有两个机动车坡道连接室外道路,至地面层竖向交通由 7 部封闭楼梯间组成,楼梯在整个平面中均匀分布,有利疏散。

商业部分层高为 7 m,商业中庭西侧设有大台阶连接室外广场,东侧设有两部室外楼梯连接平台一层与顶端,另外设有 7 部封闭楼梯间,楼梯在整个平面中均匀分布,有利疏散。

3）无障碍设计

按照无障碍设计规范,在地下车库与商业之间设置有残疾人坡道或电梯,商业部分设置无障碍卫生间。

2.4　结构设计

泰州体育公园总建筑面积 176 492.55 m²,由体育场、游泳馆、健身馆、赛事指挥中心及一些配套商业和训练场地组成。体育公园主要体育场馆应达到举办地方性及全国单项比赛的要求。结构设计时需要考虑的气候温度条件为:泰州属北亚热带南部湿润气候区,年平均气温 15.3℃,1 月和 7 月的平均气温分别为 2.8℃和 27.7℃,极端最低气温和最高气温分别为 -11.56℃ 和 37.9℃ 。

2.4.1　体育场结构设计

体育场建筑面积 62 905 m²,看台的总坐席数为 30 500 座,可以举办地方性和全国单项比赛。根据《体育建筑设计规范》(JGJ 31—2003),本体育场属于观众席容量很多的中型体育场;根据最新颁布的《建筑工程抗震设防分类标准》(GB 50223—2008)的 6.0.3 条,其抗震设防类别为重点设防类,即乙类,抗震措施按提高一度确定。

根据《全国民用建筑工程设计技术措施》(混凝土结构 2009)的相关要求,对剧场、体育场馆等人员密集的大跨公共建筑,其结构设计应注意提高其抗震能力,适当多设抗侧力构件的要求。体育场主体结构采用钢筋混凝土框架-剪力墙结构(因平面尺度巨大,剪力墙承担倾覆力矩比难以达到 50%,故框架部分抗震等级仍按框架结构确定),根据其为重点设防类别采用提高一度的抗震措施,本体育场框架和剪力墙的抗震等级均为一级。下部混凝土结构由多段圆弧组成的类椭圆,其平面最大投影长轴约 235 m,短轴约 205 m,外周长约 677 m。看台以及楼板采用钢筋混凝土现浇板。看台不设变形缝属超长结构,拟采用加混凝土膨胀剂、纤维、施工控温措施等方法减小混凝土早期收缩应力;采用缓黏结预应力及加强温度配筋控制长期温度变化的不利影响。

体育场屋盖建筑造型新颖奇特,屋盖平面最大投影为类椭圆,长轴 261 m,短轴 231 m,径向最大投影尺寸 53 m,最小尺寸 33 m。沿常轴的纵剖面为马鞍形,最高点约 41 m,最低点约 22 m。在体育场的东看台,外围护结构开有底宽约 183 m,顶高约 22 m 的拱形大洞。体育场屋盖结构结合建筑造型要求、覆盖范围以及东看台开大洞导致屋面部分支撑系统缺失的特点,采用索承悬挑钢梁结构。其基本概念(图 2-12)源于索承单层网壳结构——将索承单层网壳结构中部挖空,代之以拉力环,形成新型屋盖钢结构。

索承单层网壳是由索穹顶改进而成,它综合了钢网壳和张拉结构优点,通过在单层网壳下设置撑杆和张拉索,较大幅度地提高了屋盖网壳的整体刚度和稳定承载力,同时大幅度减小甚至消除穹顶对下部结构的推力,可使网壳跨越更大的跨度。索承单层网壳技术上已非常成熟,国内近年已建成较多的体育场馆工程,如奥运会羽毛球馆、常州体育中心体育馆、济

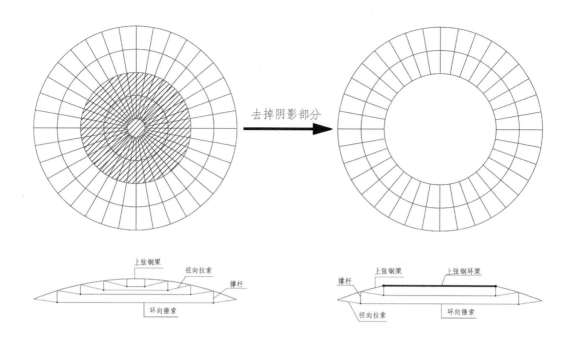

图 2-12 体育场屋盖钢结构的基本概念示意图

南奥体体育馆等。泰州体育公园体育场屋盖结构(图 2-13)的刚性网壳部分采用肋环形布置,网壳主承重钢梁沿径向,使撑杆与斜索与钢梁在一个平面内。每个撑杆的下节点只有一道环索和一道斜索,斜索总长度使用量最少,钢网壳的加工制作和施工找形难度不高。为了解决其上弦钢网壳的面内刚度较差问题,对东侧看台的倾斜开口大拱支承进行加强。为解决上弦径向钢梁的面外稳定问题,需设置水平支撑系统(可用钢拉杆)。水平支撑系统在东侧开口大拱侧每跨设置,其余间跨设置。立面 V 形支柱做成格构式与建筑配合,达到良好的建筑效果。

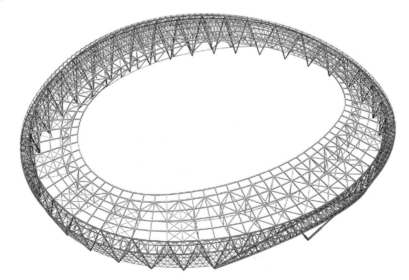

图 2-13 体育场屋盖钢结构轴测图

2.4.2　体育馆结构设计

体育馆与游泳馆、健身馆形成一个体育综合体（图 2-14），体育馆位于综合体东端，固定坐席 5 999 座，活动坐席 1 500 座，内设 70 m×40 m 比赛场地一片，可满足篮球、排球、手球等区域性综合及全国单项比赛要求。属中型体育馆，应按重点设防类进行抗震设防。

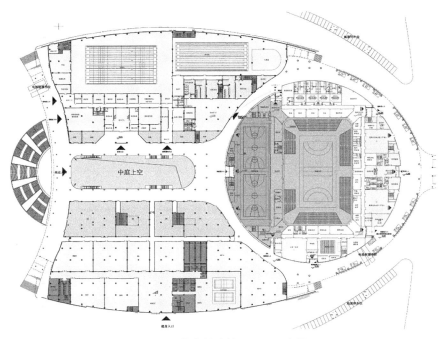

图 2-14　体育综合体一层平面布置图

体育馆平面投影接近直径为 130 m 的圆形，主体为一层，局部四层，最大高度约为 35 m。主体结构采用框架结构，框架抗震等级为二级。体育馆屋盖（图 2-15）为一倾斜放置的球面，因从建筑功能需求上，比赛场看台尾部四周，有直升到顶的维护结构，为节省造价，屋盖设计时充分利用了可直升至顶的维护结构，在其间增设屋盖支点，从而减小大跨屋盖计算跨度。内部支点间距 72.9 m×89.1 m，支点沿矩形周边均匀布置。对于此类屋盖，有多种结构

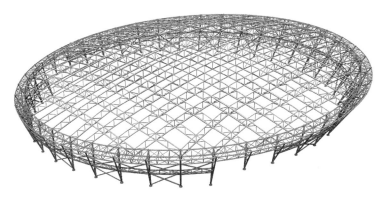

图 2-15　体育馆屋盖结构轴测图

方案可以实现。为了使周边圆边界与内部支承点矩形边界共同支撑屋盖，拟采用双向正交的平面桁架结构（或称平行弦网架结构），各平面桁架采用变厚度，中间厚，檐口薄。在檐口处设置贯通的环向转换桁架，作为立面竖向支承桁架与屋盖平面桁架的转换。

2.4.3 游泳馆及健身馆结构设计

游泳馆与健身馆分立体育综合体的北、南侧，屋盖投影基本完全对称。游泳馆内置 10 泳道标准比赛池，7 泳道训练池及一个儿童戏水池。观众坐席 1 494 座，属小型体育馆，按标准抗震设防类设防；健身馆内设室内篮排球场地、羽毛球场地、乒乓球场地及各类体育健身用房以及部分商业用房。

游泳馆及健身馆主体均采用现浇钢筋混凝土框架结构，游泳馆比赛池与训练池对混凝土防裂要求高，拟采用预应力抑制混凝土开裂；健身馆因场地需要，会部分抽柱形成 16.2 m 的大柱网尺寸，可采用密肋混凝土梁板或预应力混凝土梁板结构。

游泳馆及健身馆屋盖投影形似两片漂浮的树叶（图 2-16 和图 2-17），散落在体育综合体的南北两侧。屋盖支承点的最大投影跨度约 65 m，采用三角形管桁架，桁架间距 16.2 m，桁架一侧支承在主体结构钢筋混凝土柱上，一侧沿建筑立面弯折落地。

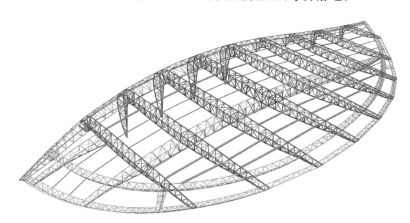

图 2-16 游泳馆屋盖结构轴测图

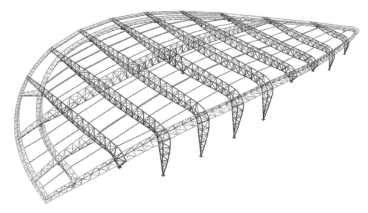

图 2-17 健身馆屋盖结构轴测图

2.5　给排水设计

2.5.1　给水系统

泰州体育公园工程生活给水接自市政自来水管网,并在接管处设置总水表(商业部分单独设置水表)。接城市自来水管的管径为 DN250~DN300。给水采用城市给水管网下行上给直接供水。如市政自来水压力不足,则采用竖向分区供水;低区为市政直接供水,高区采用变频水泵加压供水。

2.5.2　热水系统

各体育比赛场馆的淋浴、接待指挥中心淋浴、游泳馆泳池池水均考虑提供热水供应。采用集中热媒,分散式换热制生活热水供热,并设置机械循环,确保热水供应及时。同时采用太阳能作为辅热,减少对化石能源的消耗,以节约能源。

2.5.3　游泳池循环水系统

游泳池、训练池采用逆流式氯消毒(预留臭氧消毒)池水循环净化供水系统。系统流程:泳池溢流回水(池岸式溢流,回水口设于溢水沟内)→回水管(两路)→均衡水池(比赛池及训练池分别设置)→毛发聚集器→循环水泵(泵前投加混凝剂)→压力滤罐→加热→泳池池底配水管(投加水质平衡药剂,投加成品次氯酸钠消毒剂消毒)→池底进水口→回泳池。泳池循环周期为 6 h。

2.5.4　循环冷却水系统

冷却塔放置在室外空旷的场所,循环冷却水的补水按总循环水量的 1.5% 考虑。流程:冷却塔→循环水泵→冷水机组→冷却塔。循环水泵及冷却塔与冷冻机组的数量一一对应,计算湿球温度按 28.3℃ 计。冷却塔采用逆流式机械通风冷却塔。

2.5.5　排水系统

生活污水排至室外化粪池,处理后再排入市政污水管网。对地下室(设备用房)中不能采用重力排放的污、废水,设置集水坑收集,用潜水排污泵将其抽升,排至室外对应的污、雨水系统,保证地下室的使用安全。含油厨房废水先经隔油池处理后再排入室外污水管。

2.5.6　雨水系统

屋面雨水根据建筑布置设置重力流或虹吸式压力流雨水系统,并通过雨水管收集将其排出室外,屋面雨水与室外雨水合并后,拟考虑设置雨水收集、处理、回用、调蓄系统,通过收集雨水,处理后将其用于绿化浇洒、地面冲洗、水景补充,充分利用雨水资源;初期弃流雨水和多余雨水统一经雨水调蓄池排至市政雨水管网。

2.5.7　场地浇洒系统

体育场场地给水设置自动洒水系统,排水设置盲沟加滤水的整套排水系统,确保满足国际比赛的要求。室外园林绿化按每 50 m 长直径范围配置一处手动洒水阀门(阀门隐蔽在草丛中或设于地下阀门井中)以利浇花。

2.5.8　消防给水系统

根据《建筑设计防火规范(2018 年版)》(GB 50016—2014)、《消防给水及消火栓系统技术规范》(GB 50974—2014)和《自动喷水灭火系统设计规范》(GB 50084—2017)的要求设置室内外消火栓系统、自动喷水灭火系统、消防炮灭火系统并配置建筑灭火器。体育场、健身馆、商业、游泳馆及体育馆为一套区域集中的临时高压系统。室外消火栓系统和给水系统合用室外给水管道,其上设置室外消火栓,供消防车取水灭火。室内消火栓系统采用区域集中临时高压灭火系统。集中设置消火栓消防水泵、消防水池、消防水箱及相应的消防供水管网,并设置消防水泵适配器供消防车使用。各场馆净空高度低于 12 m 的办公、休息、更衣、器材室以及走道;商业、酒店、汽车停车库、多种经营用房、厨房餐厅等均设置自动喷淋系统。各场馆净空高度大于 12 m 场所设置大空间智能灭火系统或固定消防炮灭火系统。弱电机房及高低压配电室设气体灭火设施。

2.5.9　节能措施

精确计算供水水压、快速合理组织供水系统、控制用水点出流水压,达到节能、节水目的;对冷却塔补水管及各用水均设置水表计量,以提高节水效率。采用集中热媒,分散式换热制生活热水,降低能源消耗;设置雨水和空调凝结水收集回用系统,用于地面冲洗、绿化浇洒、循环冷却水补充等;合理选择管道口径、控制流速,降低系统运行能耗;所选卫生器具、阀门产品均为节水型产品。公共卫生间采用感应式发泡水嘴和感应式小便器冲洗阀。水池、水箱溢流水位均设报警装置,防止进水管阀门故障时,水池、水箱长时间溢流排水在酒店、健身馆、商业、游泳馆及体育馆的屋顶设置太阳能热水器,以节约能源。采用高效率的给排水机电设备。

2.6　电气设计

泰州体育公园设置的电气系统有:变配电系统、电力配电系统、照明系统、防雷、接地与电气安全系统;体育场馆智能化系统:建筑设备监控系统 BAS、火灾自动报警及消防联动控制系统、消防电源监控系统、剩余电流火灾监控报警系统、商业智能应急照明疏散系统、保安监控系统、电话及综合布线系统、有线电视系统、公共广播系统、屏幕显示及控制系统、比赛场馆扩声系统、场地照明及控制系统、计时记分系统、标准时钟系统、国旗升降系统、停车场自动管理系统等。

2.6.1　变配电系统

（1）负荷分级

① 负荷等级：体育场馆、游泳馆、健身馆、商场等消防用电设备、应急照明、安防系统、通信系统及电子计算机系统电源为一级负荷；体育场、体育馆、游泳馆等比赛场（厅）、主席台、贵宾室、接待室、新闻发布厅、计时记分装置、广播机房、电台和电视转播及新闻摄影用电、生活泵等用电负荷等级为二级负荷；其余用电负荷等级为三级负荷。

② 供电电源：由本城区两座区域变电站分别引来一路 10 kV 电源向本项目供电。两路电源采用电缆埋地引入健身馆一层 10 kV 用户高压开关站，二路电源同时工作、互为备用。高压系统电压等级为 10 kV，低压系统电压等级为 220 V/380 V。

③ 应急电源系统：在体育场、体育馆、游泳馆低压配电系统比赛场用电预留移动式柴油发电机电源接口，为特别重要比赛提供 230/400 V 第三电源。在健身馆地下室设置一台 800 kW 固定的应急柴油发电机组为本工程相关子项消防及安防负荷提供 220 V/380 V 应急电源；在体育场一层设置一台 450 kW 固定的应急柴油发电机组为体育场子项消防及安防负荷提供 220 V/380 V 应急电源，安防、消防中心等重要机房采用 UPS 供电，其供电时间大于 60 min。

（2）负荷估算：本项目体育场变压器装机容量 5 000 kVA，体育综合体变压器装机容量为 8 200 kVA，总装机容量估计为 13 200 kVA。

（3）高、低压配电系统

① 10 kV 配电系统：采用单母线分段接线，以放射式向各变压器供电。

② 低压配电系统：

采用单母线分段接线，每两台变压器低压母线之间设联络开关，正常情况下，两台变压器列运行，当其中一台故障或检修时，母联开关手动投入，由另一台变压器供全部一、二级负荷用电。为保证重要负荷的供电，变压器低压侧设应急母线段，专供消防负荷或保障性负荷用电。低压配电采用放射式与树干式相结合的方式，对重要负荷如：消防用电设备、UPS、信息机房，重要体育设施等采用双电源末端自动切换方式供电。

（4）变配电所

泰州体育公园工程 10 kV 用户开关站及高压配电室设在健身馆一层。根据用电负荷性质和用电容量分布情况，本工程共设 5 座变配电室。1ES、2ES 变配电所设在体育场东西两侧一层，分别设两台 1 250 kVA 变压器主供体育场及室外训练场等用电；3ES 变配电所设在健身馆一层，内设两台 1 250 kVA 变压器主供体育馆、游泳馆、健身馆照明电力用电；4ES 变配电所设在健身馆一层，内设两台 1 600 kVA 变压器主供商业用电；5ES 变配电所设在游泳馆一层，内设两台 1 250 kVA 变压器主供体育馆、游泳馆、健身馆空调用电。

（5）变配电智能化系统

该系统通过现场的网络电力仪表连接至中央控制室的后台系统，对建筑物内的供配电及应急电源系统的电压、电流、功率因素、有功功率、无功功率、电量等电参数进行监测以及对断路器的分合状态、故障信息进行监视，并对重要负荷断路器的分合状态进行控制，从而实现变电所的"四遥"(遥信、遥控、遥测、遥调),后台系统设于配电所控制值班室内。

2.6.2 照明系统

泰州体育公园工程设置正常照明、应急照明、景观照明和值班照明。照明系统的设计内容主要涉及主要场所照度标准及功率密度值要求、照明智能控制、应急照明、疏散照明等相关内容。

1)主要场所照度标准及功率密度值要求

(1)公共辅助用房部分的照明功率密度限值均按不大于目标值设计(表2-3)。

表2-3 公共辅助用房部分的照明功率密度限值

序号	场所类别		照明功率密度		对应水平照度值 (lx)
			现行值	目标值	
1	运动员用房、裁判用房		9.0	8.0	300
2	转播机房、计时记分和成绩处理机房、信息显示及控制机房、场地扩声机房、同声传译控制室、升旗和火炬控制系统等弱电机房及照明控制室		15.0	13.5	500
3	观众休息厅(开敞式)、观众集散式		5.0	4.5	100
4	观众休息厅(房间)		9.0	8.0	200
5	国旗存放间、奖牌存放间		9.0	8.0	300
6	颁奖嘉宾等待室、领奖运动员等待室		9.0/15.0	8.0/13.5	300/500
7	兴奋剂检查室、血样收集工作室		15.0	13.5	500
8	检录处		9.0	8.0	300
9	安检区		9.0	8.0	300
10	新闻发布厅	记者席	9.0/15.0	8.0/13.5	300/500
11		主席台	15.0/24.0	13.5/21.0	500/750
12	新闻中心、评论员控制室		15.0	13.5	500

注:1 表中同一格内有两个值时,"/"前数值适用于乙级及以下等级的体育建筑,"/"后数值适用于特级和甲级体育建筑;
2 集散厅等场所如采用特殊造型的灯具,该场所的照明功率密度可不受此表限制。

公共辅助用房光源均采用三基色荧光灯管、LED和紧凑型节能灯,配高光效灯具和电子镇流器或节能电感镇流器,灯具功率因素大于0.9。

(2)比赛和训练场地照明

①体育场、体育馆、游泳馆比赛场地均按V级电视转播国家及国际比赛照明功能要求设计,比赛场主辅摄像机平均垂直照度1 400 lx;观众席座位的平均水平照度值不宜小于100 lx,主席台面的平均水平照度值不宜小于200 lx。有电视转播时,观众席前排的垂直照度值不宜小于场地垂直照度值的25%。体育场、体育馆、游泳馆比赛场照明功率密度限值

W/lx.m² 要求：体育场不大于 0.029、体育馆不大于 0.114 4、游泳馆不大于 0.083。训练馆篮球、羽毛球、乒乓球、网球等场地按 Ⅱ 级业余比赛、专业训练照明功能要求设计，其平均水平照度：羽毛球场地平均水平照度 750 lx、篮球、乒乓球、网球场地平均水平照度 500 lx、游泳池平均水平照度 300 lx。

② 体育场照明东西面挑棚采用光带型式，其灯具高度到场地中心连线与地面之间的夹角大于 25°；体育馆、游泳馆比赛场采用赛场两侧马道上布灯非对称型配光灯具，灯具瞄准角不大于 65°（游泳馆在 52°～55°之间）；篮球、乒乓球、羽毛球及网球室内训练场采用顶部或侧面均匀布灯方式。室外训练场采用场地两侧灯杆布灯方式。

③ 比赛及训练场选用高光效 400～2 000 W 金属卤化物投光灯，显色指数 Ra>80，色温 4 000～6 500 K，眩光指数 GR 室内馆小于 30，体育场眩光指数 GR 小于 50，配套节能电感镇流器及电容器其灯具功率因素大于 0.9。游泳及跳水池选用防腐型金属卤化物投光灯，比赛场及观众席应急照明采用能瞬时点亮的卤素灯。

（3）室外训练场及景观道路照明

室外田径训练场、足球训练场平均水平照度为 300 lx；室外停车场及广场平均水平照度为 75 lx；室外道路平均水平照度为 20 lx；室外训练场地照明采用两侧高杆均匀布灯方式，共采用高 25 m 的灯盘，每盘设置 4～6 套 1 000 W 的金属卤化物投光灯；室外停车及广场照明场采用 8 m 高杆灯，每杆设两套 400 W 金卤灯；道路照明采用 6 m 杆高 150 W 金卤灯。建筑景观照明根据建筑立面造型及环境特点由景观专业专项设计，本设计预留室外景观照明配电箱。

（4）光导管照明系统

游泳馆、健身馆屋面设置光导管照明系统，白天通过光导管充分利用自然光对馆内照明，其照度达到训练要求，减少白天室内训练电气照明、节约能源。

2）智能照明控制系统

比赛场、观众席、门厅、观众休息、车库、公共走道及室外照明由智能照明控制系统 EIB 进行自动控制。体育比赛场地实现训练、比赛、彩电转播、观众退场及清扫等灯光控制模式；门厅、观众休息、公共走道及室外照明实现灯光各场景和时间开关控制模式。

3）应急照明

在变配电室、消防控制室、防排烟机房、比赛场、观众席、观众休息厅、走道、楼梯间、电梯前室、门厅、灯控室及重要机房等处设置应急照明；在走道、安全出口、楼梯间等处设应急疏散指示灯。应急照明灯及疏散指示灯由集中蓄电池应急照明配电柜供电，其连续供电时间不小于 30 min 并满足其他相关规定要求。在场馆内观众席主要疏散线路地面或靠近地面的墙上增设能保持视觉连续的灯光疏散指示标志，本工程商场地面设置智能疏散照明系统，控制中心设于消防控制室，满足相关规定要求。

4）疏散照明

疏散照明在地面上的最低照度不低于 5 lx，室外广场疏散照明最小水平照度值不应低于 1 lx。为保证运动员和观众的安全及避免发生恐慌和危险，在比赛场地和观众席设置安全照明，最低照度不低于 20 lx。

2.6.3 防雷系统

按二类防雷要求设防，设置防直击雷、防侧击雷、防雷电波侵入、防雷击电磁脉冲等保护措施。防雷系统的设计要点包括以下几个方面：

（1）利用建筑物金属罩棚（金属罩棚与檩条要求可靠电气连接）、金属框架（金属框架与下面的金属桁架有可靠的电气连接）、金属旗杆等作为接闪器，利用柱下桩基内钢筋、承台板、基础底板中的钢筋网及基础梁内钢筋等作为接地装置，利用金属罩棚的支撑钢柱、混凝土结构柱内两根主钢筋（$\Phi \geqslant 16$ mm）作为引下线，间距不大于18 m，引下线上端与金属罩棚等接闪器、下部与接地装置作可靠电气连接。

（2）为防雷电电磁脉冲引起的过电压和过电流，在电源线路引入的总配电箱、配电柜处装设Ⅰ级试验的电涌保护器，电涌保护器的电压保护水平应小于或等于2.5 kV，冲击电流值大于12.5 kA；在变配电室低压配电柜处、屋顶及室外设备的供电电源处安装三相电压开关型SPD作为第一级保护；区域级配电箱（柜）线路输出端安装限压型SPD作为第二级保护；所有电子信息设备电源进线端安装限压型SPD作为第三级保护。

（3）防雷接地、工作接地、保护接地及弱电系统接地采用共用结构基础钢筋网作接地装置，若接地电阻不够，再沿建筑物四周敷设40×4镀锌扁钢环形接地体，综合接地电阻小于1Ω。

（4）采用等电位连接与接地保护措施，在各变电所设总等电位联结端子箱，所有进出建筑物的金属管道、金属构件、接地干线等与总等电位端子箱联结。

（5）低压系统接地型式：室外道路及景观采用TT系统接地方式；其余各子项均采用TN-S式，设专用接地PE线。

（6）所有弱电机房、电梯机房、冷冻机房、水泵房、有洗浴设施的卫生间等作局部等电位联结。

（7）游泳馆泳池设辅助等电位联结：必须将0,1及2区所有装置外可导电部分，与位于这些区内的外露可导电部分的保护线连接起来，并经过总接地端子与接地装置相连。

（8）所有插座回路均装设额定动作电流为30 mA的漏电保护装置，以保证人身安全。

2.6.4 接地及电气安全系统

（1）低压配电系统按地型式采用TN-S制式。

（2）设总等电位联结，弱电机房、电梯机房、强弱电竖井、水泵房、有洗浴设备的卫生间等设局部等电位联结。

（3）所有插座回路设动作电流不大于30 mA的漏电保护器，以保证人身安全。

（4）采用共用接地系统，其接地电阻不大于1Ω。

（5）设置剩余电流火灾报警系统。

2.6.5 建筑设备监控系统（BAS）

（1）该系统主要对体育公园工程的给排水系统、冷热水系统、空调系统、送排风系统、电梯系统、变配电系统、照明控制系统等进行监视及实施节能控制,从而实现公共设备的最优化管理并降低故障率。该系统为集散系统,其监控主机设在消防控制中心。

(2) 建筑设备自动化系统(BAS)采用"分散控制、集中管理"的模式,整个系统网络结构由中央工作站管理层,由直接数字控制器、传感器及执行机构组成自动化监控层及现场层。系统主要对各子项采暖空调系统、给排水系统、电梯、供配电系统、智能照明系统及停车管理系统设备进行监视及节能控制,实现本建筑全方位的监控和自动化管理。该系统中心机房设于体育场、商场消防控制室内,各子项值班室设分控室。

(3) 建筑设备自动化系统(BAS)包括以下功能:

① 对空调及热力系统设备(冷冻机、冷冻水泵、冷却水泵、冷却水塔、热力泵、水温、水量、水压等)、通风设备、控制器及执行器等运行工况实施监视、测量、控制、记录。

② 对给水、排水及生活热水等设备的运行、故障、水位等工况实施监视、测量、控制、记录。

③ 对电梯的运行状态、故障报警进行监测,保障电梯各系统的正常运行。

④ 设置变配电智能化系统对 10 kV 高、低压变配电系统中主要断路器、变压器等设备实施监视、测量、控制、记录。工作站设于高压配电值班室内,并通过网关与 BAS 系统接口通信。

⑤ 在体育公园工程各子项设置 EIB 智能照明控制系统,对车库、赛场照明和公共及室外照明进行自动控制。并作为子系统接入 BAS 系统。

2.6.6 计时记分装置系统

体育场在南端观众席上方设一块全彩屏,在北端观众席上方设一块双基色屏,像素间距 20 mm;体育馆在一端设一块全彩屏,在另一端设一块双色屏,像素间距 10～12 mm;在游泳馆比赛场设置一块点间距 12 mm 的高亮度 LED 计时记分牌,选双基色屏,设于面对跳水台的墙面上,为游泳和跳水比赛共用,能满足体育比赛计时记分和高质量视频转播的要求。

2.6.7 通信系统及综合布线系统

(1) 工程采用电话及综合布线合用系统,体育场、体育馆、健身馆、游泳馆不设电话站。电话电缆及光缆分别由室外弱电手孔通过弱电管井引入机房。体育馆、体育场设网络机房,语音信号和数据信号分别由网络机房用六类大对数电缆和多模光纤引来。

(2) 工程按综合配置设计,整个系统采用光纤、铜缆相结合方式,兼顾先进性与经济性。办公部分按每 10～15 m² 一组信息点考虑;商业用房按每 50 m² 一组信息点考虑;体育工艺用房按实际需要配置信息点;其他场所根据需要设置一定数量的信息点。

(3) 综合布线系统由工作区子系统、水平布线子系统、楼层配线间、干线系统、终端设备管理间及建筑群子系统组成。

(4) 工作区子系统:按照需要在各活动用房、主席台及记者席、比赛场地周边、管理用房、办公室及各服务台分别设置语音及数据信息插孔,末端支线采用六类电缆,出线口采用六类配件。

（5）水平布线：采用专用的铜芯非屏蔽双绞线（UTP）按 E 类 6 级的标准布线到楼内每个用户。其中，所有主干网和水平布线将达到 ISO/IEC 11801 标准和 EIA/TIA568B（1，2&3）标准。特定的场所和有特殊要求的用户将使用光纤光缆。

（6）网络中心机房应设置独立的接地线，接地装置与大楼防雷接地装置共用，接地电阻不大于 1 Ω。光缆、电话进线处的总配线架应装设浪涌保护器。

（7）系统竖向主干光缆用金属线槽敷设，由金属线槽至各工作区信息插座线路穿阻燃塑料管保护。

（8）体育场、体育馆、游泳馆信息点数量统计为：体育场 626 个，健身馆 166 个，体育馆 250 个，游泳馆 140 个，地下商业街 92 个。

（9）公共区域适当部位设置公用电话亭。

2.6.8　有线电视（含闭路电视系统）

（1）有线电视系统严格按照国内有关标准进行设计，产品性能稳定可靠，系统运行后电视频道信号丰富，清晰流畅，能够满足各种用户的使用要求。

（2）电视前端机房设于地下一层，各馆主机房设于一层电视转播房内，设闭路电视系统，信号引自城市有线电视网。在前端设备中预留自办节目输入端及电视转播车信号接口，以备播放自办节目及实况转播节目。系统采用（860）MHz 邻频传输，用户电平要求 64 dB±4 dB，图像清晰度应在四级以上。

（3）电视信号经总电视前端箱分配，放大处理后供给各层电视器件箱。

（4）该系统采用 860 MHz 邻频传输。系统采用放大-分配-分支-分支组成。电视干线电缆选用 SYWV-75-9，支线电缆选用 SYWV-75-5。竖向主干线路穿钢管弱电井内敷设，室内线路均穿钢管暗设。

（5）电视用户盒设于运动员休息室、裁判休息室、观众休息厅、贵宾室、记者工作区、新闻发布厅、包厢、商业用房等。并在场、馆的弱电管道井内预留有线电视接口，可根据实际需要增设电视用户盒。管道井内明装电视器件箱，暗装用户出线插座，底边距地 0.3 m。

2.6.9　火警广播兼背景音乐系统

（1）广播机房与消防控制中心合用，采用全数字式网络公共/消防广播系统。

（2）日常广播包含服务性和业务性广播两个功能：服务性广播主要用于场馆公共区域的背景音乐广播以及可能需要播放的内容，由 CD 机、收音机、数字播音器等提供音源。

（3）系统功能具备可根据设置的优先等级进行广播，优先等级高的广播工作时可自动切断所选区域中优先等级较低的广播内容，其他广播音源可通过预先编程或即时手动键盘输入控制，按需要送至各个广播区域。

（4）区域划分应满足消防广播区域的划分要求，本系统按照建筑物防火分区划分为多个广播区域，话筒音源可自由选择各区域回路，或单独、或编程、或呼叫进行广播，且不影响其他区域组的正常广播。系统节目通过网络广播线路分路、分层同时送到所有的公共区域。

（5）公共场所的扬声器安装功率为 3 W 或 5 W，各层的公共走道及公共区域设 3 W 吸顶扬声器,汽车库设 5 W 音箱,大型训练馆、体育场观众休息厅设 15 W 音柱,根据使用场所的不同布置为壁装式、嵌入式和管吊三种。

(6) 音响广播系统的线路敷设按防火要求布线,采用 WDZN-RVS 线穿镀锌钢管暗敷。火灾时,自动或手动打开全楼紧急广播,同时切断背景音乐广播。

2.6.10　扩声系统

1) 体育馆扩声系统

(1) 在体育馆比赛场设扩声系统。

(2) 按体育馆扩声一级特性指标进行计算和选择设备。扩声一级特性指标如下:最大声压:125~4 000 Hz≥105 dB;传输频率特性:以 125~4 000 Hz 平均声压级为 0 dB,在此频带内允许 +4~-4 dB 的变化,且在 63~125 Hz 频带内允许 +4~-12 dB 的变化;4 000~8 000 Hz 内允许从 -4 dB 按 -8 dB/倍频程衰减;传声增益:125~4 000 Hz 的平均值≥-10 dB;声场不均匀度:中心频率为 1 000 Hz、4 000 Hz(1/3 倍频程带宽)时,大部分区域不均匀度≤8 dB;系统噪声:扩声系统产生明显可察觉的噪声干扰(如交流噪声等)。

(3) 观众席和比赛场地为同一主系统,扬声器采用分散与集中相结合的布置形式,使用指向性强,高声压全频音箱。同时,设置一套流动系统,并在场地四周预留足够的扬声器接口,以供体操比赛或场地流动监听使用。

(4) 音箱处理系统及功放系统采用数字网络传输方式,并对功放实施远程监控,能对功放的温度、故障、负载输出等进行远程保护和监督。

(5) 扩声系统采用联合接地方式,接地电阻不大于 1 Ω。

(6) 比赛开会用的传声器插座设在赛场两侧墙上,主席区则预设两个四路传声器插座,以便领导发言时使用。

(7) 比赛、开会时选用指向性电容传声器;演出选用指向性动圈传声器。并选用了有线和无线传声器,以便灵活使用。

(8) 本馆内 18.10 m 标高层设置扩声机房。机房内的声源柜、功放机柜及控制设备均落地安装。

2) 体育场、游泳馆扩声系统

体育场的扩声机房分设于西看台和东看台,游泳馆扩声机房设于 13.00 m 标高层观众席一端,体育场、游泳馆扩声系统选用《体育馆声学设计及测量规程》(JGJ/T 131—2000)中体育馆二级标准进行设计,具体指标如下:

(1) 最大声压级:观众席≥98 dB,比赛场地≥95 dB;

(2) 传输频率特性:以 250~4 000 Hz 平均声压级为 0 dB,在此频率内允许 +4~-6 dB 的变化,100~250 Hz 和 4 000~6 300 Hz 的允许变化范围为 +4~-10 dB;

(3) 传声增益:250~4 000 Hz 平均不小于 -12 dB;

(4) 声场不均匀度:中心频率为 1 000 Hz、4 000 Hz 时,大部分区域不均匀度不大于 10 dB;

(5) 系统噪声:扩声系统不产生明显可觉察的噪声干扰(如交流噪声);

（6）语言清晰度：STI≥0.5。

3）检录厅、新闻发布厅

设移动音响一套。

2.6.11 闭路保安监视系统 CCTV

（1）体育场、健身馆一层分别设置监控机房（和消防控制室合用），地下商业在负一层设监控机房管理商业部分，健身馆监控主机管理地下车库、体育馆、游泳馆、健身馆。本工程拟采用分布式监视系统，由主控制台、CCD 摄像机、矩阵视频切换系统，多画面分割器，监视器，防盗报警控制器接口，硬盘录像机，UPS 电源等组成，实现对设防区域再现画面和声音进行有效监视和记录，同时对非法入侵进行可靠及时、准确无误地报警。

（2）在各建筑的主要出入口、场馆场地内、电梯厅、电梯轿厢内、场馆外等场所设置保安监视摄像机。各出入口设双鉴探测器。观众休息厅及看台层设彩色摄像机并带电动云台，电梯轿厢设彩色针孔型（带广角镜头）摄像机。贵宾区出入口及重要机房出入口设双鉴探测器。残疾人淋浴间设报警按钮和声光警报器。

（3）所有摄像机的电源，由监控机房提供 220 V 电源，摄像头本身提供变电、整流及应急电池。

（4）监控摄像机具有固定、摇头、俯仰移动、变焦和适用于照度低环境等特性，并装在能获取最好画面的位置。

（5）数字硬盘录像机能够连续地记录摄像机的数据，以便记录所有监视区的活动情况，并使画面随时再现成为可能。

（6）中心主机系统采用全矩阵系统，所有摄像点可同时录像，保安中心主机根据需要实现全屏幕、四画面、十六画面，监视器显示的画面包含摄像机号、地址、时间等信息。根据需要部分摄像机在安保中心可控，如云台控制、聚焦调节等。

（7）按系统图所示做时序切换控制。切换时间 1～30 s 可调，同时可手动选择某一摄像机进行跟踪、录像。

（8）图像质量按五级损伤制评定，图像质量不低于 4 级。

（9）图像水平清晰度：黑白电视系统不应低于 400 线，彩色电视系统不应低于 270 线。

（10）画像画面的灰度不应低于 8 级。

（11）系统各路视频信号，在专用监视器输入端的电平值应为 1Vp-p ± 3 dB VBS。

（12）系统各部分信噪比指标分配应符合：摄像部分 40 dB；传输部分 50 dB；显示部分 45 dB。摄像头根据使用场所的不同分别采用壁装、吸顶及吊挂的安装方式，视频线采用 SYV－75－5 同轴电缆，电源线由本区弱电间引来，本系统所有缆线均采用金属线槽和穿管敷设。

2.6.12 火灾自动报警与消防联动控制系统

1）消防控制室

体育场、健身馆一层分别设置消防控制室，地下商业在负一层设消防控制室管理商业部分，健身馆消防主机管理地下车库、体育馆、游泳馆、健身馆，三个消控室通过网络总线联网。

消防控制室内设有火灾自动报警控制器,包括联动控制台、应急广播设备、中央电脑、CRT显示器、打印机、集中显示装置、电梯运行监控盘及消防专用电话总机、UPS电源等设备。消防控制室内设报警外线电话。每台火警主机地址数不超过 3 200 点,每火警回路地址数不超 200 点,并应留有 10% 余量。

2）火灾自动报警系统

体育公园工程采用控制中心报警系统,对全楼的火灾信号和消防设备进行监视及控制:

（1）在办公室、管理用房、设备用房、会议室、客房、走道、楼梯间等场所设置感烟（感温）探测器;在训练馆等高大空间处设置红外光束对射感烟探测器;综合训练馆比赛厅、球类馆训练场等高大空间处设置图像防火装置及消防水炮;网架吊顶内沿检修道电缆桥架设置感温电缆。每火警总线回路不超过 32 个器件应设短路隔离器,总线跨越防火分区时设短路隔离器。

（2）在本建筑的主要出入口、疏散楼梯口等场所（从一个防火分区内的任何位置到最邻近的一个手动报警按钮的距离大于 30 m 时,应根据具体情况适当增加）设置手动报警按钮及消防对讲电话插口、声光警报装置。

（3）在消火栓箱内设置消火栓报警按钮。

火灾自动报警控制器可接收感烟、感温探测器的火灾报警信号及水流指示器、检修阀、湿式报警阀、手动报警按钮、消火栓按钮的动作信号;还可控制及接收排烟阀、加压阀、70℃及 280℃ 防火阀的动作信号。

（4）消防水池、消防水箱设有液位传感器,液位信号传至消防控制中心内。

3）消防联动控制

消防控制中心可接收场内任一报警信号如：水流指示器、安全信号阀动作信号、高空间智能灭火控制系统信号,控制防火卷帘的两次落地。手动/自动启停消火栓泵、喷淋泵及防排烟风机、加压风机和补风机,通过消火栓泵出水干管上压力开关,高位消防水箱出水干管上流量开关信号直接启动消火栓泵,湿式报警阀信号会直接启动喷淋泵,控制电梯停于首层,切除相关区域非消防电源,强启应急照明等。

4）消防通信系统

在消防控制中心内设置消防专用直通对讲电话总机,采用独立的消防通信系统。除在手动报警按钮上设置消防专用电话塞孔外,变配电室、备用发电机房、防排烟风机房、电梯机房、主要通风和空调机房、安防中心、建筑设备监控中心、警卫值班室等场所还设有消防专用电话分机;消防控制中心设置可直通 119 的外线电话。

5）防火门监控系统

防火门监控器可监视防火门的开关状态。

2.6.13　停车场自动管理系统

（1）地下车库设置一套停车场管理系统,以提高车库管理的质量、安全及效益。

（2）采用影像全鉴别系统,对进出车辆进行图像对比,防止盗车。

（3）系统设有出/入口控制及收费等功能,可自动区分月票和临时票据等自动计费。

（4）车库入口处设置剩余车位显示屏。

2.6.14　时钟系统

体育公园"一场两馆"设置时钟系统,时钟系统由 GPS 校时接收设备、中心时钟(母钟)、数字式子钟、系统控制管理计算机、时钟数据库服务器和通信连接线路组成。数字式子钟又分为单面、双面子钟、倒计时功能子钟及指针式子钟。在体育场、馆设时钟系统,主要为运动员、裁判员、工作人员提供统一精确的时间信息,母钟设于体育场。

2.6.15　国旗升降系统

（1）体育场、体育馆、游泳馆设置国旗自动升降系统,为保证举行升旗仪式时,现场所奏国歌的时间和国旗吊杆上升到天花顶部指定位置的时间同步。

（2）国旗自动升降系统采用成品,由控制服务器、国歌库、手/自动控制器、可调速卷扬机以及升降机械等组成。

2.6.16　建筑电气节能措施

（1）采用高效低耗节能变压器,低压集中补偿提高功率因数、降低变压器无功功率;变配电所设于各负荷中心,降低线路损耗。

（2）采用楼宇自控系统对设备管理和控制,室内外照明满足《建筑照明设计标准》(GB 50034—2013)有关的照明功率密度值及能效指标,并利用智能灯光控器系统对照明自动控制。室外景观照明局部采用太阳能庭院灯。

（3）根据各建筑功能设置有效的电量计量装置。

（4）在体育馆屋面设置太阳能光伏发电系统,安装容量 80 kVA,满足体育馆平常维护及室外照明用电。体育综合体部分地下室采用光导管照明系统,充分利用太阳能资源,满足当地有关节能标准设计要求。

2.7　暖通设计

2.7.1　工程设计概况

体育公园工程设有体育场、体育馆、游泳馆、健身馆。其中体育场约 30 500 座(中型乙级场),西区一层为比赛功能用房;西区二～三层为观众休息平台、包厢及贵宾区,东区、南区、北区为体育产业用房。体育馆比赛大厅设固定座位 5 999 座、活动座位为 1 500 座(中型乙级馆),其中训练用房分区布置于一层西侧,体育馆比赛大厅与训练区大空间相邻布置,可组合或隔开变成比赛、训练、展览、演艺等不同功能用房。达到"资源整合、以馆养馆、空间互用、形象统一"的目的。游泳馆为中型乙级馆,游泳池比赛大厅,观众席为 1 494 座。一层使用功能为比赛大厅、训练池厅和运动员、裁判、贵宾、竞赛委员会、观众、新闻等功能房间,二层为观众休息大厅、商务包间和游泳用品超市,三层设置咖啡厅及声控、灯控等设备房间。

健身馆内设置篮、排球场地、羽毛球场地及乒乓球场地。上述三馆合并设置一层地下室,主要功能为设备用房和商业、超市用房及汽车库等,本项目的两馆一场均按一类多层公共建筑设计。

2.7.2　室内外设计参数

体育公园工程暖通设计的室内外设计参数详见表 2-4 和表 2-5。

表 2-4　室内设计参数

房间名称	夏季		冬季		新风标准 $m^3/h.p$	噪声标准 dB(A)
	干球温度	相对湿度	干球温度	相对湿度		
体育馆比赛大厅	27℃	60%	18℃	>35%	20	40
体育馆观众席	27℃	60%	18℃	>35%	20	40
运动员休息	26℃	60%	20℃	>35%	30	50
裁判员休息	25℃	60%	20℃	>35%	30	50
观众休息厅	27℃	60%	18℃	>35%	20	55
办公	25℃	60%	20℃	>35%	30	50
新闻发布	27℃	60%	20℃	>35%	20	45
检录	27℃	60%	20℃	>35%	20	50
贵宾	25℃	60%	20℃	>35%	30	45
健身、训练	27℃	60%	20℃	>35%	40	50
包厢	26℃	60%	20℃	>35%	20	50
第三产业、商业、超市、会展	27℃	60%	18℃	>35%	20	50
餐厅、会议	26℃	65%	20℃	>35%	25	55
游泳馆池厅	28℃	70%	28℃	70%	计算确定	50
训练池池厅	28℃	70%	28℃	70%	计算确定	50
游泳馆观众席	27℃	65%	20℃	>35%	20	50

表 2-5　室外计算参数(江苏省泰州市)

	夏季	冬季
大气压力	100.39 kPa	102.66 kPa
空调计算干球温度	33.8℃	−5℃
空调计算湿球温度	28.3℃	/
空调计算日平均温度	31℃	/
相对湿度	/	75%
平均风速	3.4 m/s	4.0 m/s

2.7.3 设计范围

（1）空调部分

根据建设单位使用要求，空调部分的设计范围包括：体育馆、游泳馆、健身馆、商业及超市的集中空调设计，整个体育中心冷、热源中心的设计，体育场的比赛功能用房及第三产业、消防中心、评论员区、网络机房、配电房、转播机房、显示屏机房等的分散式空调设计。

（2）通风部分

通风部分设计范围包括：汽车库、设备用房、库房、淋浴室、更衣室、管道技术层等的机械通风设计，厨房区的机械通风及排油烟系统的设计，卫生间、电梯机房等的机械排风设计，高大空间的顶部及无窗空调区域的排风设计。

（3）防排烟部分

防排烟部分设计范围包括：汽车库、器材库、超市库房、体育馆的比赛大厅及训练厅、游泳馆比赛大厅、训练池厅、检录厅、贵宾休息厅及内走道、商业、超市、体育场第三产业用房等不具备自然排烟条件区域的机械排烟设计，地上具备自然排烟条件区域的自然排烟设计，不具备自然排烟条件的防烟楼梯间及其前室（合用前室）加压送风系统的设计。

（4）燃气供应部分

锅炉、热水器、厨房燃气供应系统设计。

2.7.4 空调部分设计内容

1）集中空调冷、热源方式

（1）泰州体育公园一期共含有4个主要功能建筑：体育馆、游泳馆、健身馆及体育场，二期设有指挥接待中心。

（2）依据"统筹规划，分期实施"的思路，制订空调划分及其冷、热源方案：

① 体育馆、游泳馆、健身馆：合并设置集中空调冷源，空调主机的装机容量按以下原则考虑：满足综合性比赛（体育馆、游泳馆同时使用）的最大负荷需求，满足健身馆、商业等在大型比赛时不能停止营业负荷需求。主机台数及单机容量的确定应充分考虑非比赛时负荷的需求，特别是夜间极小负荷需求。初步考虑采用2台离心式冷水机组加2台螺杆式冷水机组提供三馆的冷源，夏季冷冻水供回水温度为7/12℃，空调冷源中心设于地下室临近游泳馆。空调热源结合池水加热的负荷及部分卫生热水的需求集中设置4台燃气型热水承压锅炉（额定工作压力为1.0 MPa、供回水温度110/70℃），热源中心集中设于室外总图绿化地带（半地下室位于场地东北角）。设置大系统便于减少装机容量、调配不同用户的负荷需求、节约初投资及运行费用。

② 健身馆地下室的大型超市：集中空调冷热源独立设置，冷源采用2台螺杆式冷水机组提供，冷源中心就近设于地下室；热源采用2台燃气型热水承压锅炉（额定工作压力为1.0 MPa），设于整个体育中心的集中热源中心。

③ 二期指挥接待中心：接待中心地下室设置独立的集中空调系统及冷热源，冷热源可以考虑采用常规的螺杆式冷水机组＋燃气型真空热水机组，若考虑绿色节能、可再生能源利

用,可以考虑地下水或地埋管的地源热泵系统,同时提供卫生热水的热源。

2）集中空调水系统

（1）体育馆、游泳馆、健身馆：集中空调冷冻水系统均采用二级泵、主机侧定流量、负荷侧变流量、闭式两管制、局部四管制系统,冷冻水一级泵（定频）的设置与冷水机组一一对应。采用根据不同馆、建筑使用功能要求、区域分散设置二级泵站（变频）及水环路,各水环路均采用两管制异程式系统。膨胀水箱采用落地式膨胀水箱定压、补水,各空调器、风机盘管等末端空调设备的回水支管设电动平衡二通阀（调节阀）调节水量及平衡压力。

（2）体育馆、游泳馆、健身馆的热源集中由专用地下室的燃气型热水锅炉（额定压力1.0 MPa、供回水温度115/75℃）提供。各馆及健身馆分别设置水－水热交换机组以提供冬季集中空调、采暖所需热水,空调热水供、回水温度为60/45℃,游泳池及训练池区地板辐射采暖用热水供、回水温度为55/45℃。

（3）根据各冷、热用户的需求分别设置环路并设置热计量计费系统。

（4）健身馆地下室的大型超市：集中空调冷冻水系统均采用一级泵、主机侧定流量、负荷侧变流量、闭式两管制系统。

（5）二期指挥接待中心：集中空调冷冻水系统均采用一级泵、主机侧定流量、负荷侧变流量、闭式两管制系统。

3）空调方式

（1）大空间区域如比赛大厅、看台区、观众休息大厅、训练厅、训练池、新闻媒体用房、商业、超市、健身、大堂、餐厅等采用低速单风道全空气系统（其中观众区空调系统采用双风机、二次回风的空调方式）,其余区域均采用风机盘管加新风机组的空调方式,其中新风机组分层分区设置,各层内外区新风系统分开设置,内区、无外窗空调房间及高大空间的顶部设置机械排风,全空气系统尽量采用双风机系统,便于全新风运行,以在过渡季节尽量利用新风带走室内余热。

（2）游泳馆比赛池及训练池设置低温热水地板辐射供暖,以提高人员活动区地板温度（<28℃）,池厅冬季采用直流式热风供暖系统与地板辐射供暖相结合的方式,夏季直流式通风的新风机组采用冷冻除湿、热水再热方式,满足室内温度及相对湿度的要求。

（3）冬季新风机组及空调机组的新风入口设置保温型电动密闭风阀,并与风机联锁启闭,相应机组盘管回水支管上的电动比例调节阀设置最小开度以防止盘管冻裂。

4）气流组织与控制

（1）游泳馆比赛大厅看台区采用观众席座位送风、观众席后侧墙上部集中回风的方式,池厅部分冬季为直流式系统:排风采用池厅上空排除,根据室外空气含湿量的变化,相应变频调速以变风量排风,同时联锁变频控制热风采暖送风量,以控制室内空气相对湿度不大于75%,送风采用从池厅两侧水平送干热风。夏季池厅送、排风工频运行,新风机组夏季冷冻除湿、热水再热以满足池区温度及相对湿度的要求。

（2）训练池厅冬季为直流式系统,采用上送、上回的方式,为节约运行费用,新风与排风之间设置盘管式显热回收装置。

（3）训练厅采用上送（旋流风口）、上回的方式。

（4）体育馆比赛大厅观众席采用座位送风,上部回风、排风(置换通风)的方式,比赛场地均采用侧送,底部集中回风的方式。

（5）训练厅及体育馆比赛大厅当进行小球比赛或训练时,相应空调机组变频运行,满足室内空气风速的要求。

（6）体育场包厢等采用侧送、上回的方式。

（7）其余部分采用上送、上回的气流组织。

5) 分散式空调

转播机房、消防中心、网络机房、配电房、转播机房、显示屏机房等设置分体空调,体育场的比赛功能用房及第三产业、消防中心、评论员区等分层分区设置多联机空调系统。室外机分散就近设于室外,具体位置结合建筑立面要求统一考虑。

2.7.5 空调系统监测与控制

由于本体育中心空调用户具有不同使用性质、要求,集中空调系统设置手动/自动控制,整个体育中心在冷、热源中心分别设置4个中央控制中心,集中管理及监控。

空调控制系统内容主要有:系统运行管理、冷热源及空调设备的启停机、负荷调节及工况转换、设备的自动保护、故障诊断、空调计费系统等。

冷源中心的主控制室内配合楼宇控制系统,根据各末端的使用要求、负荷的大小变化,控制制冷冷水机组、一级泵、二级泵的启停和开启台数选择及其变频,各主机运行时本机的能量调节由主机自带的控制系统自动卸载或加载;各空调末端的组合式空调器水路上设动态平衡电动阀,使用时根据该机组所负担房间内的负荷变化,由区域控制站发出指令,调节该阀门,控制水量,以保证进出空调器的供回水温差恒定。在空调器停机时,关闭该阀门。热源中心控制相同。

空调末端控制:在全空气系统空调器回风、排风及新风入口处装设电动风阀,根据室外气候(季节)的变化,由控制中心发出指令,控制机组的新风回风比例;风机盘管加新风系统部分均采用就地控制方式,即通过风机盘管所在的房间室内温控器,根据使用者设定的温度自行控制风机盘管水路上安装的动态平衡电动二通阀开启或关闭。其中体育馆比赛大厅、训练场、热身场空调系统中风机能变频调速,以保证在不同使用要求的情况下,提供足够的技术手段来满足场地风速要求。游泳馆比赛大厅、训练池厅的空调机组的风机于冬季变频运行保证室内温湿度满足使用的需要。

2.7.6 通风部分

（1）地下汽车库设置机械排风系统,可利用直通室外车道自然进风,不具备自然进风的设置机械送风系统。排风量按3m高度的6次/h换气计,仅设上部排风。

（2）不具备自然通风条件的器材库、设备用房、库房及其内走道设置机械送排风系统,锅炉房、发电机房、配电房通风系统独立设置。锅炉房平时排风系统兼作事故排风(风机防爆);地下室配电房由于设置气体灭火,平时通风系统兼作事故后排风。其中水泵房、水处理机房、内走道、库房等换气次数按5次/h计;低压配电房换气次数按8次/h计,高压配电房换气次数按15次/h计、热交换站按10次/h计;冷冻站平时按5次/h计、事故排风按12次/

h 计、锅炉房平时通风及事故通风按 12 次/h 计。

（3）淋浴房、卫生间、电梯机房等设置机械排风,换气次数按 10～15 次/h 计。

（4）内区空调房间设机械排风,高大空间顶部设置机械排风或开启电动（或气动）天窗自然排风。

（5）厨房辅助加工区设置机械通风系统,精加工区设置全室换气系统及机械排油烟系统,全室换气系统兼作事故排风。

2.7.7　防排烟部分及通风、空调系统防火安全措施

（1）地下汽车库按防火分区设置机械排烟系统,尽量利用直通室外的车道出入口自然补风,对不具备自然进风条件区域设置机械补风,最大防烟分区面积不超过 2 000 m²,排烟与平时排风系统合用风机、风管、风口,补风系统由平时送风系统兼用。

（2）对不具备自然排烟条件的内走道、贵宾间、裁判员室、重要库房、检录室、训练厅、健身用房、商业用房、超市及其库房、体育馆的比赛大厅及训练厅、游泳馆比赛大厅、训练池厅、检录厅、贵宾休息厅及内走道、体育场第三产业用房等设置机械排烟,对不具备自然补风条件的区域设置机械补风系统。

（3）所有无自然排烟条件的防烟楼梯间及其前室（合用前室）按现行规范设置加压送风系统以防烟。

（4）所有通风、空调系统风管穿越重要机房隔墙、防火墙、楼板等处及竖向风道（风管）上水平支管均设置 70℃ 防火阀。

（5）锅炉房及热水机房必需设置泄压面积的泄压口、燃气泄漏报警装置及事故通风系统,报警装置与相应事故排风机及天然气管上快速切断阀联锁。厨房设置燃气泄漏报警装置,并与相应事故排风机及天然气管上快速切断阀联锁。冷冻站设置制冷剂泄漏的事故排风系统。

（6）所有通风、空调、防排烟风管采用不燃型风管、空调风管保温材料采用不燃材料、水管采用难燃 B 级闭孔橡塑保温材料。吊顶内排烟风管采用不燃材料。

（7）柴油发电机房的日用油箱设置带阻火器的通气管接至室外安全地带,日用油箱下部设置防止油品散失的措施。

（8）通风、空调及防排烟风管穿越防火隔断处均设置防火阀,防火阀两侧 2 m 范围的风管均采取耐火加强措施、确保其耐火极限不低于相应防火隔断体的耐火极限。

2.7.8　燃气供应部分

体育公园工程燃气用户主要为热源中心的锅炉及商业、接待中心的厨房,采用城市天然气,分别设置调压箱（柜）调至所需压力后供给。

2.7.9　暖通节能具体措施

（1）按节能设计标准确定室内设计温度及新风标准。

（2）空调通风设备均选用节能型产品：主机选用能效比高的冷水机组,确保其 COP/

IPLV/SCOP 均高于《公共建筑节能设计标准》(GB 50189—2015)的要求,游泳馆、接待中心常年有卫生热水、池水加热热负荷需求的系统,考虑采用带热回收的冷水机组,回收夏季冷却水排热以预热卫生热水或池水;选择带烟气热回收的冷凝热水锅炉或热水机组,确保热效率高于《公共建筑节能设计标准》(GB 50189—2015)的要求;水泵、风机按系统实际所需选配其扬程或全压以尽量提高水泵的输送能效比及降低风机的单位风量耗功率,服务区域较大的空调水系统采用二次泵系统。

(3)合理划分与设置适宜的空调系统方式,节约初投资与运行费用。

(4)二期指挥接待中心考虑采用地源热泵方式,充分室外利用场地的地下水资源或土壤源,达到可再生能源利用的绿色、节能、减排、可持续发展的要求。

(5)所有空调风管、空调水管、热媒水管均保温以减少冷热损失。

(6)全空气系统的区域可于过渡季节运行全新风。

(7)集中空调系统设置完善的自控措施,优化管理及运行模式,设置计费系统,变频、热回收技术的运用,节约运行费用。

2.7.10 暖通环保

(1)本项目所有通风空调系统风机均采用低噪声设备,风机进出口均设消声器,特别是接入直通室外的风管消声器作加长处理,同时室外通风口部与环境协调,以尽量减少对环境的影响。

(2)吊装风机(箱)均采用减振支吊架,风机进出口均采用软管连接,以减少振动及固体传声的影响。

(3)热水锅炉及热水机组烟道尽量高空排空,卫生间均设置机械排风,尽量做到高点排放。

(4)集中空调房间均按卫生标准设置新风系统,人员密集的公共场所的空调系统及新风系统均考虑设置空气净化消毒装置,以保证室内空气品质。

(5)厨房排油烟采用水过滤式运水烟罩去油、除味,同时设置油烟净化装置,满足环保的要求后,就近排空。

2.8 节能设计

2.8.1 建筑节能基本信息

(1)本地区气象条件

泰州地处江苏中部,位于北纬32°01′57″～33°10′59″,东经119°38′24″～120°32′20″。泰州市在北亚热带湿润气候区,受季风环流的影响,具有明显的季风性特征。四季分明,夏季高温多雨,冬季温和少雨,具有无霜期长、热量充裕、降水丰沛、雨热同期等特点。气温最高在7月,最低在1月,冬夏季南北的温差不大,年平均气温在14.4～15.1℃之间;常年主导风向以东南风居多,春、夏两季多东南风,秋季多东北风,冬季以偏北风为主。按照全国建筑热工分区,该地区属夏热冬冷地区。

(2) 建筑概况

泰州体育公园项目建筑包括体育场、体育馆、游泳馆、健身馆、地下商业及车库,为大型公共建筑。体育场、体育综合体(体育馆、游泳馆、健身馆、地下商业及车库)单栋建筑面积大于 300 m² 的建筑,或单栋建筑面积小于或等于 300 m² 但总建筑面积大于 1 000 m²,按照《公共建筑节能设计标准》(GB 50189—2015)的规定属于甲类建筑。由于建筑采用大量幕墙,窗墙面积比较大,因此幕墙为节能设计主要重点。公共建筑内室内照明要求高,属于典型的内热源大型公共建筑,因此,在进行外围护结构热工性能设计时,建筑隔热和空调系统的节能起到关键作用,而外围护结构传热系数所体现的保温性能对这类公共建筑的节能是有限的。

根据建筑不同朝向的窗墙面积比和外围护结构,尽可能地执行节能标准规定性指标的要求。从建筑立面和功能要求、安全性等多方面考虑,建筑节能设计按照《公共建筑节能设计标准》(GB 50189—2015)中夏热冬冷地区围护结构传热系数和玻璃太阳得热系数的限值要求进行。

(3) 设计依据标准规范

《公共建筑节能设计标准》(GB 50189—2015);

《江苏省公共建筑节能设计标准》(DBJ 32/J96—2010);

《民用建筑热工设计规范》(GB 50176—2016);

《外墙外保温工程技术规程》(JGJ 144—2004);

《建筑外门窗气密、水密、抗风压性能分级及检测方法》(GB/T 7106—2008);

《建筑幕墙》(GB/T 21086—2007);

《建筑设计防火规范(2018 版)》(GB 50016—2014);

国家、省、市现行的相关法律法规。

(4) 建筑体形系数计算

体育场:0.32;

体育馆:0.11;

游泳馆:0.11;

健身馆:0.15;

各栋建筑体形系数均满足 $S \leqslant 0.40$。

2.8.2 透明围护结构节能设计

(1) 体育场建筑外围护热工技术措施(表 2-6)。

表 2-6 体育场建筑外窗(玻璃幕墙)热工技术措施

朝向	窗墙比	透明幕墙(外窗)技术措施	设计传热数 W/(m²·K)	玻璃太阳 得热系数	气密性
东	0.22	隔热金属型材窗框面积 20%,6 高透光 Low-E + 9A + 6 透明	2.7	0.54	3

（续表）

朝向	窗墙比	透明幕墙(外窗)技术措施	设计传热数 W/(m²·K)	玻璃太阳 得热系数	气密性
南	0.15	隔热金属型材窗框面积20%,6 高透光 Low-E＋9A＋6 透明	2.7	0.54	3
西	0.20	隔热金属型材窗框面积20%,6 高透光 Low-E＋9A＋6 透明	2.7	0.54	3
北	0.13	隔热金属型材窗框面积20%,6 高透光 Low-E＋9A＋6 透明	2.7	0.54	3

（2）体育馆建筑外围护热工技术措施（表 2-7）。

表 2-7 体育馆建筑外窗(玻璃幕墙)热工技术措施

朝向	窗墙比	透明幕墙(外窗)技术措施	设计传热数 W/(m²·K)	设计遮阳 系数 SC	气密性
东	0.53	隔热金属型材窗框面积20%,6 中透光 Low-E＋12氩气＋6 透明	2.1	0.44	3
南	0.44	隔热金属型材窗框面积20%,6 中透光 Low-E＋12氩气＋6 透明	2.1	0.44	3
西	0.38	隔热金属型材窗框面积20%,6 中透光 Low-E＋12氩气＋6 透明	2.1	0.44	3
北	0.50	隔热金属型材窗框面积20%,6 中透光 Low-E＋12氩气＋6 透明	2.1	0.44	3

（3）游泳馆建筑外围护热工技术措施（表 2-8）。

表 2-8 游泳馆建筑外窗(玻璃幕墙)热工技术措施

朝向	窗墙比	透明幕墙(外窗)技术措施	设计传热数 W/(m²·K)	设计遮阳 系数 SC	气密性
东	0.43	隔热金属型材窗框面积20%,6 中透光 Low-E＋12氩气＋6 透明	2.1	0.44	3
南	0.77	隔热金属型材窗框面积20%,6 中透光 Low-E＋12氩气＋6 透明	2.1	0.44	3
西	0.83	隔热金属型材窗框面积20%,6 中透光 Low-E＋12氩气＋6 透明	2.1	0.44	3
北	0.27	隔热金属型材窗框面积20%,6 中透光 Low-E＋12氩气＋6 透明	2.1	0.44	3

（4）健身馆建筑外围护热工技术措施（表 2-9）。

表 2-9　健身馆建筑外窗（玻璃幕墙）热工技术措施

朝向	窗墙比	透明幕墙（外窗）技术措施	设计传热数 W/(m²·K)	设计遮阳系数 SC	气密性
东	0.08	隔热金属型材窗框面积 20%,6 中透光 Low-E + 12 氩气 + 6 透明	2.1	0.44	3
南	0.39	隔热金属型材窗框面积 20%,6 中透光 Low-E + 12 氩气 + 6 透明	2.1	0.44	3
西	0.51	隔热金属型材窗框面积 20%,6 中透光 Low-E + 12 氩气 + 6 透明	2.1	0.44	3
北	0.08	隔热金属型材窗框面积 20%,6 中透光 Low-E + 12 氩气 + 6 透明	2.1	0.44	3

2.8.3　建筑非围护结构节能设计

（1）屋面采用燃烧性能为 A 级的保温材料——矿物纤维喷涂保温材料（AAT）（120 mm 厚）传热系数满足 $K \leqslant 0.4(\text{W/m}^2.\text{K})$ 的要求。

（2）外墙采用燃烧性能为 A 级的保温材料——矿物纤维喷涂保温材料（AAT）（70 mm 厚）传热系数满足 $K \leqslant 0.6(\text{W/m}^2.\text{K})$ 的要求。

（3）架空层采用燃烧性能为 A 级的保温材料—矿物纤维喷涂保温材料（AAT）（60 mm 厚）传热系数满足 $K \leqslant 0.7(\text{W/m}^2.\text{K})$ 的要求。

（4）体育公园一场三馆的非围护结构节能构造设计具体内容。

① 体育场

a. 屋面主体部分构造类型：铝镁锰直立锁边防水板 + PE 隔离层 + 矿物纤维喷涂保温材料（AAT）（80.0 mm）；

b. 热桥柱（框架柱）构造类型：水泥砂浆（5.0 mm）+ 矿物纤维喷涂保温材料（AAT）（80.0 mm）+ 钢筋混凝土（200.0 mm）+ 水泥砂浆（20.0 mm）；

c. 热桥梁（圈梁或框架梁）构造类型 1：水泥砂浆（5.0 mm）+ 矿物纤维喷涂保温材料（AAT）（80.0 mm）+ 钢筋混凝土（200.0 mm）+ 水泥砂浆（20.0 mm）；

d. 热桥楼板（墙内楼板）构造类型 1：水泥砂浆（5.0 mm）+ 矿物纤维喷涂保温材料（AAT）（80.0 mm）+ 钢筋混凝土（200.0 mm）。

② 体育馆

a. 屋面主体部分构造类型：铝镁锰直立锁边防水板 + PE 隔离层 + 矿物纤维喷涂保温材料（AAT）（80.0 mm）；

b. 热桥柱（框架柱）构造类型：水泥砂浆（5.0 mm）+ 矿物纤维喷涂保温材料（AAT）（80.0 mm）+ 钢筋混凝土（200.0 mm）+ 水泥砂浆（20.0 mm）；

c. 热桥梁（圈梁或框架梁）构造类型 1：水泥砂浆（5.0 mm）+ 矿物纤维喷涂保温材料

(AAT)(80.0 mm)+钢筋混凝土(200.0 mm)+水泥砂浆(20.0 mm);

d. 热桥楼板(墙内楼板)构造类型1：水泥砂浆(5.0 mm)+矿物纤维喷涂保温材料(AAT)(80.0 mm)+钢筋混凝土(200.0 mm)。

③ 游泳馆

a. 屋面主体部分构造类型：铝镁锰直立锁边防水板+PE隔离层+矿物纤维喷涂保温材料(AAT)(80.0 mm);

b. 热桥柱(框架柱)构造类型：水泥砂浆(5.0 mm)+矿物纤维喷涂保温材料(AAT)(80.0 mm)+钢筋混凝土(200.0 mm)+水泥砂浆(20.0 mm);

c. 热桥梁(圈梁或框架梁)构造类型1：水泥砂浆(5.0 mm)+矿物纤维喷涂保温材料(AAT)(80.0 mm)+钢筋混凝土(200.0 mm)+水泥砂浆(20.0 mm);

d. 热桥楼板(墙内楼板)构造类型1：水泥砂浆(5.0 mm)+矿物纤维喷涂保温材料(AAT)(80.0 mm)+钢筋混凝土(200.0 mm)。

④ 健身馆

a. 屋面主体部分构造类型：铝镁锰直立锁边防水板+PE隔离层+矿物纤维喷涂保温材料(AAT)(80.0 mm);

b. 热桥柱(框架柱)构造类型：水泥砂浆(5.0 mm)+矿物纤维喷涂保温材料(AAT)(80.0 mm)+钢筋混凝土(200.0 mm)+水泥砂浆(20.0 mm);

c. 热桥梁(圈梁或框架梁)构造类型1：水泥砂浆(5.0 mm)+矿物纤维喷涂保温材料(AAT)(80.0 mm)+钢筋混凝土(200.0 mm)+水泥砂浆(20.0 mm);

d. 热桥楼板(墙内楼板)构造类型1：水泥砂浆(5.0 mm)+矿物纤维喷涂保温材料(AAT)(80.0 mm)+钢筋混凝土(200.0 mm)。

2.8.4 给排水的节能设计

(1) 低区直接利用外部给水管网压力提供生活用水,高区采用变频调速供水系统,充分利用市政管网供水压力,节约供水能耗。

(2) 节能给水水嘴采用密封性较好的陶瓷阀芯。

(3) 所有卫生器具及配件均采用节水型产品,用水效率达到2级,坐便器采用3L/5L两档冲洗水箱。

(4) 公共卫生间采用红外感应洗手盆、感应式冲洗阀小便器等能消除长流水的水嘴及器具。

(5) 根据管理要求设置分级计量水表。

(6) 导流型容积式热水器及热水管道均作保温处理,减少散热损失。

(7) 采用太阳能热水系统和空气源热泵热水系统,减少常规能源的使用。

(8) 采用高效率的给排水机电设备。

2.8.5 电气的节能设计

(1) 选用低能耗配电变压器及其他节能电气设备。

（2）采用 T5 三基色荧光灯光源、LED 或紧凑型节能灯光源，荧光灯采用节能电感镇流器或电子镇流器。

（3）变压器低压侧设静电电容器自动补偿装置集中补偿、带节能电感镇流器的气体放电灯就地设补偿电容器分散补偿。

（4）设置建筑设备监控系统（BAS），通过对给排水系统、冷热水系统、空调系统、送排风系统、电梯系统、变配电系统的集中监控，实现各种能源的节约管理。

（5）在游泳馆、健身馆设置光导管照明系统，比赛训练大厅白天采用光导管充分利用自然光对馆内照明，减少平常白天训练电气照明、节约能源。本工程各子项设置智能灯光控制系统，对公共场所的照明进行优化控制，实现用电的节约管理。

（6）能源管理系统：能源管理系统主机设于物业管理中心。利用计算机技术和现场能耗计量装置组成一个综合的能源管理网络，将耗能设备进行分类或分项计量，自动采集计量数据，实现能源在线动态监测和动态分析，为能源合理调配提供根据，为能源自动化管理提供手段，为系统节能降耗考评提供科学的依据。分类能耗数据采集指标包括电量、耗水量、中央空调冷热量，分项能耗数据电量含照明插座用电、空调用电、动力用电等分项。

2.8.6　暖通的节能设计

（1）体育公园项目按绿色建筑二星标准设计。

（2）按《公共建筑节能设计标准》（GB 50189—2015）确定室内设计温、湿度及新风标准。

（3）体育综合馆空调系统：冷冻水二级泵、热水采用二次泵、四管制、负荷侧变流量系统；超市空调系统：采用一级泵、两管制、负荷侧变流量系统。集中空调系统设置全面自动控制与冷热计量，制订优化的控制策略，节省运行能耗。

（4）选用多联机设备为 2 级能效等级，合理划分系统、设置室外机位置、减小系统服务半径、提高系统性能系数；选用的离心式制冷机性能系数大于 5.90；螺杆式制冷机的性能系数大于 5.6。热水锅炉的效率大于 90%。空调系统和机械通风系统的风量大于 10 000 CMH 时：机械通风系统的单位风量耗功率（WS）均小于 0.27，空调新风系统的单位风量耗功率（WS）均小于 0.24，空调全空气系统的单位风量耗功率（WS）均小于 0.30。

（5）冷冻水系统的水泵耗电输冷比 EC(H)R 均满足《民用建筑供暖通风与空气调节设计规范》（GB 50736—2012）的规定。

（6）充分利用过渡季节室外新风"免费冷源"，结合建筑特性，优化自然通风设计。

（7）训练池厅空调、除湿系统采用变频、热回收技术，节约运行费用。

（8）体育馆综合馆的冷水机组设置冷凝器部分热回收用于训练池池水循环加热，节约运行费用。

（9）集中空调系统进行监测与控制，其中包括冷、热源系统的控制和空气调节机组的控制等。

（10）空调风管、水管、凝结水管保温材料保温厚度满足现行《民用建筑供暖通风与空气调节设计规范》（GB 50736—2012）的规定，以减少冷热损失、节约运行费用。

2.9 景观规划设计

2.9.1 概念生成

（1）文化寓意

结合泰州的水文化特征,源于宋代马远《水图》,抽象出水的不同形态,主要包括激瀜、风细、回波、叠浪、清浅和浪卷六种形态（图2-18）,运用到泰州体育公园的景观设计中,寓意"泰安""泰和""泰祥"。

（2）景观结构

泰州体育公园的景观结构（图2-19）由一条城市景观文化轴和一个连续的活力运动环组成。活力运动环应具有的4个关键特征:专业的体育服务管理、绿色生态友好、人行动线的连续性和城市文化与活力搭建。

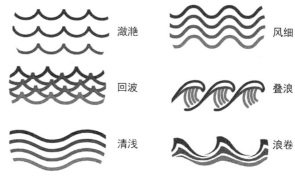

图 2-18　水的不同形态

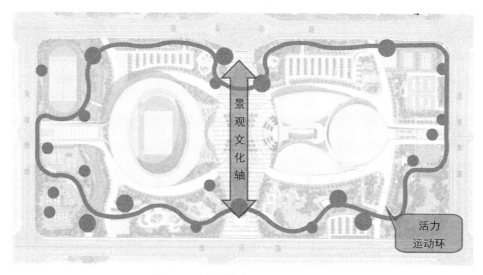

图 2-19　泰州体育公园的景观结构

（3）设计理念

泰州体育公园的设计理念为建设融运动、娱乐、休闲和体验为一体的多主题运动休闲活动空间（图2-20）。活动类型包括体育培训、跑步、散步、单车、社区活动、观景台、赏花、节日庆典、林荫休闲、餐饮休闲、儿童活动、空中步道、攀岩、露天剧场、草坪婚礼、生态教育、音乐节、森林瑜伽、水景互动、舞蹈、太极、展览、风筝、摄影等。

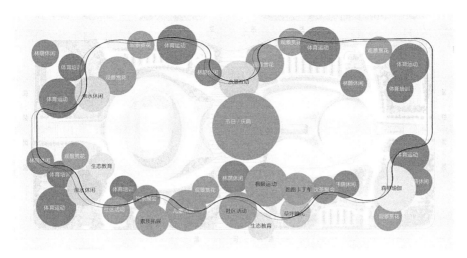

图 2-20　多主题运动休闲活动空间的设计理念示意图

2.9.2　总体设计

（1）景观总平面图

泰州体育公园景观总平面设计（图 2-21）主要参数包括：总用地面积为 468 580 m²，建筑基底面积为 82 723 m²，硬质铺装面积为 156 795 m²，水体面积为 8 512 m²，运动场面积为 41 646 m²，绿地面积为 153 164 m²，绿地率为 32.69%。

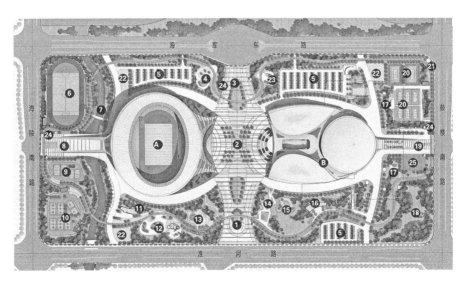

图 2-21　景观总平面图

A—体育场，B—体育综合体，1—南入口广场，2—奥体广场，3—北入口广场，4—棋艺广场，5—生态停车场，6—田径运动场，7—特色景观桥，8—西入口广场，9—足球天地，10—篮球天地，11—休闲体育服务中心，12—素质拓展营营地，13—儿童天地，14—滑板公园，15—卡丁车天地，16—青年体育服务中心，17—下沉广场，18—预留用地，19—东入口广场，20—网球运动场，21—东北入口广场，22—非机动车停车区，23—石锁大擂台，24—传达室，25—高尔夫训练场泰州体育公园的总平面功能布局(图2-22),主要包括中轴景观区、综合足球场、篮球公园、家庭亲子活动区、青年活动区、网球公园酒店运动休闲区和生态停车区。

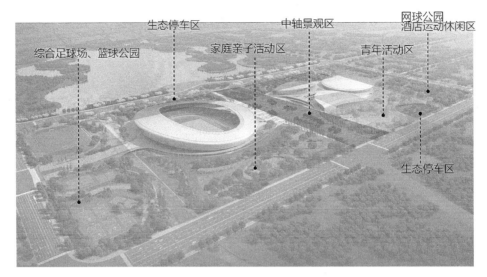

图2-22　功能定位图

(2)中轴景观区

延续泰州城市大中轴整体构架,沿文化中轴线构建体育公园中轴景观区(图2-23),进行门户印象、休憩交流、林荫树阵、节日庆典、城市马拉松和太极广场等多活动的加载,强化城市主轴的文化功能属性,培育恢弘独特的精神。

图2-23　中轴景观区

在中轴景观区的设计中,重点融合门户草坪、庆典广场、舞乐广场和太极广场,打造"起、承、转、合"的中央文化轴,达到寓意律动泰州、盛世泰州、舞乐泰州和享运泰州的目的。其中庆典广场即中心广场,设计满足大型活动需求,主要考虑商业活动、大型展会、灯光秀、体育文化节、城市马拉松首站等功能。

（3）综合足球场、篮球公园

综合足球场、篮球公园(图 2-24)主要包括田径运动场、足球天地、篮球天地等活动区域。足球天地包括 2 个五人制足球场和 2 个三人制足球场,篮球天地包括 6 个标准篮球场地和 2 个儿童篮球场地。引场地北侧湖水入园,改直为曲,并且设计泰和桥、如意桥和泰安桥 3 座特色景观桥,营造生态优化的湿地景观。滨水搭建休闲步道,营造丰富的亲水空间。

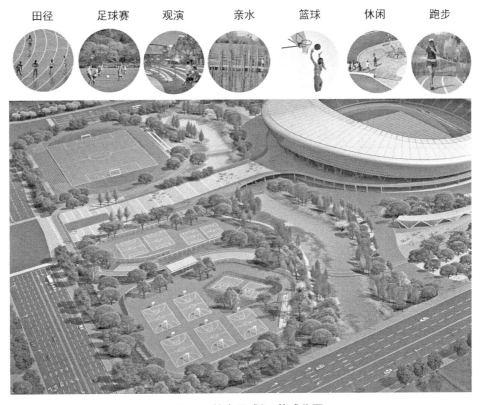

图 2-24 综合足球场、篮球公园

（4）家庭亲子活动区

家庭亲子活动区(图 2-25)主要包括休闲体育服务中心、素质拓展营地和儿童天地,铺装采用软质铺装塑胶,服务老年人及儿童。打造门球运动场及儿童活动场地,素质拓展营地主要设置了丛林探索、拓展乐园和攀援鸟笼等场地,儿童活动场地边界以曲线形态为主,保证儿童活动的安全性。

（5）青年活动区

青年活动区(图 2-26)主要包括滑板公园、跑跑卡丁车、青年体育活动中心等区域。场地东南侧为极限运动场地,整体氛围体现为动感、活力和挑战。

图 2-25 家庭亲子活动区

图 2-26 青年活动区

（6）网球公园酒店运动休闲区

网球公园酒店运动休闲区（图 2-27）主要包括网球场地、羽毛球场地、高尔夫训练场、球场服务建筑、下沉广场等区域。酒店竹林位于体育公园东侧，营造密林景观及竹林景观，进而营造高空林间穿梭之感。

图 2-27 网球公园酒店运动休闲区

（7）生态停车区

生态停车区(图 2-28)由地形绿化围合布局,停车位结合绿化分隔带错落布局,体现生态性,场地铺装采用生态透水沥青。

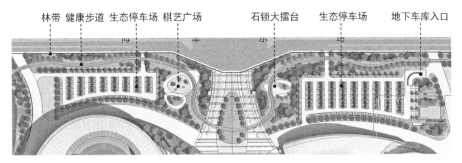

图 2-28　生态停车区

2.9.3　专项设计

（1）种植设计

在整体基调统一的前提下进行园区内植物配置,如图 2-30 所示,按照功能划分出 4 类特色区域,包括中轴广场区、运动场区、停车场区和滨水区。在各类特色区域内选取不同树种。园区内大部分区域以乔 + 草的植物层次进行打造,凸显园区内的通透性,节点区域增加灌木层,丰富植物群落变化,展示区域的重要性。

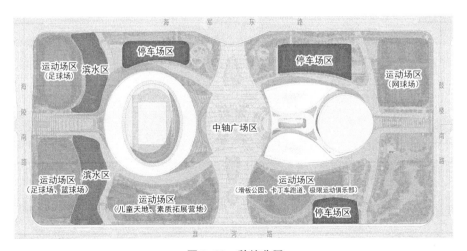

图 2-30　种植分区

各区域内的种植设计及树种选用情况如下。

① 基调片林:园区内的植物基调整体打造,本土树种与引进树种比例为 9:1 搭配,形成园区植物的整体基调,局部区域运用骨干树种撑起植物天际线的变化。基调树种选用香樟、高杆女贞和杜英,骨干树种选用雪松和水杉。

② 中轴广场区:主轴景观区域的植物轴线,以列植大树为主,体现中轴的仪式感,局部

配置草花,区分层次。落叶与常绿的比例设计为6:4,保证夏季广场上的绿荫量,冬季的开敞度以及季相变化。特色树种选用银杏、广玉兰和桂花。

③ 运动场区:为减少运动场对外界的影响,同时也少受外界的干扰,场地周围绿地以乔木为主,少量为花灌木,留出较多空地供活动用。高大乔木提供遮阴功能。通过特色主题树种凸显差异性,选用国槐、北美红枫、樱花、红梅和金钱松。

④ 停车场区:停车场区域选用枝下较高的树种,在保证停车场行车安全的前提下,达到相应的景观绿化效果。基调树种选用栾树。

⑤ 滨水区:滨水区植物配置以丰富的趣味性为主,植物层次多样化,适量配置水生植物,增加开花植物,主打夏季景观,增加亲水吸引力。特色植物选用水杉、柳树、再力花和鸢尾。

(2)驳岸设计

在运动场区与滨水区相互融合的不同部分,因地制宜,进行驳岸设计,主要选用草坡驳岸、置石驳岸和平台驳岸三种驳岸形式(图2-31),其中草坡驳岸和置石驳岸为软质驳岸,平台驳岸为硬质驳岸。

(a)草坡驳岸 　　　　　　(b)置石驳岸 　　　　　　(c)平台驳岸

图2-31　驳岸形式

(3)光彩照明设计

光彩照明设计既要考虑满足园区夜间的人流和车流导视功能需求,同时考虑园区的特色和品质提升。如图2-32所示,设计考虑6种常规导视照明:车行出入口照明、停车场照灯、市政人行道灯、主园路路灯、主广场路灯和绿道灯,另外专业设计球场照明系统。在体育公园的6个入口部位,强调入口景观照明,照度增加,可达20～30 lx,使用序列化照明手法。广场流线照明应满足市民和建筑广场的使用功能;主回游线设置从行人到自行车、VIP、紧急车辆使用的循环路径,次级游步道主要设置行人浏览线和自行车步道,各类游线的设置满足整个园区夜间的照明使用功能。

(4)铺装设计

铺装设计遵循4条基本原则:①生态性,多利用透水铺装,场地生态意义得到提升;②艺术性,运用不同材料的特性,创造独具艺术审美的形态,使人产生愉悦的感受;③协调性,与体育场馆整体景观相协调,色彩、构型、质感不显突兀,保证体育公园的整体景观统一;④本土性,多运用泰州本土材料,体现地域文化氛围,使市民产生文化认同感。

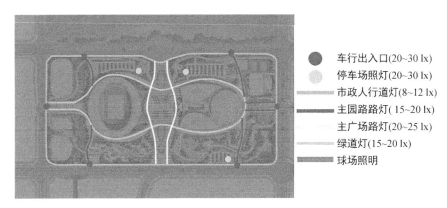

图 2-32 园区照明游线布局设计

如图 2-33 所示,体育公园采取分区域打造景观铺装的设计方法:主要人流集散广场采用 PC 砖,打造大气简约的城市公共空间;车行通道采用透水沥青铺设,满足强度需求;公园主要通行路径皆采用透水混凝土,符合生态城市的设计理念;运动场地区域考虑防滑而采用塑胶地坪;健康步道采用透水路面铺装。

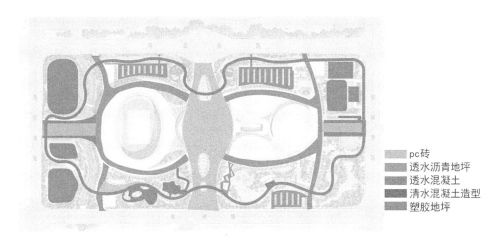

图 2-33 园区铺装布局设计

(5)标识系统设计

泰州体育公园的标识系统设计,对奥运五环进行颜色元素提取(图 2-34),可以获得蓝色、黑色、红色、黄色和绿色五种主色调。

将提取的颜色元素应用于色彩导视设计,分区域打造不同色彩主题的标识体系。如图 2-35 所示,不同区段高架步道采用不同的主题色警示条。景点告示牌颜色与主题段颜色相互呼应。

(6)智慧城市设计

如图 2-36 所示,在园区内设置了 8 个 Wi-Fi 发射点,每个发射点的服务半径为 150 m,从而方便市民和工作人员在体育公园区域登录云端,实时掌握健身、学习和工作等相关信息。

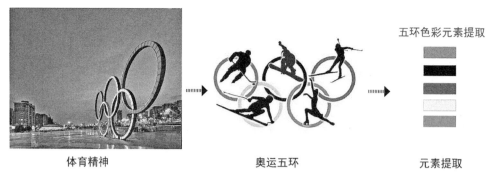

五环色彩元素提取

体育精神　　　　　　　奥运五环　　　　　　　元素提取

图 2-34　设计元素提取机理

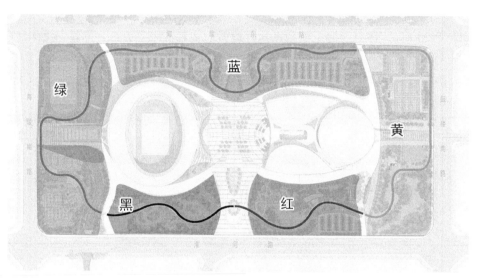

图 2-35　不同色彩主题的标识体系分布图

图 2-36　园区内 Wi-Fi 发射点布置图

2.10　室内空间设计

2.10.1　项目概况

　　泰州体育公园项目的室内空间设计的范围(图 2-37)为"一场三馆"：体育场室内精装面积为 9 146 m²,体育馆室内精装面积为 7 240 m²,游泳馆室内精装面积为 2 673 m²,健身馆内精装面积为 2 395 m²。室内空间设计的项目定位主要包括三点：①富有现代感及泰州特点的装修设计风格；②绿色环保,使人身心舒畅的运动空间；③模块化标准化措施,打造低成本、高品质场所。

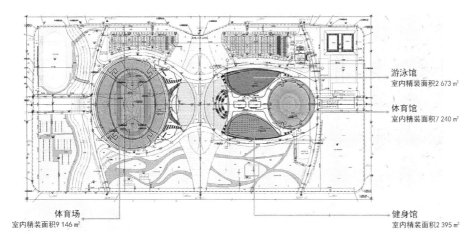

图 2-37　体育公园室内空间设计平面布置图

2.10.2　设计概念

　　为了准确定位体育公园的室内空间设计风格和创意,首先对目标人群和泰州特色进行研究,从而激发设计创作灵感。

　　体育公园的目标人群主要包括 5 类：①热爱体育运动,相约成群以休闲娱乐为主进行运动行为的儿童或青少年群体。②希望通过健身、游泳等运动,强健身体、塑身造型,缓解生活压力的年轻人。③只进行徒步行走或简单的运动项目,意在保持身心健康,有一定生活规律的中老年人。④举行体育竞技比赛的团队团体。⑤为比赛或其他重要活动而来的观众、领导人、新闻媒体等人群。

　　泰州的环境特色包括繁茂的银杏、朴质的古建和纵横交错的河网,泰州的文化特色包括热情激昂的船会、经久不衰的戏曲传唱和历史悠久的漕运盐商。

　　经过室内空间设计前期的研究分析,进行室内装饰元素的提取与演变,主要包括两个方面：①基于泰州银杏之乡的文化艺术,提取充满活力的银杏叶片,化面为点,组合排列,构建形态各异、道法自然的装饰面(图 2-38)；②基于泰州运河水文化,提取山水连绵起伏形状(图 2-39),利用圆滑起伏曲线来创建封面造型,既简约大方又不失丰富美感。

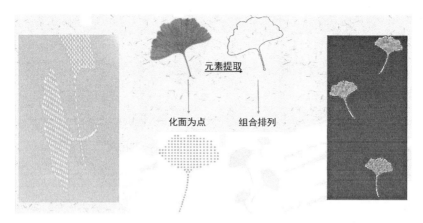

图2-38 银杏叶片的提取

图2-39 山水元素的提取

2.10.3 室内典型空间设计

（1）体育场细分空间设计

如图2-40所示，体育场的室内精装空间主要包括办公、管理、新闻、贵宾区、商务区、卫生间等空间。典型空间设计为贵宾区设计（图2-41、图2-42）。

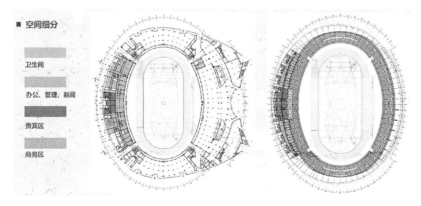

图2-40 体育场一层和二层室内装饰平面布置

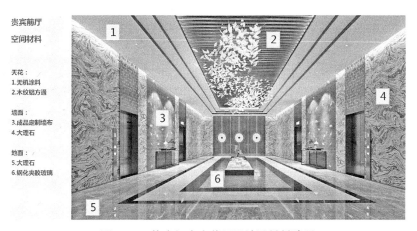

图 2-41 体育场贵宾前厅设计及材料选用

图 2-42 体育场贵宾包间设计及材料选用

（2）体育馆细分空间设计

如图 2-43 所示，体育馆的室内精装空间主要包括门厅、贵宾厅、贵宾包间、新闻、休息、接待、走道、卫生间等空间。典型空间设计为比赛大厅（图 2-44）和观众门厅（图 2-45）。

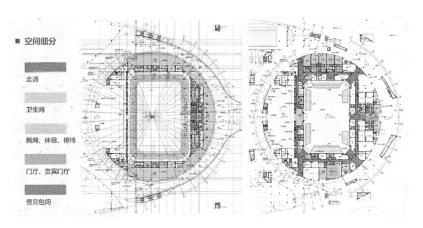

图 2-43 体育馆一层和二层室内装饰平面布置

图 2-44　体育馆比赛大厅设计及材料选用

图 2-45　体育馆观众门厅设计及材料选用

（3）游泳馆细分空间设计

如图 2-46 所示,游泳馆的室内精装空间主要包括门厅、贵宾门厅、贵宾更衣、淋浴、新闻、休息、接待、走道、卫生间等空间。典型空间设计为比赛大厅(图 2-47)和运动员门厅(图 2-48)。

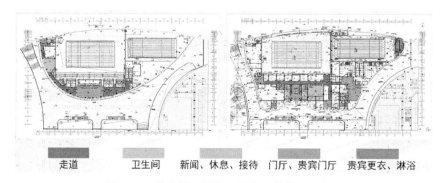

走道　卫生间　新闻、休息、接待　门厅、贵宾门厅　贵宾更衣、淋浴

图 2-46　游泳馆一层和二层室内装饰平面布置

图 2-47　游泳馆比赛大厅设计及材料选用

图 2-48　游泳馆运动员门厅设计及材料选用

（4）健身馆细分空间设计

如图 2-49 所示，健身馆的室内精装空间主要包括门厅、贵宾门厅、卫生间、淋浴、更衣、新闻、休息、接待、走道等空间。典型空间设计为门厅（图 2-50）和贵宾更衣间（图 2-51）。

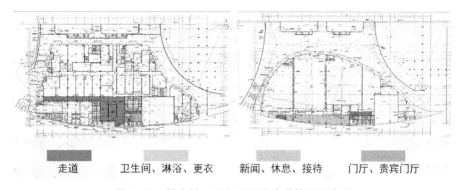

走道　　　卫生间、淋浴、更衣　　新闻、休息、接待　　门厅、贵宾门厅

图 2-49　健身馆一层和二层室内装饰平面布置

图 2-50 健身馆门厅设计及材料选用

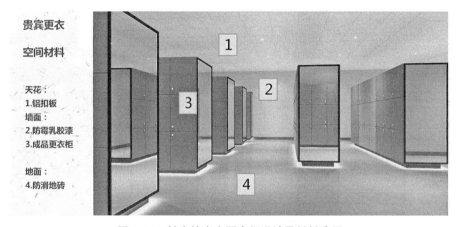

图 2-51 健身馆贵宾更衣间设计及材料选用

第3章

体育公园项目关键施工技术

3.1 环向超长钢筋混凝土结构缓黏接预应力施工技术

3.1.1 技术背景

在体育场和足球场等大型体育建筑中,体育看台通常为环向超长钢筋混凝土结构,此类结构服役环境通常处于露天状态,受季节变化、温度作用的影响较大,因此防止其产生裂缝,保证其全生命周期美观性、耐久性和良好的使用功能,是工程界需要解决的问题。

预应力技术是解决超长钢筋混凝土易产生裂缝的措施,但是因为无黏结预应力技术受到结构抗震计算的相关规范限制,有黏结预应力技术存在施工工艺繁琐、影响施工进度等缺陷。因此在大型体育场等工程中,环向超长钢筋混凝土结构选择采用缓黏结预应力技术。

锦宸集团有限公司结合泰州体育公园体育场项目需求,组织技术攻关,深化开发研究缓黏结预应力钢筋混凝土结构施工技术,充分吸取无黏结预应力体系和有黏结预应力体系的优点,形成结构延性好、抗震性能优、施工方便、造价低廉的成套专利技术"一种环形超长钢筋混凝土预应力结构"(专利号:CN202121663200.7),有效保证体育场看台环向超长钢筋混凝土结构顺利施工,获得良好的经济效益和社会效益。

泰州体育公园项目(图3-1)的体育场总建筑面积62905 m²,该体育场将建筑与水体、绿

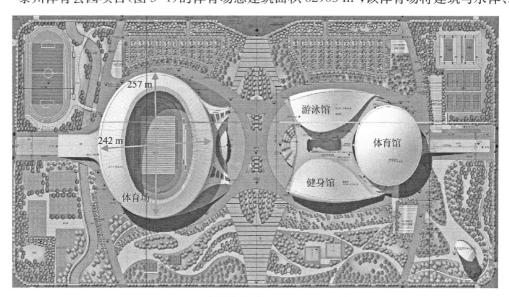

图3-1 泰州体育公园项目(一场三馆)

化紧密结合,共同创造出符合人体尺度的宜人建筑空间,体育场下部看台采用框架结构,平面布局近似椭圆,混凝土结构长轴约257 m,短轴约242 m,混凝土部分高度含室内外高差为23.8 m,施工不设伸缩缝,环向轴线长度约为650 m,属于超长钢筋混凝土结构,混凝土楼层梁板采用缓黏结预应力技术。

3.1.2　技术特点

(1) 分块、分区、分批施加预应力,消除裂缝,保证结构质量。

依据有限元分析计算,将环向超长钢筋混凝土结构对称划分为4个区域,每个区域分解为若干分块施工单元和后浇带。首先分块施加预应力(第1批),约束长度约35 m的混凝土结构单元;然后对后浇带施加预应力(第2批),形成长度为140～170 m的区域整体;最后在区域之间的后浇带施加预应力(第3批),合拢形成环形超长混凝土结构,实现整体无伸缩缝的结构特征。有效地消除因温度和混凝土收缩等因素引发的结构裂缝,保证了结构质量。

(2) 施工工艺简化,加快施工速度。

缓黏接预应力部分的施工工艺:按设计要求铺设→浇筑混凝土→混凝土满足强度后张拉→锚固→封锚。无须预埋孔道、穿筋、灌浆等工艺流程,简化了施工工艺,加快了施工进度。

(3) 提高结构延性和抗震性能,质量可靠。

预应力钢绞线和护套之间填充有需经过一定期限后凝固的黏结剂层,护套外表面具有竹节状凸起。黏结剂层凝固后,能将预应力筋和混凝土之间完全黏结,限制混凝土结构的裂缝发展、提高结构延性和抗震性能,质量可靠。

(4) 减少污染,绿色施工。

由于无须灌浆,因而也显著减少污染物(砂浆)的排放,显著减少污染,利于绿色施工。

3.1.3　工艺原理

(1) 环向超长钢筋混凝土结构的裂缝控制原理

不设伸缩缝的体育场看台混凝土结构,其环向尺寸往往远超《混凝土结构设计规范》(GB 50010—2010)规定的现浇混凝土框架结构伸缩缝最大间距为55 m的要求。为控制环向超长钢筋混凝土结构收缩和温度作用等因素产生的裂缝,将环向结构沿径向切分为若干块长度小于55 m的分块浇筑单元和后浇带(图3-2),先浇筑分块单元且施加预应力,使得分块单元内部的应力处于压应力状态,避免单元产生裂缝;然后分区浇筑后浇带,并对区域内的后浇带施加预应力,使得区块内混凝土结构处于压应力状态,避免区块内产生裂缝;最后浇筑区块间的后浇带,并且对其后浇带施加预应力,使得整体环形超长混凝土结构不产生较大的拉应力,避免产生裂缝。达到"超长

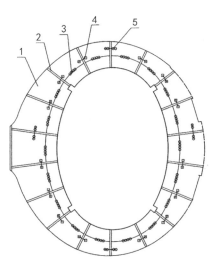

图3-2　环向超长钢筋混凝土结构的裂缝控制原理示意图
1—分块浇筑单元;2—后浇带;
3—单元预应力;4—分块后浇带预应力;
6—分区后浇带预应力

结构不设缝,分块分区施加预应力,整体控制裂缝"的效果。

(2)超长钢筋混凝土结构的有限元分析原理

通过建立超长钢筋混凝土结构的整体平衡方程,并对其刚度矩阵引入支承条件、温度作用和预应力荷载,形成有限元基本方程 $F^* = K^* \Delta^*$。利用高斯消元法等方法可解出全部未知节点位移分量,然后通过几何方程式求单元应变,再通过物理方程式求单元应力。依据有限元分析原理,将相关参数输入 PMSAP、ANSYS 等大型分析软件,从而优化设计预应力施加的相关参数,分析获得环向超长结构的应力云图(图3-3),使得混凝土结构承受的预应力足以抵消混凝土收缩和温度作用,从而足以避免产生裂缝,最后依据有限元分析结果指导施工。

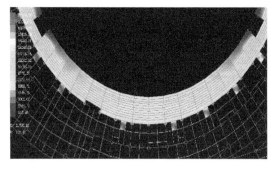 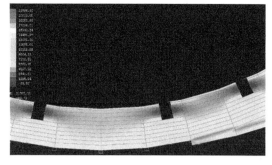

(a) 体育场低区看台   (b) 体育场高区看台

图 3-3 环向超长钢筋混凝土结构有限元分析的应力云图(局部)

(3)缓黏结预应力技术的作用原理

缓黏结预应力钢绞线构造(图3-4)包括高强预应力钢绞线、缓黏结胶黏剂和外包护套。缓黏结胶黏剂是位于钢绞线外侧、外包护套内部的一种特殊胶凝材料(环氧树脂),在浇筑混凝土的前期,相当于无黏结的防腐油脂,具有一定流动性及对钢材良好的附着性,经挤压涂包工艺将钢绞线及外包护套内的空隙填充并紧密封裹;预应力钢绞线张拉后,随时间推移,胶黏剂材料逐渐固化,固化时间依据工程需求可调控在 2 个月至 1 年之间,使得"钢绞线-胶黏剂-外包护套"黏结成整体。外包护套材料表面通过机械压有波纹,当胶凝材料完全固化后,产生机械咬合力,缓黏结预应力便产生有黏结预应力筋的力学效果,与钢筋混凝土结构协同承受荷载作用。

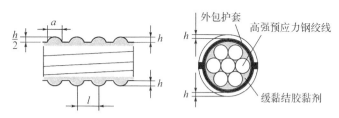

图 3-4 缓黏结钢绞线构造图

3.1.4 施工工艺流程

1)总工艺流程

缓黏结预应力施工总工艺流程如图3-5所示。

2)关键工序的详细工艺流程

(1)缓黏结预应力筋的生产流程:裸线放料→定位→缓黏结胶黏剂涂覆→外包护套压痕→冷却→牵引、定位→缓黏结筋盘料。

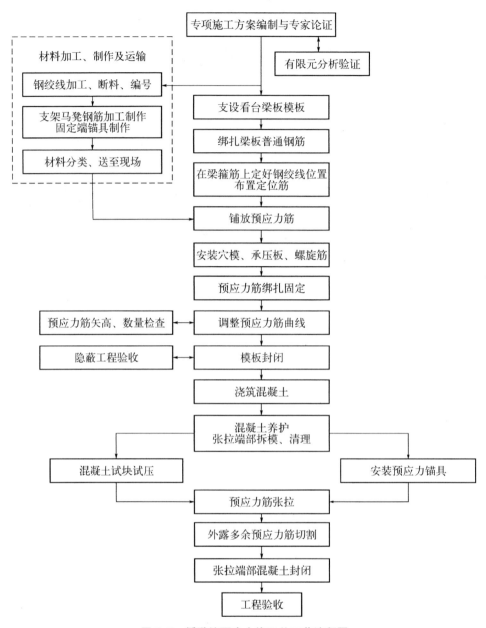

图 3-5　缓黏结预应力施工总工艺流程图

（2）缓黏结预应力筋张拉施工流程：准备工作（清理锚板、钢绞线等）→千斤顶的定位安装→张拉（应力、变形双控）→锚固→封端。

3.1.5　施工操作要点

1）施工专项方案编制及专家论证

（1）根据体育场环向超长钢筋混凝土结构工程项目的特征,分析研究,进行缓黏结预应力体系的安装部署(图 3-6),编制专项施工方案。

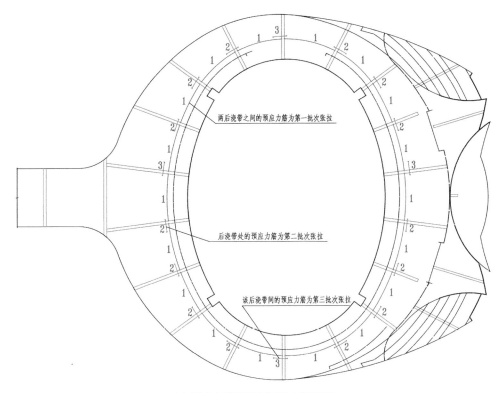

（a）预应力筋平面布置（分 3 批张拉）

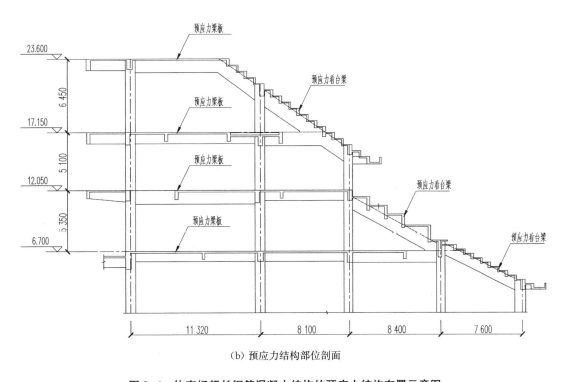

（b）预应力结构部位剖面

图 3-6　体育场超长钢筋混凝土结构的预应力结构布置示意图

（2）将环向平均总长度约 650 m 的超长混凝土结构划分为 18 个长度约 35 m 的施工单元(分块)，设置了 18 条后浇带，在每个单元(分块)中设置缓黏结预应力筋，在每条后浇带中单独设置缓黏结预应力筋，分 3 批张拉预应力筋，最终形成环向整体的、不设伸缩缝的超长混凝土结构。

（3）为了保证环向超长钢筋混凝土缓黏结预应力结构安全及施工质量，在结构专项施工方案实施前，须通过相关专家的方案评审论证，严格履行审核、审批程序，根据专家组评审意见进一步修改完善，并取得工程设计师的认可。

（4）在施工方案中，需应用有限元分析软件 PMSAP 进行结构受力分析。控制超长混凝土结构在正常使用极限状态下不出现裂缝的设计方法为：分析结构由于混凝土收缩和温度变化产生的拉应力，综合拉应力等效为温度作用得出当量温差，把当量温差输入 PMSAP 程序计算楼板应力，根据楼板应力同时考虑工程综合情况计算和选取预应力筋。

（5）温度作用分析：升温时期混凝土自身膨胀，在预应力约束下楼盖产生内压力，不会产生收缩裂缝，因此重点分析降温工况产生的收缩应力。在 PMSAP 整体模型中输入当量温差(泰州地区降温取值 $\Delta TK = -28℃$)，能较准确地计算出考虑结构整体刚度的楼板收缩应力。在体育场看台区域，剔除小区域应力突变值，控制看台降温应力在 $2.0\sim7.0$ MPa 之间，绝大部分在 $2.5\sim6.0$ MPa 范围。有限元分析的应力云图(图 3-7)表明：合理设置缓黏结预应力结构不会出现裂缝。

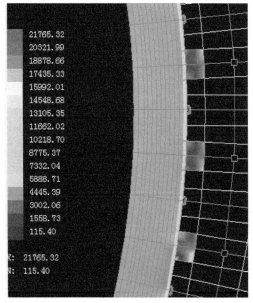 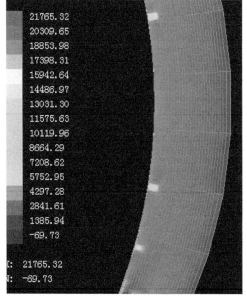

（a）体育场低区看台　　　　　　　　（b）体育场高区看台

图 3-7　环向超长钢筋混凝土结构有限元分析的应力云图

2）材料加工、制作及运输

（1）预应力筋的加工与制作注意要点

① 首先在专业生产车间经过涂塑、注缓黏结剂、外皮压痕等工艺加工成为缓黏结预应

力筋,然后缓黏结预应力筋按照施工图纸规定在现场进行下料。

②按施工图上结构尺寸和数量,考虑预应力筋的曲线长度、张拉设备及不同形式的组装要求,每根预应力筋预留足够的张拉长度及曲线增加长度下料。

③预应力筋下料应用砂轮切割机切割,严禁使用电焊和气焊。

④对一端锚固、一端张拉的预应力筋要逐根组装,然后将各种类型的预应力筋按照图纸的不同规格编号堆放,为防止缓黏结剂的外流,将破损处及预应力筋端部用专用胶带缠牢。

（2）预应力筋等材料运输与存放注意要点

①运输:缓黏结钢绞线应成盘或顺直运输,成盘运输时,盘径不宜小于 2 m,每盘长度不宜超过 2 000 m,储运过程中应注意成品保护,两端头包裹防止缓黏结剂渗漏。长途运输必须采取有效的包装措施,防止在运输过程中损坏缓黏结钢绞线包塑,宜用集装箱,注意加固和防雨措施,不允许散包和破损,每卷缓黏结钢绞线用麻布包裹,减轻运输过程中相互碰撞或震动,每卷钢绞线应有明显标牌,且不少于两块,装卸中以等距离三点吊为好(吊绳应在工厂出厂时备好),每次限吊一卷钢绞线,吊装应稳、慢、轻。

②存放:预应力筋钢材进场后应立即按供货组批进行抽样检验,检验合格后,应按不同规格分类成捆,成盘,挂牌,整齐堆放在通风良好、干燥平整的仓库中。露天堆放时,应搁置在方木支垫上,离地高度不小于 200 mm。钢绞线堆放时支点数不少于四个,堆放高度不大于三盘,避免损坏塑料套管及锚具。上面覆盖防雨布。锚夹具及配件应在室内存放,严防锈蚀。

3）铺放预应力筋

（1）铺放前的准备工作

①铺筋前的检查:及时检查缓黏结预应力筋成品的数量、规格。对局部破的外包层,可用水密性胶带进行缠绕修补,胶带搭接宽度不应小于胶带宽度 1/2,缠绕长度应超过破损长度,严重破损的应予以报废。

②支梁底模,铺设非预应力筋:先将非预应力筋骨架铺设好,为节省模板用量,梁模板及支撑建议采用快拆体系。

③准备端模:根据本工程的实际情况和设计要求,事先准备好端模,合模前要在端模上根据预应力筋设计位置打孔。

④准备架立筋:应根据设计图纸以 1.0 m 左右的间隔设置架立筋,架立筋宜采用直径为 12 mm 的螺纹钢筋。

（2）穿预应力筋

①穿设缓黏结预应力筋前先在箍筋上焊接定位筋,定位筋的位置由预应力筋的矢高与预应力筋集团束的半径来决定,即:定位筋最终顶面高度为预应力筋矢高减去预应力筋集团束的半径。

②当预应力筋配置较多不能一次穿筋时,可采用分束多次穿入的方法。穿预应力筋由锚固端向张拉端穿,避免扭曲。预应力筋附近不得使用电气焊,以避免造成预应力筋的强度降低。

（3）节点安装（包括锚具安装）

节点安装参照节点图 3-8，现场安装（图 3-9）控制的要点包括：

① 承压锚垫板安装：张拉端垫板应紧贴端模相应位置，锚垫板应与非预应力筋电焊固定，螺旋筋均应紧靠锚垫板并固定，可点焊在垫板或非预应力筋上。

② 铺放缓黏结筋：缓黏结筋均采用直线布置，在缓黏结筋接近埋件约 1 m 时顺势穿入埋件。铺放时要按编号对号入座，搁置在支架上，全长应平行，不得扭绞，预应力筋穿过张拉端螺旋筋、锚垫板及模板，在模板外的长度不宜少于 300 mm。要求预应力筋伸出承压板长度（预留张拉长度）应满足张拉要求。

③ 外露的预应力筋端头应全部采用胶带包裹，避免缓黏结剂渗漏。

④ 每个锚固端和张拉端承压板后装螺旋筋，且紧贴承压板。

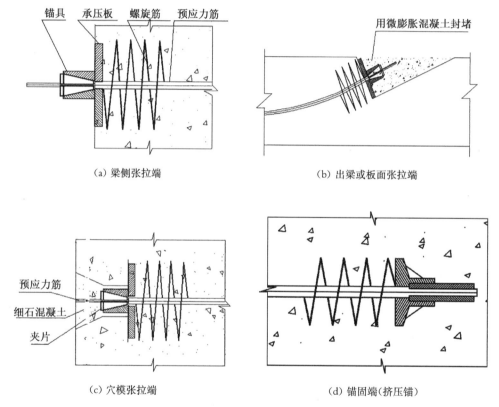

图 3-8　缓黏结预应力筋的安装节点构造图

（4）缓黏结筋铺设质量验收

缓黏结筋铺放完成后，安装张拉洞口模板，并由专人检查缓黏结筋的编号、破损、位置和外露长度等，经自检合格后申报监理部门对预应力筋铺放进行隐蔽验收，隐蔽验收主要包括以下内容。

① 缓黏结筋的数量及铺放位置。

② 采用钢卷尺检查预应力筋束形控制点的竖向位置偏差。抽查数量：在同一检验批内，抽查各类型构件中预应力筋总数的 5%，且对各类型构件不少于 5 束，每束不少于 5 处；

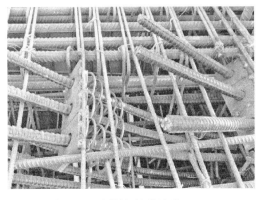

(a) 张拉端承压板安装

(b) 固定端承压板安装

(c) 铺放缓黏结筋

(d) 预应力筋端头包裹处理

图 3-9　缓黏结预应力筋的安装现场

允许偏差：体育场看台为 ± 10 mm(梁高大于 1 500 mm 处为 ± 15 mm)。质量要求：合格点率应达到 90%及以上，且最大偏差不得超过 ± 15 mm(梁高大于 1 500 mm 处为 ± 22.5 mm)。

③ 缓黏结预应力筋的定位应牢固，浇筑混凝土时不应出现移位和变形。

④ 端部的承压锚垫板应垂直于预应力筋。

⑤ 内埋式固定端垫板不应重叠，锚具与垫板应贴紧。

⑥ 缓黏结预应力筋的护套应完整，局部破损处应采用防水胶带缠绕紧密。

⑦ 外露的预应力筋端头应全部采用胶带包裹。

4）浇筑混凝土

体育场看台超长钢筋混凝土结构是采作"分块分区浇筑、预留后浇带"的施工方法(图 3-10 和图 3-11)，浇筑混凝土时，除按有关规范的规定执行外，尚应遵守下列规定：

① 缓黏结预应力筋铺放、安装完毕后，应进行隐蔽工程验收，当确认合格后方可浇筑混凝土。

② 混凝土配制按设计要求进行。浇筑时不得集中卸料，防止预应力筋在大量混凝土的直接冲击下移位。

③ 混凝土应采用机械振捣，保证混凝土的密实性，尤其是钢筋密集部位及端部，但应不使振动棒直接振击缓黏结预应力筋，以免破损或移位。

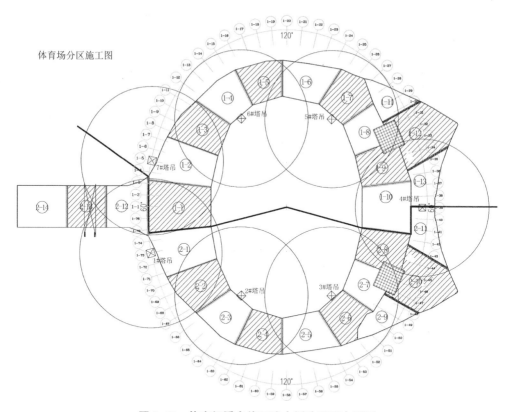

图 3-10　体育场看台施工流水划分平面布置图

（a）浇筑第一块单元

（b）流水组织搭设支架

（c）流水组织搭设模板

（d）流水绑钢筋、浇混凝土

图 3-11　体育场看台"分块分区浇筑、预留后浇带"施工现场

④ 混凝土浇筑时,严禁踏压撞碰缓黏结预应力筋、支撑架以及端部预埋部件。

⑤ 张拉端、固定端混凝土必须振捣密实。

⑥ 混凝土浇捣结束后,应加强养护,保持充分湿润,防止水分过早蒸发而表面产生裂缝。

⑦ 在浇筑时除留置土建竣工资料中需要的试块外,尚要留置二组施工试块,并与构件同条件养护,以确定预应力筋张拉时间之用。

⑧ 混凝土浇筑后及时拆除端部模板,以清理张拉端部埋件。

5) 预应力张拉

(1) 制订预应力筋张拉工艺流程(表 3-1)

表 3-1　预应力筋张拉工艺流程

序号	流程	图例	内容
1	准备工作	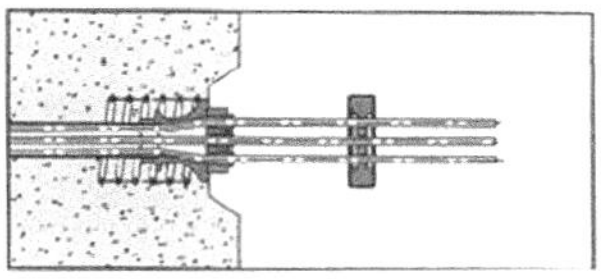	① 将锚垫板喇叭管内的混凝土清理干净 ② 清除钢绞线上的锈蚀、泥浆 ③ 套上工作锚板,根据气候干燥程度在锚板锥孔内抹上一层薄的退锚灵
2	千斤顶的定位安装	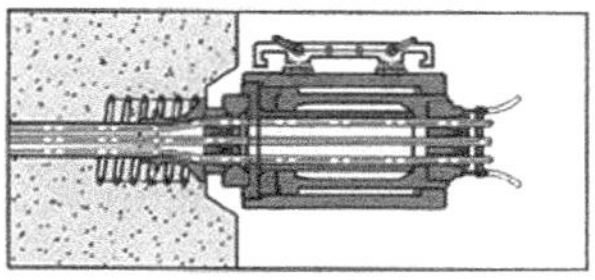	① 套上相应的限位板,根据钢绞线直径大小确定限位尺寸 ② 装上张拉千斤顶,并且与油泵相连接
3	张拉	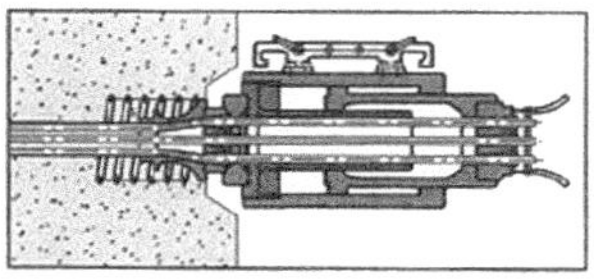	① 向千斤顶张拉油缸慢慢送油,直至达到极值 ② 测量预应力筋伸长量 ③ 做好张拉详细记录
4	锚固	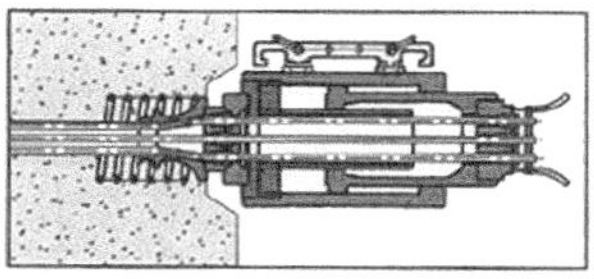	① 松开送油油路截止阀,张拉活塞在预应力筋回缩力带动下回程,工作夹片锚固预应力筋 ② 关闭回油油路截止阀,向回程油缸送油,活塞慢慢回程到底
5	封端	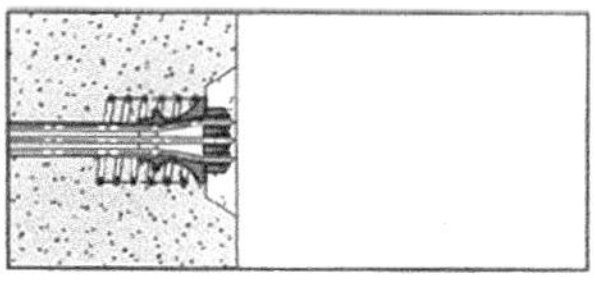	① 在距工作夹片 50 mm 处,切除多余的预应力筋,用混凝土封住锚头 ② 用混凝土将锚头端部封平

(2) 张拉前的准备

① 张拉前土建单位应提供书面的同条件养护混凝土强度试验报告,其强度应达到设计强度的 80%;没有书面的混凝土强度试验报告,禁止张拉。

② 张拉应配有 380 V/20 A 的电源接线板,电缆线的长度应能使接线板到达各构件的

两端。

③ 按照设计图纸要求,计算出预应力筋张拉伸长值以及预应力筋张拉力。

（3）张拉机具的配备与标定

张拉设备采用 ZB4-500 油泵及 YCQ30Q 前卡式液压千斤顶。张拉前配备相应的张拉机具,并对所用张拉设备进行校验、检修,确保机具能处于良好的工作状态。千斤顶张拉设备由具有资质的检测单位负责进行标定,并出具相应的标定报告,使用期限为 6 个月,发生下列情况时应重新标定:

① 油压表不归零或损坏、失灵;

② 超过有效使用期限;

③ 严重断、滑丝;

④ 伸长量不合要求而对张拉力有怀疑时;

⑤ 千斤顶严重漏油或修理后。

（4）确定张拉控制应力和张拉程序

① 按设计要求,本工程缓黏结预应力筋张拉控制应力为:1 325 MPa,超张拉 1.03,每根张拉力:$1\,325 \times 191 \times 1.03 = 260.67$ kN。

② 预应力筋张拉程序:$0 \rightarrow 0.2\sigma_{con}$(量初值)$\rightarrow 1.03\sigma_{con}$(量终值)$\rightarrow$ 锚固。

（5）预应力的"分块分区"张拉方法(图 3-12)

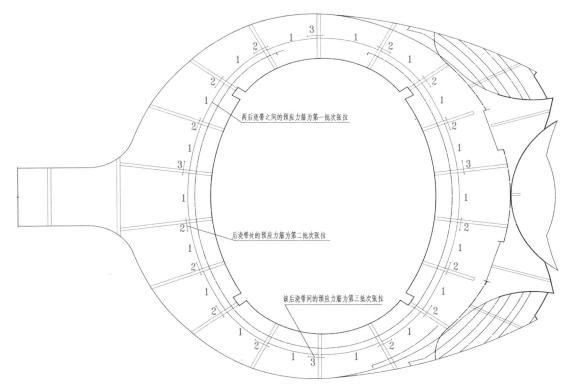

图 3-12　预应力的"分块分区"张拉示意图

①　按照各施工段混凝土浇筑先后顺序,混凝土强度达到 80% 设计强度后张拉区段内的缓黏结筋(图 3-12 中的 1 号筋);

②　两侧混凝土浇筑 2 个月后封闭后浇带,待后浇带混凝土强度达到设计要求后依次张拉(图 3-12 中的 2 号筋);

③　1/2 号筋全部张拉完毕,两侧混凝土浇筑 6 个月后封闭后浇带,待后浇带混凝土强度达到设计要求后依次张拉(图 3-12 中的 3 号筋);

④　两侧不夸后浇带的缓黏结筋宜按照对称的原则,自中间向两侧交替张拉;

⑤　梁内分层布置的缓黏结筋宜按照对称的原则,自中部向上下交替张拉。

(6) 预应力筋理论张拉伸长值计算

每束预应力筋理论伸长值可按下式分别计算各曲折线段的伸长值后叠加。

$$\Delta L = \frac{\sigma_{con} \cdot L}{E} \left[\frac{1 - e^{-(kx + \mu\theta)}}{kx + \mu\theta} \right]$$

式中　σ_{con} ——预应力筋的张拉力控制应力;

　　　L ——从张拉端至固定端的孔道长度(m);

　　　E ——预应力筋的弹性模量;

　　　X ——计算区段曲线的实际长度,依据图 3-13 分段确定;

　　　k ——每米孔道局部偏差摩擦影响系数(表 3-2);

　　　μ ——预应力筋与孔道壁之间的摩擦系数(表 3-2);

　　　θ ——从张拉端至固定端曲线孔道部分切线的总夹角(rad)。

表 3-2　预应力束摩擦系数表

预应力筋种类	k	μ
缓黏结钢绞线	0.004～0.012	0.06～0.12

注:实际张拉时应根据张拉伸长值,调整合适的摩擦系数。

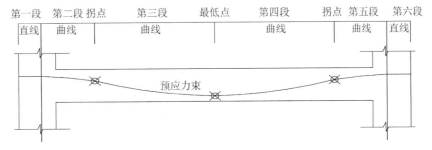

图 3-13　预应力张拉伸长值曲线分段示意图

(7) 实际伸长值的测量

由于开始张拉时,预应力筋在孔道内自由放置,而且张拉端各个零件之间有一定的空隙,需要用一定的张拉力,才能使之收紧。因此,应当首先张拉至初应力(张拉控制应力的 10%),量测预应力筋的伸长值,然后张拉至控制应力,计算实测伸长值 ΔL_1。核算伸长值符合要求后,卸载锚固回程并卸下千斤顶,张拉完毕。从而实现应力和伸长值(变形)双控制。

(8) 现场张拉操作要点(图3-14)

① 安装锚具前必须把板端埋件清理干净,先装好锚板,后逐孔装上夹片;

② 锚具安装时,锚板应对正,夹片应打紧,且片位要均匀;

③ 安装张拉设备时,千斤顶张拉力的作用线应与预应力筋末端的切线重合;

④ 张拉时应先从零加载至量测伸长值起点的初拉力,然后分级加载至所需张拉力;

⑤ 张拉时,要严格控制进油速度,回油应平稳;

⑥ 张拉过程中,应认真测量预应力筋的伸长,并作好记录。

(a) 安装锚具

(b) 安装张拉设备

(c) 操作油泵张拉

(d) "双控"数值记录

图3-14 体育场"分块分区"张拉操作

6) 张拉端部混凝土封闭

预应力筋张拉后切除多余的钢绞线,预应力筋切割后露出锚具夹片外的长度不少于50 mm,最后用C40细石混凝土封堵张拉端洞口。浇筑时,注意保护已张拉锚固的锚具,不得直接振捣锚具。体育场看台混凝土结构根据不影响建筑立面美观的原则下,锚具均采用内埋式,具体封闭效果见图3-15。

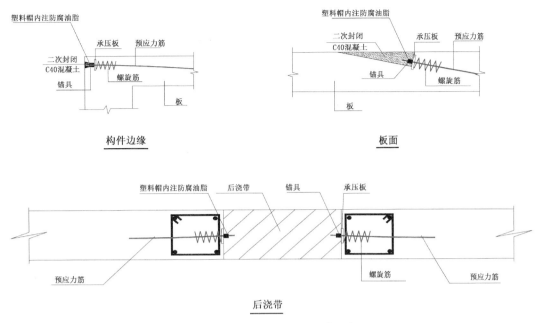

构件边缘　　　　　　　　　　　　　板面

后浇带

图 3-15　预应力束张拉端构造示意图

3.1.6　劳动力组织

（1）劳动力需用量计划

预应力施工与土建其他工种应紧密配合,根据体育场土建施工计划动态安排预应力施工部署。在铺筋施工阶段,预应力施工班组应具备 4 个施工段同时施工的能力,在张拉施工阶段,应具备 4 个班组同时张拉的能力,表 3-3 中仅列出一个班组施工的劳动力需用量,施工过程中应根据土建施工要求动态调整。

表 3-3　预应力工程劳动力需量表

序号	工作内容	工种（人）					总人数（人）	备注
		张拉工	电焊工	电工	操作工	杂工		
1	预应力钢绞线下料、制束			1	2	10	13	专业班组
2	支架钢筋定位		4	1		8	13	专业班组
3	埋件安装		4	1	2	8	15	专业班组
4	铺设钢绞线				4	40	44	专业班组
5	清理埋件、安装锚具				2	8	10	专业班组
6	预应力张拉	4		1	4	8	17	专业班组
7	切筋			1	2	8	11	专业班组

（2）专职安全员的配备

根据体育场工程规模及预应力专项施工的特点,配备一名专职安全员负责巡视预应力施工安全,协助项目经理进行现场安全管理。

(3) 特种作业人员

体育场超长钢筋混凝土结构缓黏接预应力施工需要配备以下特种作业人员:

① 电焊工 4 名;

② 张拉工 4 名;

③ 电工 1 名。

3.1.7 材料与设备

(1) 建筑材料(见表 3-4)

表 3-4 主要建筑材料表

序号	主要材料名称	规格	主要材料性能要求
1	预应力筋	1860 级 ϕ^s 17.8 缓黏结预应力钢绞线	采用 RPSR－180－540 17.8－1860 JG/T 369—2012 中规定的高强度低松弛预应力钢绞线,公称横截面积 191 mm²,整根钢绞线的最大负荷 355 kN,伸长率 3.5%,产品质量必须符合国家现行标准《预应力混凝土用钢绞线》(GB/T 5224)中的有关规定,并按规定送检复试;预应力筋按照工程需要分类编号,直接加工成所需长度,对一端张拉的预应力筋把锚固端直接挤压成形 缓黏结钢绞线的 PE 护套厚度 1.0 mm,肋高 $h = 1.8$ mm,肋宽 $a = 0.4 \sim 0.71$ mm,肋间距 $l = 10 \sim 16$ mm,张拉适用期摩擦系数 $k = 0.004 \sim 0.012$、$\mu = 0.06 \sim 0.12$。 缓凝黏合剂采用环氧树脂配比,张拉适用期为 180 天,固化期 540 天
2	预应力锚固体系	张拉端采用 QMV18－1 型夹片锚具;固定端采用 QMJ18－1 型挤压锚具	缓黏结预应力筋采用两端张拉或一端张拉一端固定两种形式。验收符合国家标准《预应力筋用锚具、夹具和连接器》(GB/T 14370)的规定。张拉端采用 QMV18－1 型夹片锚具,由单孔锚锚具、承压板、小螺旋筋组成,凹入混凝土表面张拉后切除多余钢绞线封闭张拉洞口;固定端采用 QMJ18－1 型挤压锚具,由挤压锚具、锚板、小螺旋筋组成,与预应力筋同时预埋于结构混凝土内

(2) 机具设备表(见表 3-5)

表 3-5 机具设备表

序号	设备名称	型号	单位	数量	用途
1	油泵	ZB4-500	台	4	缓黏结预应力的张拉作业
2	穿心千斤顶	YCQ30Q	台	4	缓黏结预应力的张拉作业
3	电焊机	BX1-315	台	6	锚板点焊安装于钢筋笼
4	型材切割机	JIG350	台	4	钢绞线下料
5	挤压机	GYJA	台	4	锚固端操作
6	砂轮切割机	100 型	台	8	张拉后切割多余钢绞线

注:预应力张拉设备在使用前,应送权威检验机构对千斤顶和油表进行配套标定,并且在张拉前要试运行,保证设备处于完好状态。

3.1.8　质量控制

1）执行的标准、规范

遵照国家现行建筑工程验收规范、规程及质量检验评定标准,具体如下:

(1)《混凝土结构设计规范》(GB 50010—2010)

(2)《混凝土结构工程施工质量验收规范》(GB 50204—2015)

(3)《无黏结预应力混凝土结构技术规程》(JGJ 92)

(4)《预应力混凝土用钢绞线》(GB/T 5224—2014)

(5)《预应力筋用锚具、夹具和连接器》(GB/T 14370)

(6)《预应力钢筋用锚具夹具和连接器应用技术规程》(JGJ 85)

(7)《预应力混凝土用金属螺旋管》(JG/T 3013)

(8)《预应力用液压千斤顶》(JG/T 321—2011)

(9)《预应力用电动油泵》(JG/T 319—2011)

(10)《建筑施工安全检查标准》(JGJ 59)

2）质量控制主要措施

(1)预应力筋应用砂轮锯或切断机切断,不得采用电弧切割。

(2)挤压锚具制作时压力表油压应符合操作说明书的规定,挤压后预应力筋外端应露出挤压套筒 1～5 mm。

(3)预应力筋的铺放分单向和双向曲线配置两种。铺放前需进行预应力筋的放样,做好编号,在楼层模板面进行放线,然后进行预设铁马凳固定位置,以控制好预应力筋的设计轮廓尺寸和反弯点位置。对于梁内的预应力筋,先要确定好曲线反弯点的准确位置,用钢筋做好固定,对于板预应力筋可用长条铁马凳预设,马凳脚每隔 600～1 000 mm 一道,以保证板的预应力筋的反弯点位置正确。

(4)预应力筋的曲线段起始点至张拉锚固点应有一段 300 mm 以上的直线段,以保证预应力筋与承压板垂直。

(5)预应力筋曲线平滑顺直,垂直偏差在梁内为 ±10 mm,板内为 ±5 mm,水平偏差为 ±30 mm。

(6)在有双向曲线配置的板预应力筋铺放,必须注意铺放顺序,长方向板筋在底下时,预应力筋短方向先放。对每一个纵横预应力筋交叉点相应的两个标高进行比较,应避免两个方向的预应力筋相互穿插扭放。

(7)张拉端设置时,必须保证预应力筋与承压板垂直,承压板安装后必须稳定牢固且不得重叠,防止混凝土浇筑时走位,螺旋筋应与承压板紧贴。

(8)严格控制预应力筋固定端的保护层,当设计图纸无明确要求时,应不少于 50 mm,固定端数量较多密集时,应前后错开布置。

(9)楼面预留孔洞应在绑扎板底筋时进行,不得在混凝土浇筑后凿孔开口,以避免破坏预应力结构。

(10)严格检查预应力筋布置数量及规格是否符合设计图纸的要求。

（11）预应力筋安装后，在混凝土浇筑前，应进行预应力工程隐蔽工程检查验收，并办理隐蔽工程验收记录。

（12）预应力筋张拉前应检查张拉机具和仪表的配套标定资料是否符合有关规定。张拉设备的标定期限不应超过半年，当在使用过程中出现反常现象时，或在千斤顶检修后，应重新标定。

（13）预应力张拉时，混凝土强度应符合设计要求，当设计无具体要求时，不应低于设计的混凝土立方体抗压强度标准值的 75%（体育场工程设计要求混凝土同条件试块抗压强度标准值的 80%）。

（14）清理预应力筋张拉槽孔，剥除张拉端外露预应力筋外皮，检查承压板后混凝土质量情况，标好每槽孔的编号并做好记录。

（15）预应力筋的张拉力、张拉顺序、张拉程序、张拉方法应符合工程设计及施工技术方案的要求。

（16）张拉采用的以张拉应力控制为主，辅以伸长值校核的方法，即应力、变形"双控制"（图 3-16）。张拉应力控制采用经标定后和千斤顶相配套的压力表上读数进行控制。压力表读数根据千斤顶标定书和张拉控制应力采用数值插入法（或相关系数公式）计算得出，精确到小数点后一位。张拉时达到相应表读数即达到相应控制应力。

（a）油泵压力读数   （b）测量千斤顶位移

图 3-16　施工现场的应力、变形"双控制"

（17）由于开始张拉时，预应力筋在孔道内自由放置，而且张拉端各个零件之间有一定的空隙，需要用一定的张拉力，才能使之收紧。预应力筋张拉伸长值的量测，是在建立初应力之后进行。

（18）张拉质量的检验：预应力筋张拉质量的好坏将直接影响构件中的有效预应力，因此施工时务必精心施工，张拉前正确计算各种数据，张拉过程中对于油表值读数、张拉伸长值测量应逐个控制。

（19）张拉伸长值应满足设计要求：实际伸长值与设计计算理论伸长值的相对偏差应在

±6%范围,全数检查。

(20)张拉后预应力值应满足设计要求:实际建立的预应力值与工程设计规定检验值的相对偏差应在±5%范围;同一检验批内,抽查预应力筋总数的3%,且不少于5束。

(21)预应力筋断裂或滑脱应满足规范要求:预应力筋断裂或滑脱数量严禁超过同一截面预应力筋总根数的3%,且每束钢丝不得超过1根,全数检查。

3.2　体育场大开口车辐式索承网格钢结构施工技术

3.2.1　技术背景

在体育场和足球场等大型体育建筑中,由于考虑功能与经济性,中心部位常常为露天赛场,建筑平面中部存在大开口,屋盖通常采用悬臂网架或桁架结构体系,但因这两种结构体系的杆件数量较多,用钢量较大,且建筑效果繁杂,不能很好地满足建筑美观效果。因此,业内提出一种杂交空间结构——大开口车辐式索承网格钢结构,以大开口的刚性网格结构作为上弦,以车辐式的索杆体系作为下弦;上弦刚性网格结构作为索杆体系的"压环",形成自平衡系统。

索承网格钢结构因具有结构轻盈、建筑简洁通透等特点而获得青睐。但是,在安装张拉预应力索成形之前,整个结构体系为几何瞬变体系,需在混凝土看台上搭设较多的支撑胎架,用以支承悬挑的钢结构网格,同时还需承受内环钢索和径向钢索的自重及施工荷载。这些临时设施安装工作量较大,费时费工,使用材料较多,相应地增加工程造价。另外,当搭设较多的支撑胎架,也会对环向钢索的铺设、起吊和张拉产生干扰作用,从而影响施工进度和安全性。因此开发研究性价比良好的施工工法具有很强的必要性和迫切性。

锦宸集团有限公司结合泰州体育公园体育场项目需求,组织技术攻关,研究开发安全、经济、可行的施工工法,保证体育场索承网格钢结构在施工全过程安全可靠,实现索承网格钢结构由"几何瞬变体系"状态变成"强度、刚度和稳定性皆满足要求的空间几何不变体系"状态。课题组创新开发了相关施工技术,《体育场大开口车辐式索承网格钢结构施工工法》获批江苏省级施工工法。

3.2.2　项目概况

泰州体育公园体育场项目建筑面积62 905 m²,可容纳35 000名观众,如图3-17所示,体育场屋盖平面近似为圆形,南北向约为263 m,东西向约为233 m,屋盖中心洞口尺寸为201.4 m×149.2 m,看台罩棚东向悬挑长度为36.0 m,西向悬挑长度为47.8 m,南北向悬挑长度为30.8 m,屋盖最高处47 m,钢结构总用钢量约7 000 t。

该项目屋盖为大开口车辐式索承网格钢结构,上弦为径向和环向的箱形梁构成的单层网格结构,整个单层网格与外圈环梁采用铰接连接。下弦为索杆体系,其中径向索共38榀,直径D140 mm的径向索共计20榀,直径D122 mm的径向索共计18榀;环向索只有一圈,

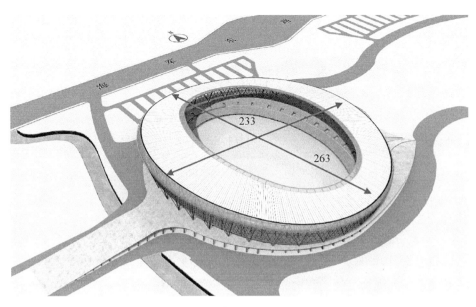

图 3-17 钢结构整体轴测图

采用 6 根 D125 mm;屋面水平稳定索 D30 mm,共计 192 根。撑杆截面主要为 P219 mm×12 mm～P500 mm×16 mm;网格钢结构的外环梁截面为 P900×40 mm,内环梁截面为焊接箱形 B750 mm×550 mm×24 mm,径向主梁截面为焊接箱形 B750 mm×500 mm×16 mm,环向梁截面为焊接箱形 B750 mm×350 mm×16 mm～B750 mm×450 mm×16 mm。屋盖用钢量约 3 200 t。

3.2.3　工艺原理

（1）索承网格钢结构的构造和传力原理

大开口车辐式索承网格钢结构的构造(图 3-18),主要包括上弦刚性单层网格和下弦车辐式索杆体系,每道径向索上布置数根竖向撑杆,径向索锚固于外环梁上;沿环向索设置竖向撑杆、斜向 V 形撑杆,连接环向索和上弦单层网格,形成内环带桁架;结合建筑内环采光挑棚的需求,设置内环悬挑网格;整个结构体系仅在外环梁处约束竖向位移。

其传力原理:上弦为刚性单层网格结构,因中部有巨大开口,结构的竖向刚度和承载能力受到削弱;通过张拉下弦径向索可在撑杆中产生向上的支撑力,对上部单层网格形成弹性支撑,改善其受力状况;上弦单层网格在面内形成一个宽度很大的压力环,可有效抵抗径向索在外环梁处产生的水平力,结构为自平衡体系。内环带桁架为刚度很大的空间桁架,弥补中部巨大开口对结构的削弱,提高结构的刚度,加强结构体系的整体性;内环悬挑网格增强内环带桁架的面内环箍效应,也加宽了压环的宽度,有助于提高结构的受力性能。该自平衡结构体系以张拉索杆为主要承重构件,充分发挥了拉索的高强材料特性,大幅减小对下部支撑主体结构的作用,可经济有效地增大跨度。

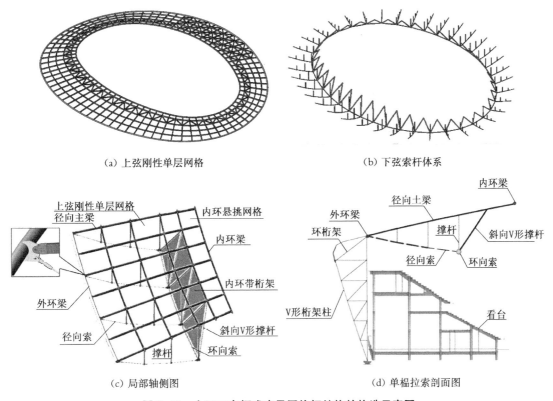

（a）上弦刚性单层网格

（b）下弦索杆体系

（c）局部轴侧图

（d）单榀拉索剖面图

图 3-18 大开口车辐式索承网格钢结构的构造示意图

（2）施工过程中设置反向斜拉装置的作用原理

反向斜拉装置（图 3-19）主要由反向斜拉索、临时立杆和斜拉杆三部分组成。通过张拉反向斜拉索使得该装置增强网格钢结构的平面外刚度。并且反向斜拉装置与网格钢结构的径向梁构成"张弦梁"结构，由其承受径向索、环向索和索夹等构件自重和施工荷载作用，将此类荷载传递到反向斜拉装置的临时立杆所在位置下部的支撑塔架，因此，使得网格钢结构的内环悬挑部分不会出现明显的下垂变形情况。

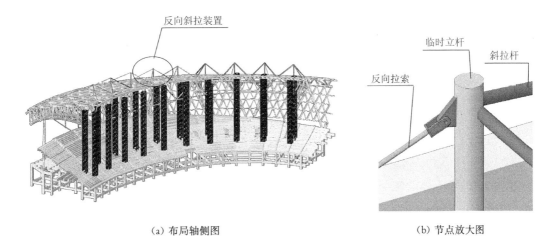

（a）布局轴侧图

（b）节点放大图

图 3-19 反向斜拉装置的构造图

（3）索承网格钢结构分级张拉施工原理

本工法将所有径向索同步张拉，分成4级：预紧30%（第1级）→50%（第2级）→90%（第3级）→100%（第4级），主动张拉点位于径向索与环梁的连接端，径向索同步张拉至相应的索力级，逐级循环张拉至100%，并超张拉5%，达到设计值的105%，预应力张拉施工完成。

3.2.4 技术特点

1）在网格钢结构上部设置反向斜拉装置，受力合理，经济性好

在径向索和环向索未张拉之前的施工阶段，网格钢结构的平面外刚度很小。因此，在网格钢结构上部设置反向斜拉装置，增加网格钢结构平面外的刚度，减少其平面外的变形。一方面可减小网格钢结构主梁的截面尺寸，另一方面也可减少支撑塔架的数量约30%，受力合理，经济性良好。

2）径向索与环向索在地面精确安装，减少高空作业，质量易保证

内环索通过索夹与径向索连接，径向索通过索夹与索杆连接，此类操作均在地面精确安装；整体提升至空中后，采用手拉葫芦调整、固定，索杆连接到网格钢结构后，下弦的径向索安装仅在一端进行张拉和精确控制即可。该工艺减少高空作业，符合安全性要求，而且安装质量易保证。

3）拉索分级同步张拉，施工工艺合理，安全性高

整个索网张拉依照"对称、分级、同步张拉"的原则进行，将径向索划分为四级进行循环张拉，自平衡预应力均匀增加，其受力状态与设计假定状态吻合度最高，施工工艺合理。而且钢索张拉遵循控制索力和位形的"双控"原则，确保施工全过程的安全性。

3.2.5 施工工艺流程及操作要点

1. 施工工艺流程

1）总工艺流程（图3-20）

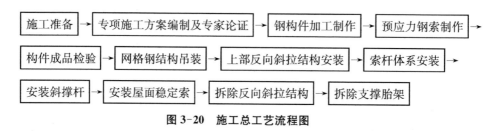

图3-20 施工总工艺流程图

2）关键工序的详细工艺流程

（1）网格钢结构吊装流程：测量放线→搭设支撑胎架→V形桁架柱吊装→环桁架吊装，形成稳定的外环支撑条件→网格钢结构的径向主梁吊装→相邻的径向主梁吊装→外环梁吊装→网格钢结构的次梁及内环梁吊装→形成稳定单元，依次继续吊装→完成网格钢结构吊装。

（2）索杆体系安装流程：径向索操作平台搭设→安放环索索夹支撑平台→铺放环索下

层索→安放环索索夹本体→铺放环索上层索→安装环索索夹上盖板→铺放径向索→拆除外侧部分影响径向索安装的胎架→提升环索、牵引径向索→同步分级张拉径向索至设计值（30%→50%→70%→100%）。

2. 操作要点

1) 施工专项方案编制及专家论证

（1）根据索承网格钢结构工程项目的特征分析研究，进行网格钢结构和索杆体系的安装部署，编制大开口车辐式索承网格钢结构专项施工方案。图 3-21 所示为泰州体育公园体育场工程索承网格钢结构施工方案布置图，并且明确施工顺序、索夹锁紧方案、临时反向斜拉装置设计、索杆体系张拉指挥组织机构、预应力张拉控制测量与过程监测方案、应急预案、安全方案等。

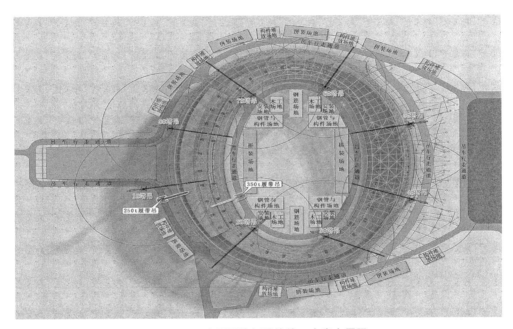

图 3-21 索承网格钢结构施工方案布置图

（2）为了保证索承网格钢结构施工的结构安全及施工质量，在大开口车辐式索承网格钢结构专项施工方案实施前，须通过相关专家的方案评审论证，严格履行审核、审批程序，根据专家组评审意见进一步进行修改完善，并取得工程设计师的认可。

（3）在施工方案中，需应用 MIDAS/GEN、ANSYS 等有限元分析软件进行施工仿真验算，一方面验算施工过程中的索杆体系的索力和变形是否与设计值吻合；另一方面作为索力和变形值"双控"的依据。从而，达到精确控制索承网格钢结构的"位形"和应力水平。

（4）在施工方案中，应用有限元分析软件建模，计算体育场屋面钢结构在温度作用的变形，并在钢结构安装和索张拉脱胎架的过程中将温度变形值进行消化，从而保证施工实施后的效果达到设计预期的建筑效果。

本工法根据《建筑结构荷载规范》（GB 50009—2012）附录 E 中没有泰州市气温资料，参考附近地区规定的基本气温，该地区的日平均最低气温为 -12℃，年平均最高气温 39℃，钢结构施工合拢温度为 15～25℃。同时考虑太阳直射,计算考虑施工合拢与使用阶段的升温 30℃,降温 37℃。图 3-22 所示,为钢结构升温和降温时的位移图,依据有限元分析结果,对钢结构的深化设计和施工方案进行有效控制。

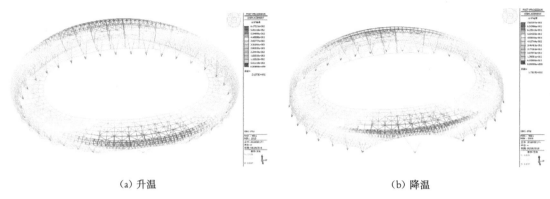

(a) 升温　　　　　　　　　　　　　　　　(b) 降温

图 3-22　钢结构受温度作用的变形图

2) 钢构件加工制作

(1) 原材料验收及管理措施

本工法原材料采购和进厂质量控制需严格按 ISO9001 质量体系程序和设计要求,依据受控的质量手册、程序文件、作业指导书进行原材料采购和质量控制,确保各种原辅材料满足工程设计要求及加工制作的进度要求。主要控制内容如下:

① 材料进场时,必须检查钢材的质量合格证明文件、中文标志及检验报告等,品种、规格、性能应符合国家标准规范和设计技术要求的规定。

② 钢材质量性能必须均匀,不得有夹层、裂缝、非金属夹杂和明显偏析等缺陷,其表面不得有肉眼可见的气孔、结疤、折叠、压入的氧化铁皮以及其他缺陷。

③ 对钢材进行抽样实验,进行材料的化学分析、机械性能的测定。

④ 焊条、焊丝、焊剂均要提交检查产品质量的保证书,必要时进行抽样化验其工艺性能和化学成分,焊丝还应注意是否有乱丝现象。

⑤ 氧气、乙炔气等也必须检查其纯度、密封性、水分。

⑥ 材料仓库应按规定保管好材料,并做好相应标识,做到堆放合理,标识明晰,先进先出。并做到按产品性能进行分类堆放标识,做好防腐、防潮、防火、防损坏、防混淆工作,定期检查。特别是对焊条、焊丝、焊剂做好防潮和烘干处理,对油漆进行保质期控制。

⑦ 原材料进厂控制。材料在订购时要求定长、定宽。其目的是:最大限度地节约材料,使材料的焊接拼接达到最低限度。

(2) 焊接箱型钢加工制作

① 工艺流程

本工法所采用的网格钢结构径向主梁和环向梁皆选用箱型钢梁,截面尺寸为 B750 mm× 350 mm×16 mm～B750 mm×550 mm×24 mm。焊接箱型钢加工制作工艺流程如图 3-23 所示。

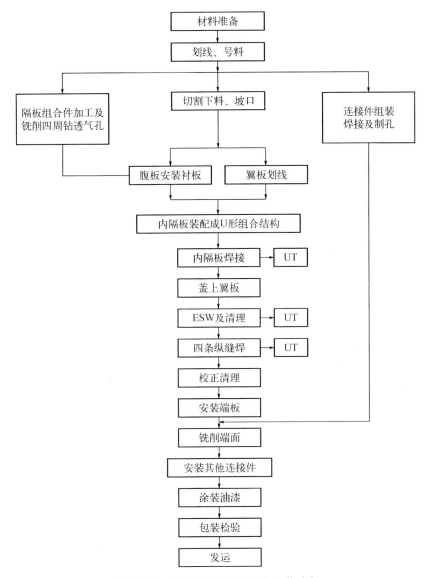

图 3-23 焊接箱型钢加工制作工艺流程

② 制作工艺(图 3-24)

a. 零件下料、拼板:钢板下料前用矫正机矫平,防止钢板不平而影响切割质量;零件下料采用数控精密切割,对接坡口加工采用半制动精密切割,腹板两长边采用刨边,拼接焊缝采用砂带打磨机铲平。

b. 横隔板、工艺隔板的组装:横隔板、工艺隔板组装前四周进行铣边加

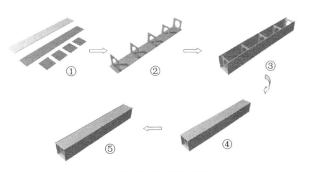

图 3-24 焊接箱型钢的制作工艺

工,以作为箱型构件的内胎定位基线;在箱型构件组装机上按 T 形盖板部件上的结构定位线组装横隔板。

c.腹板部件组装横隔板焊接:组装两侧 T 形腹板部件,与横隔板、工艺隔板顶紧定位组装;采用 CO_2 气体保护半自动焊接横隔板三面焊缝。

d.上侧盖板部件组装:组装上侧盖板部件前,要经监理对其内部封闭的隐蔽工程检验认可,并对车间底漆损坏处进行修补涂装。

e.焊接矫正:焊接前根据板厚情况,按工艺要求采用电加热板进行预热,先用 CO_2 气体保护半自动焊焊接箱内侧角焊缝,再在箱型构件生产线上的龙门式埋弧自动焊机上依次对称焊接外侧四条棱角焊缝,焊后对焊缝进行修磨并进行焊缝的无损检测,矫正后提交检查。

(3)钢管加工制作

① 外环梁钢管加工方案的确定

现用于建筑钢结构用直缝焊接大直径厚壁钢管的加工方法通常有两种:一种是利用大型卷板机卷制成形,另一种是利用大型成形机压制成形;本工程屋盖外环梁作为"压环",截面规格为 P900 mm×40 mm,材质为 Q345B。根据工厂加工实际,对不大于 $\Phi1\,500$ mm 的钢管采用压制成型工艺。

② 压制钢管的制管成型工艺流程(图 3-25)

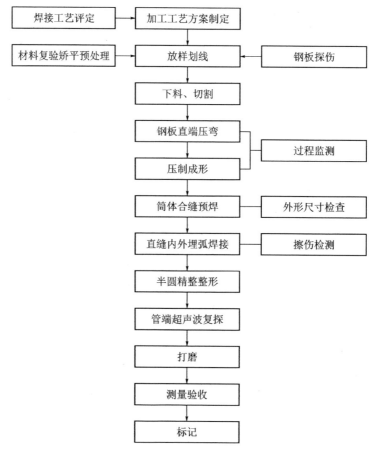

图 3-25 压制钢管的制管成型工艺流程

③ 压制钢管工艺

a. 钢板下料、切割：在钢板上放出待弯钢管的展开图(加放切割余量)，利用数控切割机进行钢板的下料切割。

b. 钢板预弯：预弯前进行钢管预弯两边坡口加工，采取机械铣削；在预弯机上利用成形模具进行钢板两边的预弯加工，模具呈渐开线形状。

c. 成形加工：成形加工是钢管压制方法的最关键一道工序，加工方法是利用大型的成形机，按加工线进行逐步压制，根据待压制钢管的规格，设置压力、压弯深度、进给量，使钢管成形。

d. "O"形成形：成形后的钢管在合缝机上进行"O"形成形并定位焊固定，焊接采取 CO_2 自动焊。

e. 内缝焊接：内缝焊接在自动生产线上的悬臂式内缝埋弧自动焊机上进行，焊接采取双丝焊，为保证全熔透，焊接时前道电流适当调大。

f. 外缝焊接：外缝焊接在自动生产线上的悬臂式外缝埋弧自动焊机上进行，焊接采取三丝焊，焊接时前道电流最大(约 1 000 A)，主要是确保内焊缝表面焊渣、飞溅物等杂质能够充分被熔透，且浮于焊缝表面；中间焊丝其次，后面焊丝最小。

g. 端部圆度矫正：钢管端部是连接或接长的关键部位，所以对其圆度要求特别高，焊接后的钢管端部圆度需要进行矫正，圆度矫正在油压机上配置专用于矫正圆度的模具进行要钢管周向压制。

h. 校直、管端加工：钢管焊缝焊接后出现沿长度方向的旁弯或弯曲变形，为符合使用的直线度要求，需要对其进行校直，钢管的校直在油压机上，并配置专用模具进行沿长度方向的逐步校正，直至符合直线度要求；对校直后的钢管按长度要求进行两端面的铣削加工。

(4) 铸钢件节点制造

① 深化设计铸钢节点

为了满足索承网格钢结构的受力要求，对相关节点进行深化设计(图 3-26)，主要包括环向索与径向索节点、径向索与支撑杆节点、屋盖与 V 形柱节点、V 形柱柱脚节点等部位。为保证相关节点的复杂受力状态性能，制造相应的铸钢件。

② 铸钢件加工工艺流程(图 3-27)

③ 铸钢件制造工艺要点

a. 铸造操作流程：选择炉料(废钢)→熔化钢液→清

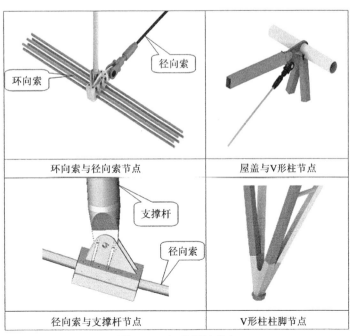

图 3-26　深化设计节点

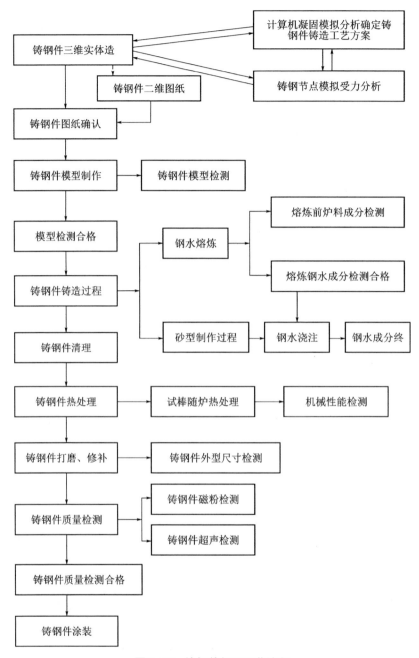

图 3-27　铸钢件加工工艺流程

理钢液废渣→添加金属矿石→钢液材质化验分析→根据化验分析进行钢液材质处理→脱氧→钢液出炉。

　　b. 炉料的选择要求：

　　a) 根据准备浇铸件材质的要求,合理选择炉料搭配使用。产品钢号,应在投料时就控制成分含量。出炉前半小时取炉前样送检分析。

b) 对含有油污,污垢的炉料下炉前要进行清理。

c) 对含有镀锌的炉料最好不用。

d) 所选用的炉料必须严格控制 S、P 等有害元素的含量。

e) 严格遵守熔炼工艺制度。尽量采用满功率,快速熔炼。

c. 浇注前钢液材质化验:出炉前半小时取炉前样送检进行化验分析,钢液的材质应符合铸件材质允许的范围内,不符合的应进行调质,直到符合要求。

d. 脱氧:把钢液表面的杂质处理后,进行脱氧处理。

a) 脱氧剂加入顺序:先加锰铁,后加硅铁,最后加入纯铝。

注:脱氧剂锰铁、硅铁在出炉前 5～8 min 加入,纯铝在出炉时加入。钢液 1 480～1 500℃加锰铁、硅铁,1 610～1 630℃加纯铝。

b) 脱氧剂的加入量,详见表 3-6。

表 3-6　脱氧剂的加入量(占钢液质量百分数)

脱氧剂名称	锰铁	硅铁	硅钙粉	纯铝
脱氧剂用量	0.1%～0.2%	0.05%～0.07%	0.2%～0.3%	0.04%～0.06%

注:脱氧剂可分多批次加入,钢包每次接钢水前,应放入小块纯铝进行终脱氧处理。

3) 预应力钢索制作

(1) 预应力施工材料的加工、运输、储存

① 预应力钢索按照施工图纸规定在专业预应力钢索厂进行下料。按施工图上结构尺寸和数量,每根预应力钢索的每个张拉端预留张拉长度进行下料。预应力钢索下料应用砂轮切割机切割,严禁使用电焊和气焊。

② 预应力钢索及配件运输及吊装、运输过程中尽量避免碰撞挤压。

③ 预应力钢索及配件在铺放使用前,应妥善保存放在干燥平整的地方,下边要有垫木,上面采取防雨措施,以避免材料锈蚀;切忌砸压和接触电气焊作业,避免损伤。

(2) 预应力钢索制作

预应力钢索及节点加工图由预应力专项施工单位设计,制作加工由预应力钢索专业生产厂家完成。预应力钢索的制作加工如下:

① 调直:为了使钢索受荷后各根钢丝或各股钢绞线受力均匀,钢索的制作时下料长度要求严格,要准确、等长。下料采用"应力下料法",将开盘在 200～300 MPa 拉应力下的钢丝或钢绞线调直,可消除一些非弹性因素的影响。

② 下料:钢丝或钢绞线的号料应严格进行。制作通长、水平且与索等长的槽道,平行放入钢索或钢绞线,使其不互相交叉、扭曲,在槽道定位板处控制索的下料长度。

③ 切割:钢索应用切割机切割,严禁用电弧切割或用气割,以防止损伤钢丝。

④ 编束:宜用梳孔板向一个方向梳理,同时编扎,每隔 1 m 左右用细钢丝编排扎紧,不让钢丝在束中交互扭压。编扎成束后形成圆形截面,每隔 1 m 左右再用铁丝扎紧。

⑤ 钢索的预张拉:钢索的预张拉是为了消除索的非弹性变形,保证在使用时的弹性工作。预张拉在工厂内进行,一般选取钢丝极限强度的 50%～55% 为预张力,持荷时间为

0.5～2.0 h。

⑥ 钢索的防护：钢索在防护前必须表面处理，认真除污。钢索的防护方法有：黄油裹布、塑料涂层、多层液体氯丁橡胶防护、表面油漆、钢索用套管、内灌液体氯丁橡胶、将环氧树脂粉末喷于钢丝上再热熔固化形成，外加 PE 套管。这些防护方法可适应周围无严重侵蚀性的一般环境。

⑦ 质量控制：拉索加工误差应满足相关规范要求，按照钢拉索加工图检验。

4）网格钢结构吊装

（1）吊装方案的选择

索承网格钢结构屋盖是独立的结构体系，以外环梁为分界面，与下部支承体系采用铰连接。对索承网格钢结构部分的吊装可有两种方案：

一种方案是：下部支承体系全部施工完成、形成稳定的支承条件，然后吊装屋盖部分的网格钢结构，此方案适用于下部支承体系为混凝土结构，施工周期较长。

另一种方案是：下部支承体系与屋盖网格钢结构同步施工，每个阶段形成稳定的空间单元，此方案适用于下部支承体系为钢结构，流水作业，施工周期较短。

本工程的屋盖支承体系为环形钢桁架结构，应选择支承体系与网格钢结构同步吊装的施工方案，如图 3-28所示，每个阶段可形成稳定的空间单元，省时省工，且节省临时措施材料。

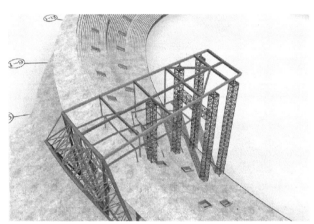

图 3-28　索承网格单元安装示意图

（2）网格钢结构吊装施工

吊装流程：测量放线 → 搭设支撑胎架 → V 形桁架柱吊装 → 环桁架吊装，形成稳定的外环支撑条件 → 网格钢结构的径向主梁吊装 → 相邻的径向主梁吊装 → 外环梁吊装 → 网格钢结构的次梁及内环梁吊装 → 形成稳定单元，依次继续吊装 → 完成网格钢结构吊装。

① 测量放线

体育场钢结构施工测量主要为平面测量、标高控制两部分。测量应遵循"由整体到局部"的原则。具体控制要点包括如下：

a. 平面控制网的测放：根据现场通视条件，利用土建（混凝土看台施工）提供的测量控制点，先测设主控轴线，在此基础上根据结构安装过程中测量需要进行测控的部位及建筑轴线进一步加密，并确保主要测站点形成闭合导线，相互通视，以便进行坐标联测复核。

b. 高程控制网的引导：整体大范围内高程的引导采用全站仪进行统一控制，局部较小范围内的标高控制、引导在作业环境允许的情况下优先使用水准仪进行测量控制。

c. 体育场索承网格钢结构施工测量控制网建立：如图 3-29所示，在体育场内环梁下方的场地内设置 4 个一级控制点和 4 个二级控制点;在建筑场地外围设置 8 个二级控制点;在混凝土看台上设置 8 个三级控制点。

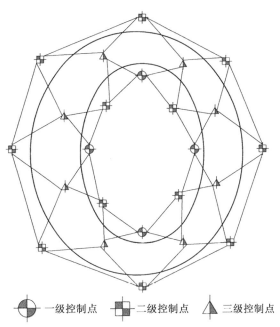

⊕——一级控制点　■——二级控制点　▲——三级控制点

图 3-29　施工测量控制网建立

d. 根据设置的测量基准网,兼顾场内外,考虑平面和高程相结合,所组成一个系统,需定期复测,校核合格后方可使用。

e. 选择适用的高精度测量仪器(全站仪、激光准直仪和水准仪等)。

f. 采用合理的测量工艺和手段,提高数值传递的精度。

g. 在保证良好通视条件下,合理布置构件上的测点及提高测点的设置精度。

h. 在测量基准网的建立和基准网竖向传递时,用 GPS 全球定位系统进行复核。

i. 对体育看台混凝土结构中的预埋件(图 3-30)进行复测,确保定位合格;若有较大偏差,则应提出合理的解决方案后,方可进行支承钢结构和索承网格钢屋盖的吊装施工。

② 搭设支撑胎架

a. 支撑胎架设置原则

a) 根据结构吊装分段进行设置;

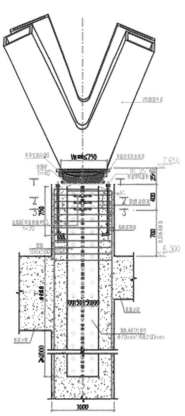

图 3-30　V 形柱底部预埋件

103

b）充分考虑吊装过程中的安全性；

c）避免在支撑架卸载时出现承受最不利工况；

d）支撑架尽量设置在土建混凝土柱和混凝土梁上，减少对土建结构安全带来的影响，减少对看台混凝土的加固处理；

e）支撑架设置在桁架分段处以及网格分段处等。

b.支撑胎架设置数量的确定

a）V形桁架柱采用地面拼装，整榀吊装的方法施工，吊装单元的重量从12.25～25.51 t不等，在单个V形桁架柱侧面设置2个支撑（图3-31），此类支撑架高度较高，在22～33 m之间，标准节尺寸为2.0 m×2.0 m×1.5 m，此类支撑架共设置128个。

b）索承网格径向主梁采用地面拼装，分段吊装的方法施工，吊装单元的重量从14.7～18.19 t不等，在单根径向主梁下部设置2～3个支撑架（图3-32），部分单根径向次梁下部设置1个支撑架，在径向主梁的中部支撑架间设置一道水平环向支撑，此类竖向支撑架高度为22～42 m，标准节尺寸为2.0 m×2.0 m×1.5 m，此类支撑架共设置112个。

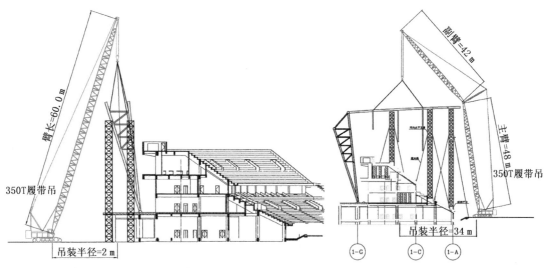

图3-31　V形柱胎架　　　　　　图3-32　索承网格胎架

c.支撑胎架的安装定位测放与检查

根据临时支撑架预埋件的设计位置进行现场测量定位；每搭设一节高度的临时支撑架即要用全站仪进行垂直度和水平度的测量校正，搭设完毕后、在桁架吊装前同样需要校核水平度和垂直度（图3-33），并作好记录。当桁架吊装就位后，临时支撑架由于受到桁架重力作用而发生变形，因此要对临时支撑架进行定期垂直度和水平度的测量，根据测量结果采取

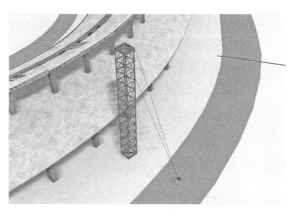

图3-33　支撑胎架的定位测量

调整措施,以保证结构安全、稳定、有效。

d. 支撑胎架上部结构转换处理

体育场支撑架上部需要设置转换钢梁,钢梁的具体规格依据施工验算确定,本工程转换梁上部圆管采用 P219×10,其构造详见图 3-34。

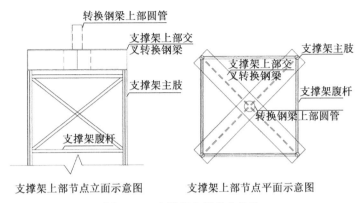

图 3-34　支撑架上部节点构造

e. 支撑胎架下部的加固处理

体育场部分支撑架支承在看台或楼板上,为避免看台及楼板受压破坏,支撑架下部与看台、楼板等接触部位通过设置 H200 mm×200 mm×12 mm×12 mm 型钢平台扩大受压面积,并为支撑架提供水平支撑面;对于悬挑楼板下部投影位置及索承区域支撑于看台上的支撑架设置反顶支撑架,并一直支撑到地底面为止,及时用层层回顶的方法对上述混凝土楼板进行加固处理(图 3-35)。

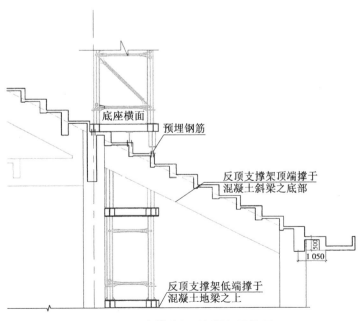

图 3-35　支撑胎架下部的加固处理

③ V形桁架柱吊装

a. 根据 V 形桁架柱的分段重量和位置,选择合适的履带吊。本工程选用 1 台 350 t 履带吊、1 台 200 t 履带吊在场外进行整段吊装。350 t 履带吊的最不利工况起吊分段长度为38.55 m,安装重量为 25.51 t,采用 60 m 主臂,吊装半径约 20 m,满足负载额定重量和吊装高度要求。

b. 体育场 V 形桁架柱采用履带吊进行整段吊装,吊装单元采用 4 个吊点的方式进行吊装就位(图 3-36)。

图 3-36　V形柱吊点设置　　　　图 3-37　V形柱支撑胎架细部

c. V 形柱吊装段采临时支撑架进行就位,单个 V 形柱设置 2 个格构式临时支撑架(图 3-37),支撑架顶部设置千斤顶进行标高的调整。

④ 环桁架吊装,形成稳定的外环支撑条件

a. 根据环桁架的分段重量和位置,选择合适的履带吊。本工程受压环桁架主要采用 1 台 350 t 履带吊、1 台 200 t 履带吊进行分段吊装,根据 V 形桁架柱间进行自然分段。

b. V 形桁架柱上方受压环桁架采用履带吊进行柱间自然分段吊装,吊装单元设置 4 个吊点的方式进行吊装就位(图 3-38)。

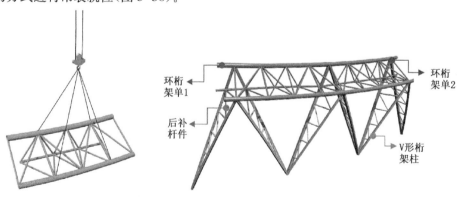

图 3-38　环桁架吊点设置　　　　图 3-39　环桁架吊装单元区分

c. 环桁架与 V 形桁架柱连接,形成稳定的单元(图 3-39)。从而形成索承网格的外环支撑条件。

⑤ 网格钢结构的吊装

a. 根据网格钢结构的构件重量选择合适的履带吊。

a) 径向主钢梁采用 350 t 履带吊吊装,主臂采用 48 m,副臂采用 42 m。

b) 径向次梁、环梁及斜撑分段组成吊装单元主要采用 200 t 履带吊吊装,主臂采用 49 m,副臂采用 43 m。

c) 对于部分吊装单元 200 t 履带吊不满足起吊要求时,采用 350 t 履带吊进行吊装。

b. 先吊装径向构件后,随即吊装连接径向构件之间的杆件,等全部钢结构结构安装完成后,再由安装拉索。

c. 本工程体育场索承网格结构类型基本相同,现以一个标准的吊装单元为例,说明网格钢结构吊装顺序(图 3-40)。主要流程为:吊装单根径向主梁及其下方撑杆→继续吊装单根径向主梁及其下方撑杆→吊装最内侧环梁及径向次梁组成的吊装单元→继续吊装环梁及径向次梁组成的吊装单元→继续吊装环梁及径向次梁组成的吊装单元→继续吊装下一径向主梁、径向次梁及环梁。

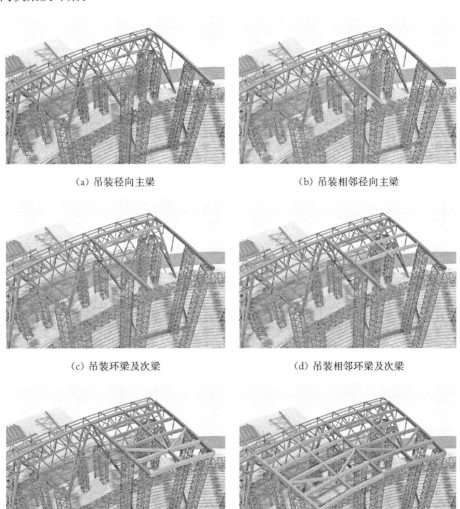

(a) 吊装径向主梁　　　　　　　　　　(b) 吊装相邻径向主梁

(c) 吊装环梁及次梁　　　　　　　　　(d) 吊装相邻环梁及次梁

(e) 吊装内环梁,完成单元　　　　　　(f) 循环吊装其他单元

图 3-40　网格钢结构吊装顺序

d. 依次吊装所有的网格钢结构单元,则形成完整的钢网格(图 3-41)。

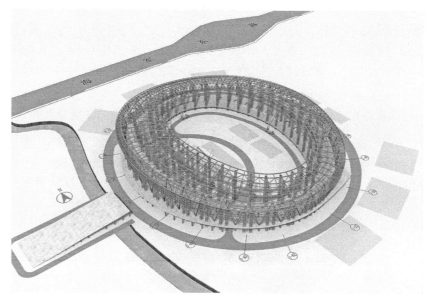

图 3-41　完整的钢网格

5) 上部反向斜拉结构安装

(1) 随着网格钢结构单元安装,组织流水施工。待上部网格钢结构拼装 5 个单元后,可以开始安装及张拉上部反向斜拉结构(图 3-42)。

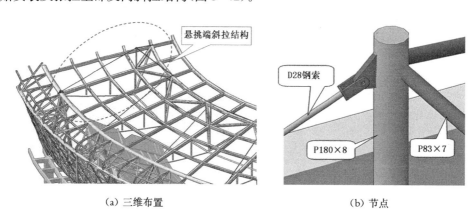

(a) 三维布置　　　　　　　　　　　(b) 节点

图 3-42　上部反向斜拉结构

(2) 反向斜拉结构安装的顺序为:焊接连接临时立杆 P180×8→焊接连接两根斜拉杆 P83×7→销栓锚固连接反向拉索 D28。

(3) 斜拉结构张拉力控制:采用单根 D28 mm 的钢绞线做斜拉,并且斜拉索的下端工装支座采用 40 mm 厚的钢板制作(图 3-43),经过承载力计算,斜拉结构张拉力应控制在 242~333 kN 之间,采用单个 60 t 的千斤顶对 75 根反向拉索进行逐一张拉,达到计算力的 100%。

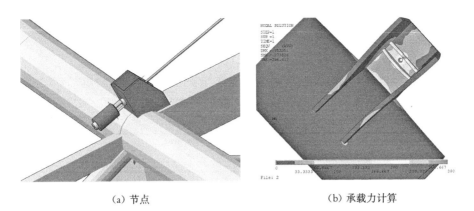

(a) 节点   (b) 承载力计算

图 3-43 斜拉索下端张拉工装

6) 索杆体系安装

安装流程: 径向索操作平台搭设 → 安放环索索夹支撑平台 → 铺放环索下层索 → 安放环索索夹本体 → 铺放环索上层索 → 安装环索索夹上盖板 → 铺放径向索 → 拆除外侧部分影响径向索安装的胎架 → 提升环索、牵引径向索 → 同步分级张拉径向索至设计值 (30%→50%→70%→100%)。

（1）径向索操作平台搭设

钢结构外围结构安装完成后，搭设径向索索头安装以及张拉的操作平台，如图 3-44 所示，操作平台位于外围钢结构径向索节点处，平台大小为 2.4 m×1.8 m×0.9 m，要求：四周有 1.2 m 高护杆，高度距离索头节点下 500 mm，能承受 2 t 的竖向力，满铺架子板。

（2）安放环索索夹支撑平台

环索索夹共计 38 个，看台施工完成后，在看台上搭设环索索夹支撑平台，平台位于环向拉索正下方投影位置（图 3-45），平台采用方钢搭设，大小为 1.8 m×3 m，索体铺设在看台上。

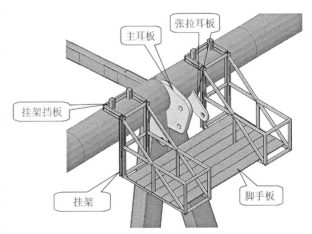

图 3-44 径向索操作平台示意图

（3）铺放环索下层索

采用汽车吊配合卷扬机和放索盘将环索下层 3 根拉索铺放在看台上（图 3-46），此时应注意环索索体上的标记点应与相应轴线一一对应，并且在索夹支撑平台上标记环索的标记点位置。实施要点如下：

① 预应力索较长，最长达 50 m，安装索时要借助倒链，安装过程中尽量使预应力索保持直线状态。

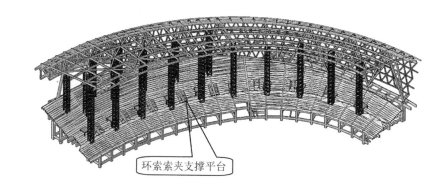

图 3-45 环索索夹支撑平台布置图

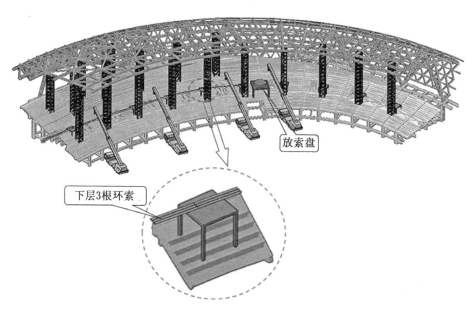

图 3-46 铺放环索下层索

② 为了在现场施工方便,在索体制作时,每根索体都单独成盘,在加工厂内将索体缠绕成盘,到现场后吊装到事先加工好的放索盘上,如图 3-47 所示,放索盘尺寸为 6.6 m×6.5 m,底座采用强度为 Q345 型号为 120 mm×120 mm×8 mm 的方管制作。放索盘置于看台梁板结构上,具体位置在看台二层结构和三层结构平面交接处。经结构验算,放索盘下方梁板结构受力满足要求,不需加固。为保守起见,看台二层应将放索盘反力较大的支腿布置在 250 mm×500 mm 梁上,看台三层应将放索盘反力较大的支腿布置在 500 mm×900 mm 大梁上,坚决不允许将支腿直接布置在 80 mm 厚的楼板上。

③ 环索每延米重约 74.7 kg,每根索约 10 t,放索必须要用吊车。本工程采用履带吊吊着放索盘进行放索。

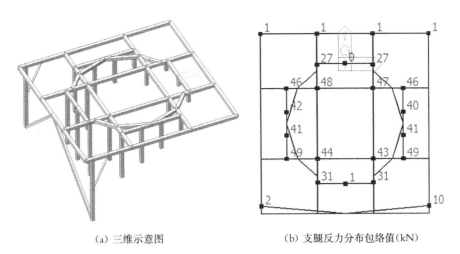

(a) 三维示意图　　　　　　(b) 支腿反力分布包络值(kN)

图 3-47　放索盘底座

（4）安放环索索夹本体

安装环索索夹本体并将下层 3 根环向拉索与索夹相连(图 3-48)，安装时将铸钢件的中心线应与索体上的标记点一一对应，同时保证高强螺栓的预紧力。

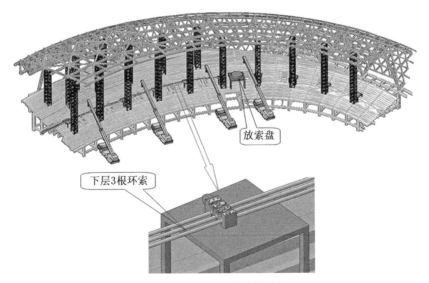

图 3-48　安放环索索夹本体

（5）铺放环索上层索

安装环索索夹上层 3 根环向拉索(图 3-49)，同样安装时将铸钢件的中心线应与索体上的标记点一一对应，同时保证高强螺栓的预紧力。索夹螺栓拧紧方法是，采用标定的扭力扳手，从螺栓群中心向四周扩散方向进行拧紧，具体实施要点如下：

① 在环向拉索全部安装完成后，进行初拧，初拧扭矩应为标准轴力的 70%。初拧过螺栓用白色标记后用，防止漏拧。

② 为了防止高强度螺栓受外部环境的影响，使扭矩系数发生变化，初拧 24 h 内对高强

螺栓进行终拧,扭矩标准轴力的100%。终拧结束后用红色标记加以区别。

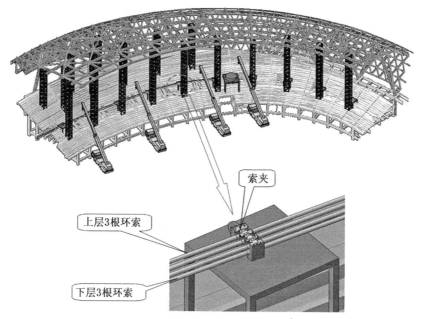

图 3-49　铺放环索上层索

（6）安装环索索夹上盖板(图 3-50)

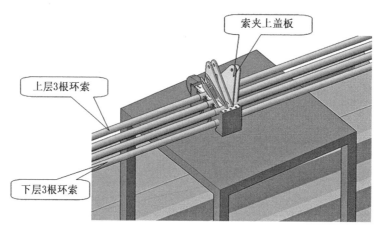

图 3-50　安装环索索夹上盖板

（7）铺放径向索

环索铺放完成后,铺放径向索(图 3-51),使得径向索一端与环索索夹相连,另一端与提升工装相连。

（8）拆除外侧部分影响径向索安装的胎架(图 3-52)

（9）提升环索、牵引径向索

采用改进的穿心千斤顶提升环向索,并且同步牵引径向索(图 3-53),具体操作要点包括:

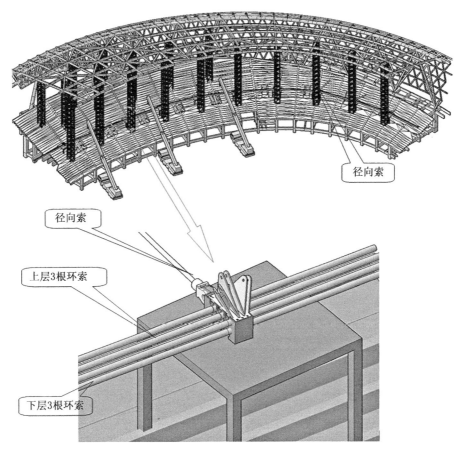

径向索

径向索

上层3根环索

下层3根环索

图 3-51 铺放径向索

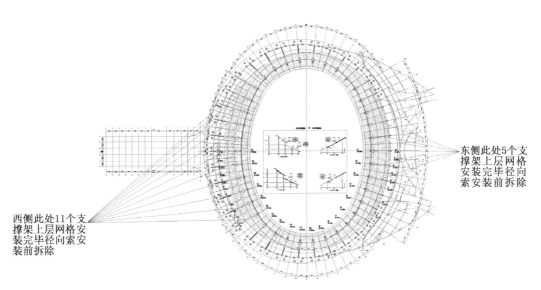

西侧此处11个支
撑架上层网格安
装完毕径向索安
装前拆除

东侧此处5个支
撑架上层网格
安装完毕径向
索安装前拆除

图 3-52 拆除外侧部分影响径向索安装的胎架

① 由于考虑提升柔性构件(环向索),对提升的同步性要求不高,但是同一个提升点应设置单根工作索提升,而不能采用双根工作索提升,防止因倾斜度较大而引起受力不均匀,进而降低安全性,因此改进穿心千斤顶,适用千斤顶型号为 60 t,夹持工作索为 D28 mm 钢绞线(图 3-54)。

② 提升在看台上组装好的径向拉索、环向拉索和环向索夹到相应标高位置。

③ 将径向索、环向索索夹与撑杆相连,环索提升力为 250 kN。操作工人站在施工吊篮内连接环索索夹和撑杆、连接径向索索夹和撑杆。

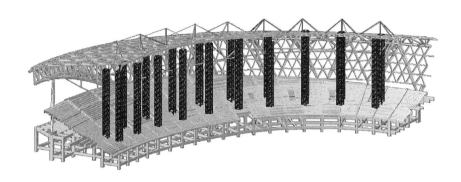

图 3-53 同步牵引径向索到位

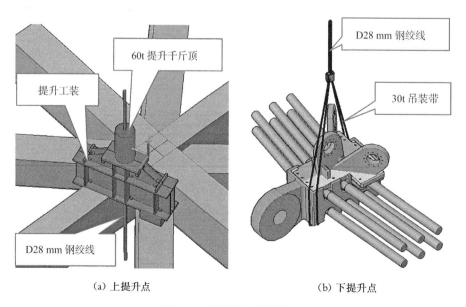

(a) 上提升点　　　　　　　　　　　(b) 下提升点

图 3-54 提升环向索的装置

(10) 整体分为四级同步张拉径向索(图 3-55)

分级情况为:第一级 30%、第二级 50%、第三级 70%、第四级 100%(超张拉至 105%)。径向索的张拉工装如图 3-56 所示,张拉过程中,由于撑杆的作用,胎架将自动脱离。施工要点如下：

① 索承网格钢结构张拉控制的主要原则,分为力和形两部分,其中力主要为索力,形主要为网格径向主梁、内环梁等构件标高及形状控制。总体上以索力控制为主,变形控制为辅。索力控制点的索力偏差按 ±5% 取值;变形控制点的变形偏差取理论值的 15% 和(悬挑长度的 1/750 且不超过 40 mm)中的较大值。

② 共计 38 根径向索同步张拉,分为两个阶段四级：0→30%→50%→70% 为第一阶段;70%→100%(超张拉 5%)为第二阶段,其中第一阶段以控制索力为主,第二阶段则根据结构变形情况对索力进行调整,以控制变形为主。

③ 对称、均匀、缓慢、同步张拉,实时监测索力变化情况,控制每一级的实测索力与设计值(有限元模拟值)偏差不超过 ±5%。

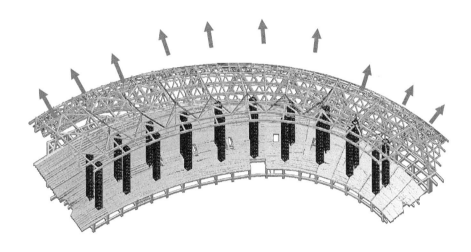

图 3-55　分级同步张拉向索

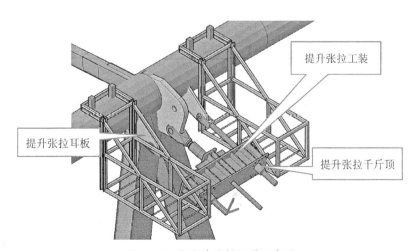

图 3-56　径向索张拉工装示意图

7) 预应力全过程施工监测

（1）施工监测目的

本项目结构新颖,跨度比较大,施工难度大,尤其在拉索张拉成形阶段,难度更大。为了确保工程施工安全性,并考察施工过程中结构的变形和内力变化规律,需要对结构进行现场施工监测。通过施工监测,指导施工过程的安全及精确进行,并积累预应力工程施工数据资料。具体目的如下:

① 监测结构响应信息,为结构的安全、精确成形服务。

② 通过实际监测结果与仿真计算结果的比较,验证仿真计算的准确性,从而保证施工仿真计算结果有效地指导施工。

③ 由于在未施工完成之前,结构刚度较小,结构竖向挠度变化比较大,因此在张拉过程中一定要进行施工监测,防止出现张拉不同步,因此结构受力和变形不均匀,甚至出现整体结构受到很大的影响后果,以保证张拉过程的安全进行。

④ 本项目结构比较新颖,而且该种结构没有现成工程施工经验可以借鉴,为确保本工程的安全先进和顺利实施,施工过程中必须进行监测。

（2）施工监测原则

为满足预应力施工过程的需要,保证工程顺利进行,施工监测布点时采取以下原则:

① 拉索索力:每根拉索张力的控制都关系到结构的成形状态,因此应对拉索张拉过程进行索力监测。

② 结构竖向变形:结构竖向变形的监测能反映出整体结构的变形规律,由于该工程的特殊性,结构竖向变形是判断结构是否达到设计要求的一个指标。

（3）监测设备及测点布置

① 径向索索力监测。本工程施工过程中,索力的监测采用压力表测定法。拉索结构通常使用液压千斤顶张拉,由于千斤顶张拉油缸的液压和张拉力有直接关系,所以,只要测定张拉油缸的压力就可以求得拉索索力。使用精密压力表,并事先通过标定,根据压力表所示液压值和千斤顶张拉力之间的关系,测定的索力的精度可达到2%~3%,每个油泵上有对应的油表读数,对于工程实施来说,操作简单,数据可靠,精度能满足要求,改装后的压力表测定装置如图3-57所示,该方法是施工过程中控制索力最常用的一种方法,本工程用该方法测量张拉过程中的径向索索力。

② 竖向位移监测。在预应力钢索张拉过程中,环向索标高位置会随之变化,而且上弦钢结构会随之变形,而且结构变形跟张拉力是相辅相成的。因此,结合施工仿真计算结果,设置位移监测控制点(图3-58),对钢结构的竖向变形监测,可以保证预应力施工安全、有效。对变形的监测采用全站仪,在张拉前测量一个初始值,然后每级张拉完成后测量一次。现场监测操作如图3-59所示。

（4）施工仿真模拟结果作为监测依据

应用有限元分析软件进行建模,并进行各种工况的受力分析,其中尤其是预应力索张拉全过程的施工模拟结果,作为施工监测的依据,从而保证径向索对称、均匀、同步张拉。本项目采用有限元软件 MIDAS/GEN 进行施工模拟的主要结果如下:

（a）油泵＋压力表

（b）压力表

（c）现场操作

图 3-57　索力监测仪器

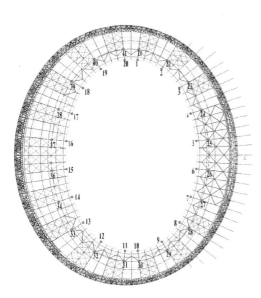

图 3-58　监测控制点

图 3-59　现场监测实景

① 张拉径向索至设计索力 30%时,有限元分析结果如图 3-60 所示,此时各控制参数的最不利值为:屋盖悬挑梁最大向上位移为 42 mm,钢结构最大拉应力为 187 N/mm²,最大压应力为 −114 N/mm²,临时拉索索力为 330 kN,径向索最大索力 917 kN,环索最大索力 3 907 kN,胎架最大支撑力为 44 t,支座支撑力最大为 423 t。

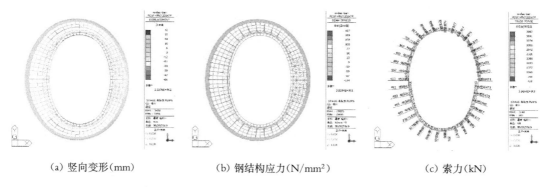

(a) 竖向变形(mm)　　　　　(b) 钢结构应力(N/mm²)　　　　　(c) 索力(kN)

图 3-60　张拉 30%的施工仿真结果

② 张拉径向索至设计索力 50%时,有限元分析结果如图 3-61 所示,此时各控制参数的最不利值为:屋盖悬挑梁最大向上位移为 39 mm,钢结构最大拉应力为 187 N/mm²,最大压应力为 −123 N/mm²,临时拉索索力为 330 kN,径向索最大索力 1 431 kN,环索最大索力为 6 108 kN,胎架最大支撑力为 29 t,支座支撑力最大为 465 t。

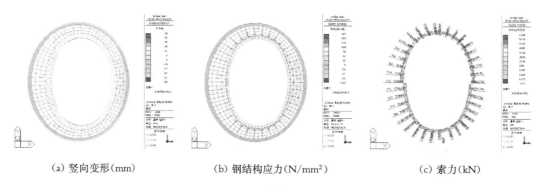

(a) 竖向变形(mm)　　　　　(b) 钢结构应力(N/mm²)　　　　　(c) 索力(kN)

图 3-61　张拉 50%的施工仿真结果

③ 张拉径向索至设计索力 70%时,有限元分析结果如图 3-62 所示,此时各控制参数的最不利值为:屋盖悬挑梁最大向上位移为 59 mm,钢结构最大拉应力为 196 N/mm²,最大压应力为 −133 N/mm²,临时拉索索力为 329 kN,径向索最大索力为 2 020 kN,环索最大索力为 8 637 kN,胎架最大支撑力为 19 t,支座支撑力最大为 508 t。

④ 张拉径向索至设计索力 100%时,有限元分析结果如图 3-63 所示,此时各控制参数的最不利值为:屋盖悬挑梁最大向上位移为 442 mm,钢结构最大拉应力为 239 N/mm²,最大压应力为 −149 N/mm²,临时拉索索力为 433 kN,径向索最大索力为 2 943 kN,环索最大索力为 12 606 kN,胎架最大支撑力为 4 t,支座支撑力最大为 601 t。

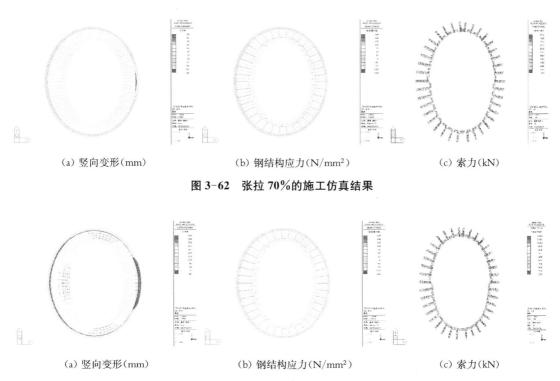

（a）竖向变形（mm）　　　　　（b）钢结构应力（N/mm²）　　　　　（c）索力（kN）

图 3-62　张拉 70％的施工仿真结果

（a）竖向变形（mm）　　　　　（b）钢结构应力（N/mm²）　　　　　（c）索力（kN）

图 3-63　张拉 100％的施工仿真结果

3.2.6　质量控制

1）执行的标准、规范

遵照下列国家现行建筑工程验收规范、规程及质量检验评定标准执行：

（1）《钢结构设计标准》（GB 50017—2017）

（2）《建筑结构荷载规范》（GB 50009—2012）

（3）《钢结构工程施工质量验收规范》（GB 50205—2017）

（4）《建筑施工安全检查标准》（JGJ 59—2011）

（5）《建筑施工高处作业安全技术规范》（JGJ 80—2016）

（6）《预应力钢结构技术规程》（CECS 212：2006）

（7）《建筑抗震设计规范》（GB 50011—2010）

（8）《钢结构焊接规范》（GB 50661—2011）

（9）《预应力筋用锚具、夹具和连接器》（GB/T 14370—2015）

（10）《预应力混凝土用钢绞线》（GB 5224）

（11）《预应力用液压千斤顶》（JG/T 321）

（12）《预应力用电动油泵》（JG/T 319）

（13）《索结构技术规程》（JGJ 257）

2）质量要求

（1）钢桁架柱和网格钢结构安装施工允许偏差和检验方法如表 3-7 所示。

表 3-7 钢结构连接制作组装的允许偏差和检验方法

项次	项目		允许误差	检验方法
1	箱形截面高度 h		±2.0 mm	钢尺检查
2	箱形截面宽度 b		±2.0 mm	钢尺检查
3	箱形截面垂直度		b/200,且不应大于 3.0 mm	经纬仪、铅垂仪
4	箱形截面对角线差		±3.0 mm	钢尺检查
5	构件轴线对定位轴线偏移		3 mm	经纬仪、钢尺检查
6	构件标高偏差(a)		+3.0 mm≥a>-5.0 mm	水准仪检查
7	内外环梁的弯曲矢高		H/1 000,且不应大于 5.0 mm	经纬仪、钢尺检查
8	网格钢主梁与次梁表面高差		±2.0 mm	钢尺检查
9	主梁上安装撑杆的耳板销孔距最外侧距离 L 的偏差(a)	L≤24 m	+3.0 mm≥a>-7.0 mm	钢尺检查
		L>24 m	+5.0 mm≥a>-10.0 mm	
10	网格钢主梁起拱度(a)		+10.0 mm≥a>+5.0 mm	经纬仪、钢尺检查
11	钢撑杆两端销轴孔间距偏差		±2.0 mm	钢尺检查

（2）铸钢件质量控制按表 3-8 所示标准进行验收。

表 3-8 铸钢结构组装的允许偏差和检验方法

项次	项目	允许误差	检验方法
1	节点中心偏移	3.0 mm	钢尺检查
2	焊缝间隙	3.0 mm	钢尺检查
3	对口错边	t/10,且不应大于 3.0 mm	钢尺检查
4	坡口角度	0°~5°	铅垂仪
5	端面垂直度	d/500,且不应大于 3.0 mm	经纬仪、钢尺检查

注：t 为板厚,d 为直径或长边尺寸。

3）质量保证措施

（1）建立质量保障体系和质量管理制度,建立岗位质量责任制,明确职责分工,各工种技术人员必须持上岗资格证。

（2）施工前应认真检查材料的品种、型号、规格及型钢和预应力钢索的质量,应有主要原材料的检验合格报告。

（3）通过火焰切割工艺评定试验,确定切割工艺参数和不同板厚割缝宽度,以及切割宽度,以及切割面质量和切割面硬度等内容。

（4）对预应力钢索的索夹进行抗滑移试验,如图 3-64 所示,进行节点足尺寸模型试验,检测"拉索—索夹试验组装件"承受不平衡荷载的传力性能,确定其抗滑移摩擦系数和安全系数,确保预应力顺利张拉和有效传递,并保证节点的安全性。

（a）顶推加载　　　　　　　　　（b）数据采集

图 3-64　索夹抗滑移试验

（5）通过工艺试验,对湿膜、干膜厚度和附着力以及外观的检测,确定涂装工艺参数正确性。

（6）装配前将焊缝处 30 mm 范围内的铁锈、油污等清理干净。

（7）对于大于 40 mm 的板在焊接前必须进行焊接预热,预热温度 100～150℃;焊后应进行保温处理。

（8）定位焊的焊接材料必须与正式施焊的相同;定位焊的焊缝厚度不应超过设计焊缝厚度 2/3,定位焊的长度应大于 40 mm,间距为 500～600 mm。

（9）两面施焊的熔透焊缝,在背面焊接前用碳弧气刨止正面完整金属。

（10）引弧板及引出板均采用气割切除,严禁锤击去除。

（11）连接索夹与撑杆的关节轴承加工精度需重点控制。如图 3-65 所示,关节轴承根据设计要求,其中中耳板安装轴承,开孔公差为 −0.035～0 mm,销轴公差为 −0.25～0.1 mm,中耳板与插槽间隙 0.4～0.7 mm,制孔精度要求高,中耳板与两侧双耳板同心度要求同样非常高。采用的针对性措施为:在工厂加工过程中采用与销轴直径同样大小的钢管穿入三个耳板中,然后进行构件组对焊接,确保同心度,便于对现场销轴进行快速安装,避免因同心度的偏差对销轴孔进行二次打磨。

（12）液压千斤顶及配套油泵应用同一型号,经检验合格,每次顶升最大行程不得超过活塞杆长度的 3/4。使用过程中必须统一指挥,做到对称、均匀、同量、同步张拉,并进行实时健康监测（图 3-66）。

（13）索承网格钢结构张拉按四级进行:0%→30%→50%→70%→100%（超张拉5%）,径向索最大索力达 2 943 kN。每一级的控制指标主要包括"力"和"形"两部分,总体上以索力控制为主,变形控制为辅。索力控制点的索力偏差按 ±5% 取值;变形控制点的变形偏差取理论值 15% 和（悬挑长度的 1/750 且不超过 40 mm）中的较大值。

121

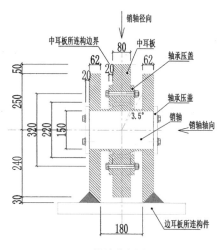

(a) 设计节点图   (b) 现场照片

图 3-65　关节轴承的中耳板构造

(a) 径向索   (b) 环向索

图 3-66　现场健康监测

（14）严格控制好杆件安装的施工顺序,对于斜撑杆的安装(图 3-67),本项目设计要求是"张拉完成后补装环索的斜撑顶撑胎架,再安装斜撑",不同于其他项目,必须针对性地技术交底:后装斜撑杆。斜撑杆后装则能确保其处于受压状态。如果先装,则在径向索张拉过程中处于受拉状态,使得网格钢结构悬挑部分下垂,最终的斜撑杆受力状态也不易确定。

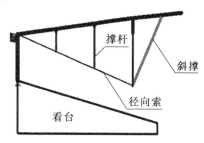

图 3-67　"必须后装"的斜撑杆

3.2.7　安全措施

1) 组织与制度措施

（1）认真贯彻、落实"安全第一,预防为主"的指导方针,依据国家现行有关安全生产规定、条例,结合索承网格钢结构工程的具体特点,建立安全管理组织架构。

（2）建立各项安全管理制度,主要包括:安全技术交底制度、班前检查制度、周一安全活动制度、定期检查与隐患整改制度、管理人员及固定工人实行年审制度、危急情况停工制度、持证上岗制度、安全生产奖罚制与事故报告制度和项目经理带队检查制度。

（3）制订工程的安全生产总目标为：杜绝重大伤亡事故,实现"五无"（即无重伤、无死亡、无倒塌、无中毒、无火灾）。

（4）编制事故紧急应急预案,组织专职安全员和班组,构建安全管理网络,执行安全生产责任制,明确各级人员的职责,抓好工程的安全生产。

2）预应力张拉索安全管理措施

（1）在进行索承网格钢结构施工技术交底时,同时进行高空预应力操作的安全施工交底。

（2）所有工种尤其是张拉操作人员,必须持证上岗,并且非常熟悉预应力施工的安全知识与技能。张拉作业时,在任何情况下严禁站在预应力钢索端部正后方位置。操作人员严禁站在千斤顶后部。在张拉过程中,不得擅自离开岗位。

（3）张拉工操作应在安全操作平台内进行（图 3-68）,如果离开操作平台,则周边应有安全网及生命线保护措施,且应系安全带。

图 3-68　张拉操作现场的安全措施

（4）油泵与千斤顶的操作者必须紧密配合,只有在千斤顶就位妥当后方可开动油泵。油泵操作人员必须精神集中,平稳给油回油,应密切注视油压表读数,张拉到位或回缸到底时需及时将控制手柄置于中位,以免回油压力瞬间迅速加大。

（5）油管接头处和张拉油缸端部严禁手触站人,应站在油缸两侧。

（6）为保证钢结构胎架的稳定性,预应力拉索张拉前要通知钢结构方预紧胎架的缆风绳；在张拉进行中,在二级张拉完成后,与钢结构方沟通,解除钢梁与胎架上部的约束,为屋盖钢梁脱离胎架做好准备。

3）临时用电安全措施

（1）对施工现场用电总容量进行认真计算,电源总容量必须在现场用电总容量的基础上,增加 15%,即需要 500 kW 电量,以保证现场用电不出现超负荷现象。

（2）临时用电线路的输配电线路导线规格，必须同时考虑允许电压降、导线载流量和导线机械强度等因素综合确定。

（3）线路控制采用"一机一闸一漏保""三级配电二级保护"，照明用电与动力用电必须严格分开，漏电保护装置和过载保护装置均设在闸前，符合规范要求。

（4）PE线和零线要严格分开，且不得加装熔断器，设备接地保护严格一致，不允许同时采用两种制式。

（5）坚持电气专业人员持证上岗，非电气专业人员不准进行任何电气部件的更换或维修。

（6）施工现场的配电设施要坚持，1个月一检查，1个季度复查一次。

（7）应保持配电线路及配电箱和开关箱内电缆、导线对地绝缘良好，不得有破损、硬伤、带电体裸露、电线受挤压、腐蚀、漏电等隐患，以防突然出事。

（8）工地所有配电箱都要标明箱的名称、所控制的各线路称谓、编号、用途等。

（9）配电箱要做到"六有"，在现场施工，当停止作业1 h以上时，应将动力开关箱断电上锁。

（10）检查和操作人员必须按规定穿戴绝缘鞋、绝缘手套，必须使用电工专用绝缘工具。

4）起重、吊装安全措施

（1）起重工必须经专门安全技术培训和持证上岗。严禁酒后作业。

（2）作业前必须检查作业环境、吊索具、防护用品。吊装区域无闲散人员，障碍已排除。吊索具无缺陷，捆绑正确牢固，被吊物与其他物件无连接。确认安全后方可作业。起重机作业时必须确定吊装区域，并设警戒标志，必要时派人监护。严禁在带电的高压线下或一侧作业。必须作业时，须满足和保持最小安全距离。

（3）作业时必须执行安全技术交底，听从统一指挥。

（4）使用起重机作业时，必须正确选择吊点的位置，合理穿挂索具，试吊。除指挥及挂钩人员外，严禁其他人员进入吊装作业区。

（5）六级以上强风和大雨、大雪、大雾天气，应停止起重吊装作业。

（6）作业中出现险情时，必须立即停止作业，组织撤离危险区域，报告领导解决，不准冒险作业。

5）高空作业安全措施

（1）凡参加高空作业人员必须经过身体检查，合格方可参加高空作业。

（2）高空的工作人员在工作前饮酒、精神不振，禁止参加高空作业。

（3）凡参加高空作业的人员，必须系好安全带，行走时候安全带挂在钢结构设置的生命线上，作业的时候找钢结构的固定点挂牢固。

（4）不准将工具及材料在高空向下抛掷，要用绳系牢后往上或往下吊送，以免打伤下方工作人员或电气设备。

（5）在六级及以上的大风或暴雨、打雷、大雾等恶劣天气下，停止高空作业。

（6）当高空有人员长时间作业时，地面设安全监护人。

（7）拉索提升时径向索下方部位设置专人看守，为防止拉索及其他设备高空坠落，所有人员避免站在索网下方。

(8) 人员在高空操作平台处操作时,下方设人员看守,设置警戒线。

3.2.8　技术应用效果

泰州体育公园体育场项目屋盖大开口车辐式索承网格钢结构施工期为:2019 年 8 月 25 日至 2020 年 6 月 30 日。图 3-69 为现场施工过程的航拍实景。

图 3-69　泰州体育公园体育场项目施工照片

3.3　体育馆大跨度钢桁架圆形屋盖施工技术

3.3.1　技术背景

在体育馆、展览馆等大跨度建筑中,由于考虑建筑空间的功能性和经济性要求,屋盖钢结构的设计应考虑结构合理、外形美观、利于安装管道及设备、用钢量较少等特征,大跨度空间钢桁架结构体系是良好的选择。但是,该类结构体系在施工过程中存在较多难点,诸如现场拼装焊接工作量大、拼装精度要求高、现场吊装操作受混凝土看台等结构限制、高空焊接质量难控制等系列问题。这些问题将影响大跨度钢桁架屋盖的施工质量、进度和安全。

锦宸集团有限公司结合泰州体育公园体育馆项目需求,组织技术攻关,研究开发安全、经济、可行的施工工法,保证体育馆双向钢桁架屋盖在施工全过程安全可靠、质量优良。课题组创新开发了相关施工技术,并获得专利授权"一种大跨度平面桁架钢屋盖的整体提升装置"(授权公告号:CN214192213 U)。课题组开发了江苏省级施工工法《大跨度钢桁架圆形屋盖"边部分段吊装 + 中部整体提升"施工工法》,有效保证体育馆钢屋盖顺利施工,技术经济效益显著。

　　泰州体育公园体育馆项目地上建筑面积 24 935 m²，可容纳 7 278 名观众，如图 3-70 所示，体育馆屋盖平面近似为圆形，南北向约为 142 m，东西向约为 142 m。体育馆屋盖最大跨度 81 m，屋盖最高点为 29.8 m。屋盖采用平面管桁架结构，每榀桁架间距 8.1 m，桁架杆件截面类型均为圆管，截面规格为 Φ89 mm×6 mm～Φ560 mm×40 mm，材质为 Q345B。节点均采用相贯焊接节点，支座采用成品支座。

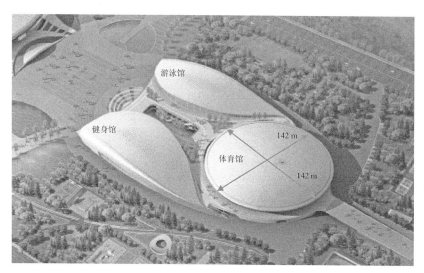

图 3-70　泰州体育公园"三馆"效果图

3.3.2　技术特点

　　(1) 因地制宜，分区施法，施工速度快，经济性良好。

　　针对大跨度体育馆不同区域的特征，因地制宜，采用不同的安装方法：沿着圆形钢屋盖周边区域，即类似于"外圆内方"古钱币形状布置的体育看台及功能用房混凝土结构的上方区域，采用分段吊装钢桁架屋盖的施工方法。而在体育馆中部区域，即布置篮球场、排球场、网球场等比赛场地的矩形区域，采用整体提升钢桁架屋盖的施工方法。克服了周边起重机设备吊装中部区域钢构件时存在回转半径长、起吊吨位大、施工成本高的困难。同时经过合理组织流水施工，提高钢屋盖安装效率，施工速度快，经济性良好。

　　(2) 整体提升钢屋盖中部桁架结构，减少高空作业，质量易保证。

　　钢屋盖中部桁架结构安排在体育馆中央地面进行焊接拼装，大大减少了高空作业工作量，既提高了工效，减少了安全隐患，同时也提高了焊接拼装质量，在地面拼装双向桁架结构，测量放线的精度也容易控制，进一步提高了体育馆钢屋盖的整体安装质量。

　　(3) 对钢屋盖"虚拟建造"全过程仿真分析，结构受力合理，安全性高。

　　对体育馆大跨度钢桁架屋盖进行"虚拟建造"全过程仿真分析，应用大型有限元分析软件(MIDAS/GEN 和 ANSYS)，对钢结构屋盖、支撑架和混凝土结构进行全面的受力分析，保证在施工荷载不断变化的复杂安装过程中，结构的应力和变形都满足相关规范要求，确保结构受力合理，安全可靠。

（4）施工全过程健康监测,精确控制结构受力和变形,保证质量和安全。

在体育馆施工阶段,使用振弦式应变传感器(内置温度传感器)对施工关键构件的应力和温度进行监测,同时使用全站仪对结构关键部位进行变形观测,精确控制结构受力和变形,保证质量和安全。

3.3.3　工艺原理

1) 圆形钢屋盖结构的分区分段组合安装工艺原理

圆形钢屋盖的大跨度空间桁架结构(图 3-71),主要包括双向布置的屋盖桁架和沿圆弧布置的屋盖环桁架、支撑平面桁架和支撑环向桁架。钢屋盖的荷载主要通过支撑平面桁架传递至混凝土结构。针对混凝土结构的看台、功能用房等布置特征和吊装设备回转半径受限的情况,对圆形钢屋盖结构采用分区分段组合安装的工艺,即"边部分段吊装 + 中部整体提升"的安装工艺。

通过深化设计,将整个桁架结构分解成为若干个"桁架段",在工厂拼装成部件,然后运输到施工现场对各类"桁架段"进行组合安装。如图 3-72 所示,施工顺序为先施工外围吊装区,再施工中间提升区。吊装区从图中箭头处开始往两边同时进行施

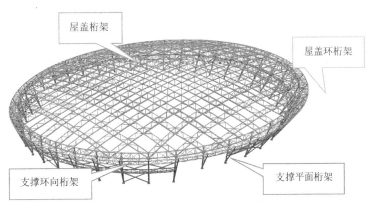

图 3-71　体育馆圆形钢屋盖结构的轴侧图

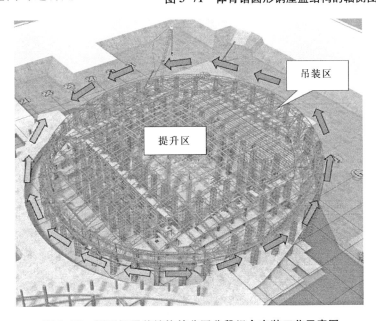

图 3-72　圆形钢屋盖结构的分区分段组合安装工艺示意图

工,依次吊装支撑平面桁架、支撑环向桁架和屋盖环桁架,形成稳定单元,然后向两边依次吊装完成下一个单元。在吊装周边屋盖桁架的同时,在体育馆中部地面上同时焊接拼装双向钢桁架,将若"桁架段"拼接成整体单元,然后实现同步提升安装,最后在空中"补杆"焊接,形成完整的钢桁架屋盖。

2）钢桁架整体同步提升吊装工艺原理

如图 3-73 所示,钢桁架整体同步提升吊装主要工艺流程包括:提升准备→同步提升→补装杆件→卸载成形。

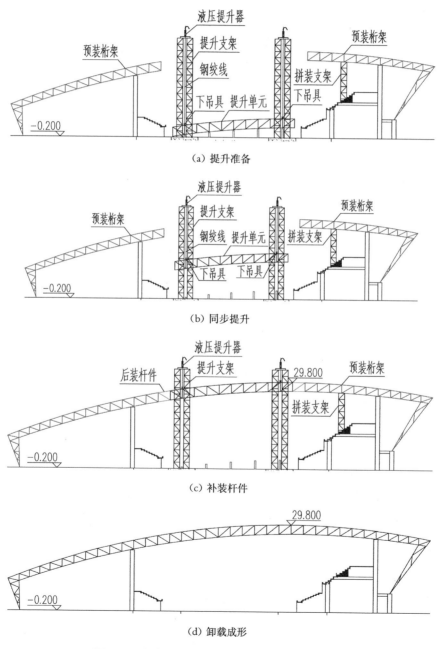

（a）提升准备

（b）同步提升

（c）补装杆件

（d）卸载成形

图 3-73　钢桁架整体同步提升吊装主要工艺流程

（1）提升准备。因地制宜,在体育馆中部地面安装预装桁架和提升支架,安装液压提升系统,在-0.20 m 的地面上拼装提升单元,在提升支架顶设置提升平台,对应提升单元上弦杆件设置下吊具,做好提升施工准备工作。

（2）同步提升。调试液压提升系统,确认无异常情况后,进行试提;按照设计荷载的20%、40%、60%、70%、80%、90%、95%、100%的顺序逐级加载,直至提升单元脱离拼装平台;提升单元提升约 150 mm 后,暂停提升;微调提升单元的各个吊点的标高,使其处于水平,并静置 4～12 h;再次检查钢结构提升单元以及液压同步提升临时措施有无异常;确认无异常情况后,开始正式提升;整体提升钢结构提升单元至接近安装标高暂停提升;测量提升单元各点实际尺寸,与设计值核对并处理后,降低提升速度,继续提升钢结构接近设计位置,各提升吊点通过计算机系统的"微调、点动"功能,使各提升吊点均达到设计位置,满足对接要求。

（3）补装杆件。整体提升钢结构单元至设计位置,钢结构提升单元与上部结构(吊装)预装段对接,补装后装杆件,形成整体。

（4）卸载成形。结构形成整体后,提升器按顺序卸载,并拆除提升支架,整体提升作业完成。

3）钢屋盖"虚拟建造"全过程仿真分析原理

本工法对钢屋盖"虚拟建造"全过程的关键工艺工序进行仿真分析,确保施工方案安全可靠。如图 3-74 所示,采用通用有限元分析软件 MIDAS/GEN 对吊装桁架段、环桁架拼装单元、双向桁架整体提升单元结构和支架结构等进行仿真计算与分析;采用 ANSYS 对关键节点进行仿真计算与分析。

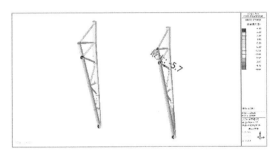

（a）支撑桁架(吊装)

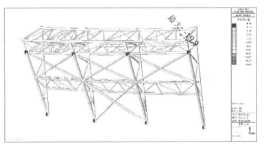

（b）环桁架拼装单元

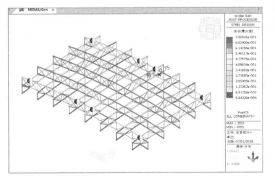

（c）双向桁架(提升)

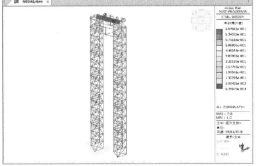

（d）支架结构

图 3-74 仿真分析的应力比分布图(展示部分)

钢屋盖"虚拟建造"仿真分析的荷载取值：结构自重由程序依据建筑信息模型（BIM）自动计算，并对其进行 1.35 倍的放大以考虑施工荷载附加作用；荷载组合取分项系数取 1.35，考虑施工过程中的施工荷载。分析的组合工况包括两种：①1.35 恒载 + 1.4 活载 + 0.7×1.4 温度荷载（±25℃）；②1.0 恒载 + 1.0 活载 + 1.0 温度荷载（±25℃）。本工法主要考虑结构满足组合工况①下的应力和组合工况②下的变形要求。

3.3.4 施工工艺流程

1）总工艺流程（图 3-75）

施工准备→专项施工方案编制及专家论证→钢构件加工制作→"桁架段"工厂预拼装→钢屋盖边部分段吊装→钢屋盖中部整体提升→拆除支撑架

图 3-75 施工总工艺流程图

2）关键工序的详细工艺流程

（1）钢屋盖边部分段吊装流程：测量放线→搭设支撑胎架→吊装外围支撑平面桁架→吊装支撑环向桁架→吊装屋盖环桁架→形成稳定的屋盖桁架单元段→依次向两边吊装下一个屋盖桁架单元段→吊装屋盖桁架→完成吊装区的钢桁架屋盖

（2）钢屋盖中部整体提升流程：测量放线→搭设提升支架→拼装提升单元→安装液压提升设备→调试液压提升系统→试提（逐级加载 20%、40%、60%、70%、80%、90%、95%、100%）→姿态调整→正式提升（先常速、后低速）→"微调、点动"至设计位置→提升就位

3.3.5 操作要点

1. 施工专项方案编制及专家论证

（1）根据体育馆屋盖钢桁架结构工程项目的特征，分析研究，进行钢桁架屋盖的安装部署，同时考虑"三馆"项目的总体部署（图 3-76），编制专项施工方案。明确施工顺序、边部桁架吊装方案、中部桁架整体提升方案、提升安装指挥组织机构、安装过程控制测量与过程监测方案、应急预案、安全方案等相关内容。尤其是与土建施工的协调方面，如图 3-77 所示，体育馆需留设施工通道，以便吊机进入体育馆场内进行吊装施工。

（2）为了保证大跨度钢桁架屋盖施工的结构安全及施工质量，在屋盖钢结构"边部分段吊装＋中部整体提升"的专项施工方案实施前，须通过相关专家的方案评审论证，严格履行审核、审批程序，根据专家组评审意见进一步修改完善，并取得工程设计师的认可。

（3）在施工方案中，需应用 MIDAS/GEN、ANSYS 等有限元分析软件进行施工仿真验算，充分考虑了施工荷载和温度作用等影响因素。一方面验算施工过程中的体育馆大跨度钢桁架屋盖体系的应力和变形是否与设计值吻合；另一方面作为结构受力和变形值与健康监测的验证。从而，通过钢屋盖"虚拟建造"全过程分析（图 3-78），确保施工全过程的结构安全。

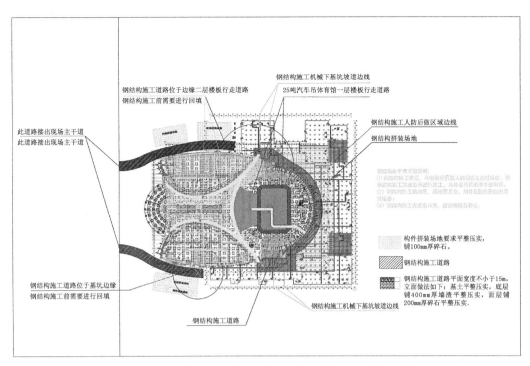

图 3-76　泰州体育公园"三馆"钢结构工程施工总平面布置图

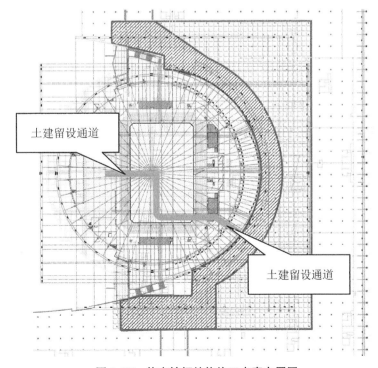

图 3-77　体育馆钢结构施工方案布置图

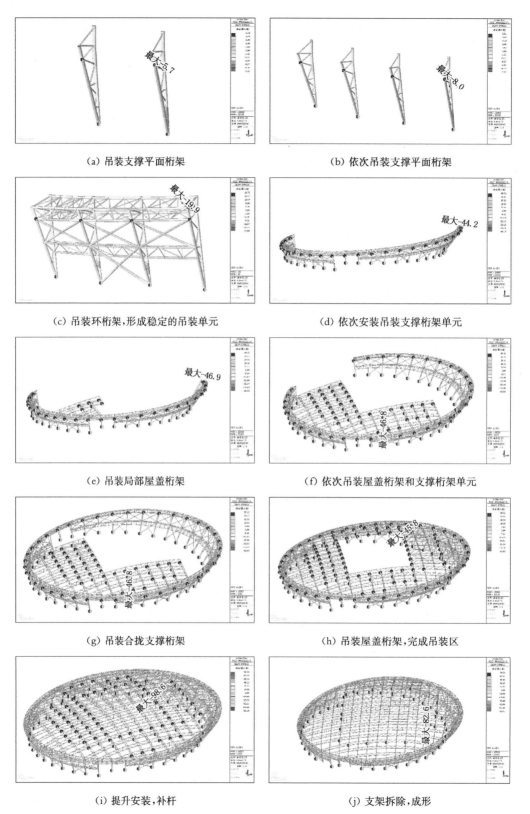

(a) 吊装支撑平面桁架

(b) 依次吊装支撑平面桁架

(c) 吊装环桁架,形成稳定的吊装单元

(d) 依次安装吊装支撑桁架单元

(e) 吊装局部屋盖桁架

(f) 依次吊装屋盖桁架和支撑桁架单元

(g) 吊装合拢支撑桁架

(h) 吊装屋盖桁架,完成吊装区

(i) 提升安装,补杆

(j) 支架拆除,成形

图 3-78 "虚拟建造"全过程的应力云图(展示部分)

2. 钢构件加工制作

1）原材料验收及管理措施

本工法原材料采购和进厂质量控制需严格按 ISO9001 质量体系程序和设计要求，依据受控的质量手册、程序文件、作业指导书进行原材料采购和质量控制，确保各种原辅材料满足工程设计要求及加工制作的进度要求。主要控制内容如下：

（1）技术部门根据标准及深化设计图和深化设计加工图及时算出所需的各种原辅材料和外购零配件的规格、品种、型号、数量、质量要求以及设计及甲方指定的产品的清单，送交综合计划部。

（2）综合计划部根据库存情况以及技术部提供的原辅材料清单，及时排定原材料及零配件的采购需求计划，并具体说明材料品种、规格、型号、数量、质量要求、产地及分批次到货日期，送交供应部采购。

（3）供应部将严格按技术部列出的材料的品种、规格、型号、性能的要求进行采购，严格按程序文件要求到合格分承包方处采购。具体将根据合格分承包方的供应能力，及时编制采购作业任务书，责任落实到人，保质、保量、准时供货到场。对特殊材料应及时组织对分承包方的评定，采购文件应指明采购材料的名称、规格、型号、数量、采用的标准、质量要求及验收内容和依据。

（4）质管部负责对进厂材料的及时检验、验收，根据设计要求及作业指导书的验收规范和作业方法进行严格进货检验。确保原材料的质量符合规定要求。所属检测中心应及时作出材料的化学分析、机械性能的测定。

（5）材料仓库应按规定保管好材料，并做好相应标识，做到堆放合理，标识明晰，先进先出。并做到按产品性能进行分类堆放标识做好防腐、防潮、防火、防损坏、防混淆工作，定期检查。特别是对焊条、焊丝、焊剂做好防潮和烘干处理，对油漆进行保质期控制。

（6）原材料进厂控制：材料在订购时，一般有以下要求：材料定长、定宽，自由尺寸。材料定尺的目的是：最大限度地节约材料，使材料的焊接拼接达到最低限度。

（7）材料信息资料的编制与传递：材料交接时，材料管理部门对材料进行检查登记，将材料的炉批号用不褪色记号笔标注在材料侧面。准确的材料信息编辑成册，信息包含规格、材质、炉批号等。材料信息传递给公司设计部、工艺技术部、生产部。

（8）质量检查员严格控制材料的各项技术指标。验证其是否符合设计及相应的规范要求。如果对材料的质保资料有疑点等，可拒绝在签收单上进行签字，同时及时与材料供应商进行联系。

2）钢管相贯线切割工艺

（1）梳理钢管需相贯线切割规格

相贯线切割的质量好坏是保证体育馆钢屋盖的杆件制作质量的基本前提条件，体育馆钢桁架需要相贯线切割的钢管直径规格主要为 $\Phi89\,mm\times6\,mm\sim\Phi560\,mm\times40\,mm$，钢管的相贯面的切割必须用圆管数控相贯线切割机切割，严禁用任何其他切割器械切割。

（2）钢管相贯线切割设备的选择

依据体育馆钢桁架所需切割钢管规格，选择加工设备规格系列规格分布有：HID -

300EH、HID‑600EH、HID‑900MTS、HID‑1200MTS 和 LMGQ/P‑A1850 等。

（3）钢管端部相贯线切割

① 钢桁架杆件端部相贯线加工全部采取数控相贯面切割机自动切割（图 3‑79），有效保证钢管两端部相贯线加工质量，提高坡口精度。

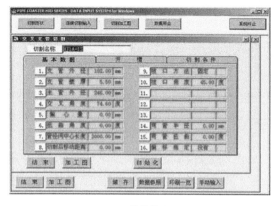

（a）数据输入

（b）切割量自动生成

（c）自动切割

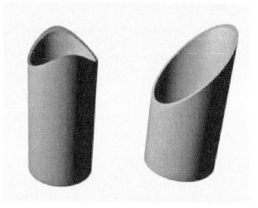

（d）相贯面

图 3‑79 数控相贯面切割机自动切割

② 钢管端部相贯线切割后的允许偏差（表 3‑9），作为本工法检验标准。

表 3‑9 钢管相贯线切割的允许偏差

序号	项目	允许偏差
1	直径（d）	$\pm d/500$，且不大于 ± 5.0 mm
2	构件长度（L）	± 3.0 mm
3	管口圆度	$d/500$，且不大于 5.0 mm
4	管径对管轴的垂直度	$d/500$，且不大于 3.0 mm
5	弯曲矢高	$L/1\,500$，且不大于 5.0 mm
6	对口错边	$t/500$，且不大于 3.0 mm

③ 切割相贯线管口的检验：如图 3-80 所示，先由设计院通过计算机把相贯线的展开图在透明的塑料薄膜上按 1:1 绘制成检验用的样板，样板上标明管件的编号，检验时将样板根据"跟、趾、侧"线标志紧贴在相贯线管口，据以检验吻合程度。

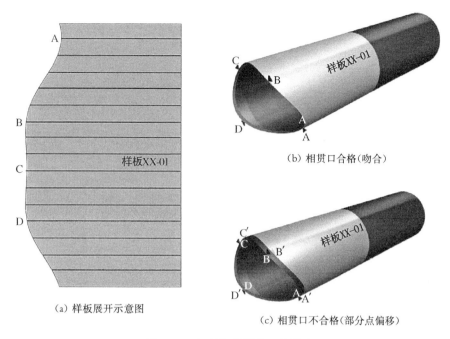

（a）样板展开示意图

（b）相贯口合格（吻合）

（c）相贯口不合格（部分点偏移）

图 3-80 切割相贯线管口的检验

④ 切割长度的检验：设计院放样人员将 PIPE-COAST 软件自动生成的杆件加工图形打印出来交车间及质检部门，车间操作人员和检验人员按图形中的长度对完成切割的每根杆件进行检查，并填表记录。

3）弧形钢管加工制造工艺

（1）弧形钢管加工制作工艺方法的选用

圆形钢屋盖边部所设置的环桁架等构件需要弯弧，因此对于钢管的弯曲加工是本工法的一个加工制作难点，应根据屋盖杆件不同管径采用不同的钢管弯弧工艺。对于管径小于 $\Phi400$ mm 的钢管采用小直径钢管型弯加工工艺方法进行弯弧，对于管径大于 $\Phi400$ mm 的钢管采用"油压机＋专用成形模具"结合的冷加工型弯工艺成形方法。

① 小直径钢管型弯加工工艺方法。选用设备为 CDW24S-500 型数控自动型弯机，如图 3-81 所示，调整模具高度，使三辊中心线在同一平面上；吊上钢管至型弯机，进行均匀弯弧。钢管型弯不仅对母材的损伤程度最小，且效率高；同时还能够很好地保证弯曲后钢管的顺滑过渡。

② 大直径钢管弯曲加工工艺方法。选用 1 500 t 的大型悬臂油压机，并配置专用成形模具，如图 3-82 所示，进行钢管机械冷压弯曲加工。其加工工艺流程详见图 3-83。

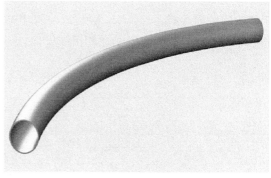

(a) 弧形加工　　　　　　　　　　　　　(b) 加工效果

图 3-81　小直径钢管弯曲加工

(a) 正面　　　　　　　　　　　　　(b) 侧面

图 3-82　大直径钢管弯曲加工

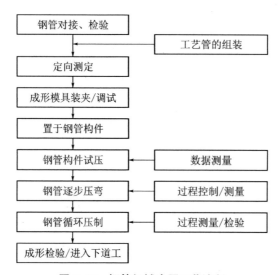

图 3-83　钢管机械冷压工艺流程

3. "桁架段"工厂预拼装

1）桁架工厂预拼装目的及要求

（1）桁架工厂预拼装主要目的在于检验构件工厂加工能否保证现场拼装、安装的质量要求，确保下道工序的正常运转和安装质量达到规范、设计要求、能否满足现场一次拼装和吊装成功，减少现场拼装和安装误差。

（2）考虑到屋盖钢桁架跨度大，外形尺寸十分大，构件相互联系很紧密，若一个构件尺寸偏差会导致累积误差，为保证构件的安装空间位置，减少现场安装产生的累积误差，故必须对桁架进行工厂的预拼装，以检验构件制作的精度，及时调整、消除误差，从而确保构件现场顺利吊装，减少现场特别是高空对构件的安装调整时间，有力保障工程的顺利实施。

（3）预拼装应按构件实际坐标进行控制，其实际坐标值与设计坐标值的偏差不应大于安装的允许偏差。检验方法包括使用经纬仪、全站仪、水准仪和直尺。

（4）钢构件预拼装的几何尺寸应严格控制偏差范围：预拼装单元总长偏差不超过 ±5.0 mm；预拼装单元弯曲矢高偏差不超过 $l/1\,500$，且不应大于 10.0 mm；预拼装单元柱身扭曲偏差不超过 $h/500$，且不应大于 5.0 mm。

2）工厂拼装场地的布置

（1）工厂预拼装是钢构件制作过程中的重要环节，通过预拼装可以检验构件的加工制作精度，并且对超出误差的构件进行合理地矫正。

（2）拼装合格后对构件进行编号标记，以保证现场安装的顺利进行。

（3）根据吊装的实际最佳位置和构件拼装的最大外形尺寸，对工厂预拼装场地做合理布置（图 3-84），主要准备工作如下：①主要拼装平台的分布，②预拼装胎架及拼装用吊车通道的布置，③材料堆场的布置及拼装设备的合理分布，④临建设施的合理布置。

图 3-84　工厂预拼装场地（100 t 吊车）

3）"桁架段"工厂预拼装工艺

在工厂对桁架进行分段预拼装，如图 3-85 所示，以屋盖环桁架段的预拼装为例，其主要工艺流程包括：胎架设置→桁架弦杆定位→桁架直腹杆定位→桁架斜腹杆定位以及检测。

（1）胎架设置：胎架必须按划线草图划出底线，在地面上划出预拼构件的节点线、中心线、分段位置线、企口线，并用小铁板焊牢，敲上洋冲，无明显晃动。

（2）桁架弦杆定位：将桁架弦杆吊上胎架进行定位，定位时对准地样线，用 CO_2 气体保护焊点焊固定。

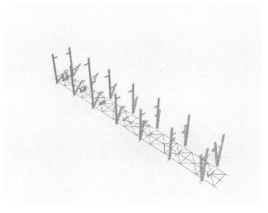

(a) 胎架设置

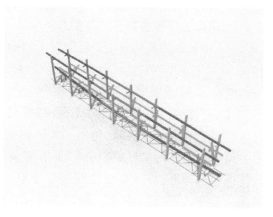

(b) 桁架弦杆定位

(c) 桁架直腹杆定位

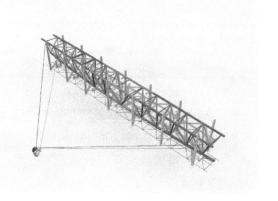

(d) 桁架斜腹杆定位以及检测

图 3-85　桁架分段预拼装工艺(环桁架示范)

(3) 桁架直腹杆定位:将桁架直腹杆吊上胎架进行定位,定位时对准地样线,用 CO_2 气体保护焊点焊固定。

(4) 桁架斜腹杆定位以及检测:将桁架斜腹杆吊上胎架进行定位,定位时对准地样线,用 CO_2 气体保护焊点焊固定。预拼装后进行检测,采取"全站仪精确测量＋地样复核技术"相结合方法;记录测量数据。对局部超差部位实施矫正,合格后方可。

4. 钢屋盖边部分段吊装

1) 体育馆桁架结构重量统计及吊装工况分析

对工厂预拼装的"桁架段"进行重量统计,如图 3-86 所示,包括立面支撑桁架、屋盖环桁架、支撑环桁架和屋盖桁架几个部分。

立面支撑桁架共计 40 个,编号 LM1～LM40,重量的范围是 6.1～13.4 t;屋盖环桁架共计 40 个,编号 HHJ1-1～HHJ1-40,重量的范围是 10～49.2 t;支撑环桁架共计 36 个,编号 HHJ2-1～HHJ2-36,重量的范围是 8.7～49.2 t;屋盖桁架共计 59 个,编号 DZ1～DZ59,重量的范围是 8.7～74.7 t。

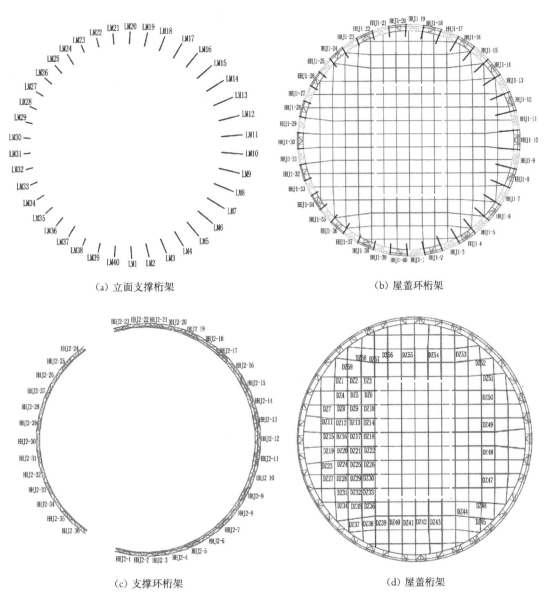

(a) 立面支撑桁架　　　　　(b) 屋盖环桁架

(c) 支撑环桁架　　　　　(d) 屋盖桁架

图 3-86　"桁架段"平面布置及分类编号统计

2）边部分段吊装流程的确定（图 3-87）

测量放线 → 搭设支撑胎架 → 吊装外围支撑平面桁架 → 吊装支撑环向桁架 →

吊装屋盖环桁架 → 形成稳定的屋盖桁架单元段 → 依次向两边吊下一个屋盖桁架单元段 →

吊装屋盖桁架 → 完成吊装区的钢桁架屋盖

图 3-87　分段吊装流程（屋盖边部）

3）吊装设备的选择和现场布置

依据屋盖钢桁架的分段情况、分布情况和施工方案,确定吊装机械采用1台100 t履带吊和1台350 t履带吊,如图3-88所示,2台履带吊在体育馆外围地下一层地面吊装,部分采用25 t汽车吊在地下室顶板上吊装。

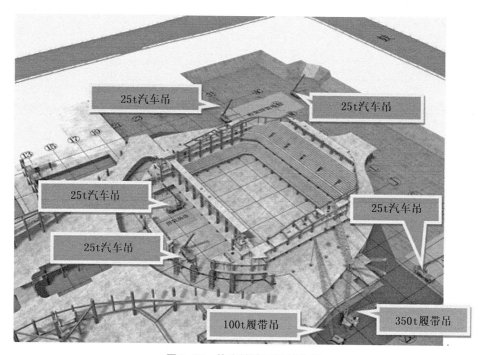

图 3-88　体育馆施工机械布置

4）吊装流程的 BIM 模拟及实施

对屋盖边部钢桁架吊装流程进行 BIM 模拟(图3-89),依据 BIM-4D 模拟分析的结果,对施工方案进行完善,然后基于三维技术交底,安排现场实施,如图3-90所示。

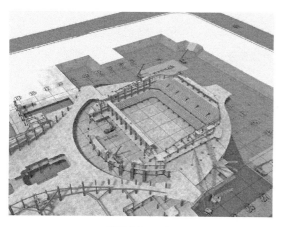

（a）搭设支架,准备吊装

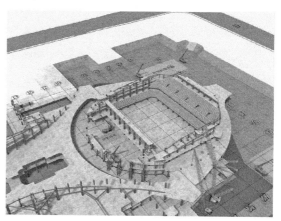

（b）吊装立面支撑桁架

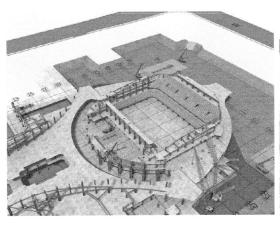

| (c) 吊装环桁架,形成稳定单元 | (d) 依次向两边吊装下一个单元 |

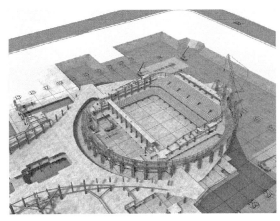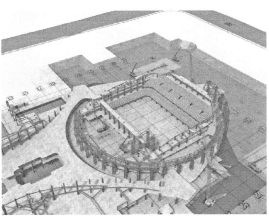

| (e) 完成近一半外围立面桁架 | (f) 吊装屋盖桁架 |

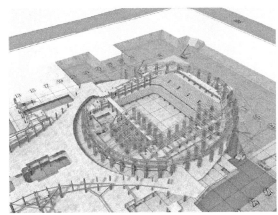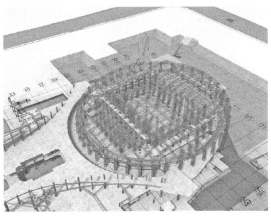

| (g) 同时吊装屋盖桁架和外围环桁架 | (h) 完成吊装区的桁架安装 |

图 3-89 吊装流程的 BIM 模拟

图 3-90　现场钢桁架吊装实景

5）最不利吊装工况分析

（1）100 t 履带吊吊装最不利工况分析

外立面平面桁架最重的分段为 LM10（LM11），重达 13.4 t（考虑乘以 1.1 系数）。考虑用 100 t 履带吊进行吊装，主臂臂长为 51 m，作业半径 20 m，此时，吊机额定吊装重量为 17.2 t，完全满足吊装要求（图 3-91）。

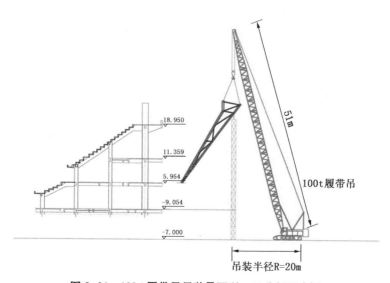

图 3-91　100 t 履带吊吊装最不利工况分析示意图

（2）350 t 履带吊吊装最不利工况分析

屋盖平面桁架最重分段为 DZ48,重达 63.8 t(考虑乘以 1.1 系数)。考虑用 350 t 履带吊进行吊装,主臂臂长为 36 m,副臂臂长 60 m,作业半径 30 m,此时,吊机额定吊装重量为72.3 t,完全满足吊装要求(图 3-92)。

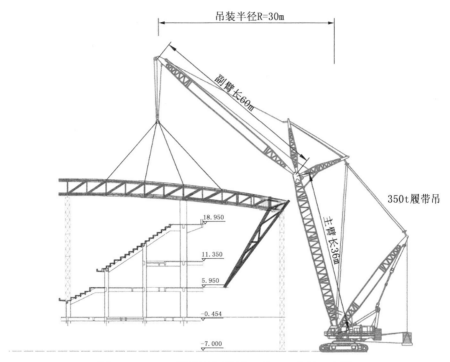

图 3-92 350 t 履带吊吊装最不利工况分析示意图

（3）汽车吊吊装最不利工况分析

① 立面桁架最不利吊装工况分析:外立面平面桁架最重的分段为 LM26(LM35),重达8.5 t(考虑乘以 1.1 系数)。考虑用 25 t 汽车吊进行吊装,臂长为 36.58 m,作业半径为 9 m,此时,吊机额定吊装重量为 9.1 t,完全满足吊装要求(图 3-93)。

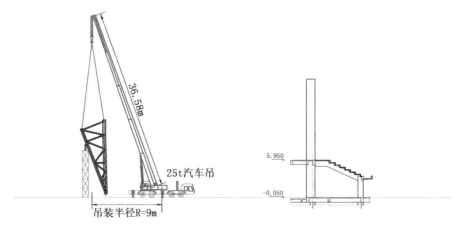

图 3-93 25 t 汽车吊吊装立面桁架最不利工况分析示意图

② 屋盖平面桁架最不利吊装工况分析：屋盖平面桁架最重分段为 DZ18，重达 8.2 t（考虑乘以 1.1 系数）。考虑用 25 t 汽车吊进行吊装，臂长为 36.58 m，作业半径 10 m，此时，吊机额定吊装重量为 8.7 t，完全满足吊装要求（图 3-94）。

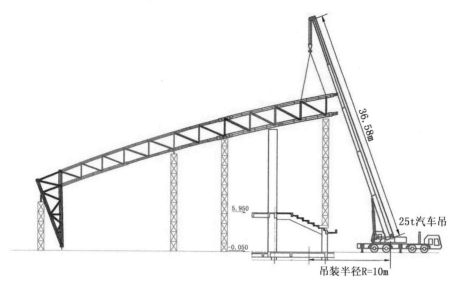

图 3-94　25 t 汽车吊吊装屋盖平面桁架最不利工况分析示意图

6) 钢桁架吊装的技术措施

（1）吊装工艺的准备工作包括：检查临时支撑胎架的安装精度，确认主桁架的分段几何尺寸和分段重量，绑扎钢丝绳、高空用操作栏杆、安全绳。

（2）吊点的设置和钢丝绳的绑扎（图 3-95）：根据分段桁架截面的几何特征和重心位置，确定钢丝绳的绑扎点。钢丝绳绑扎在桁架上弦相贯节点处，绑扎时垫设橡胶块，防止钢丝绳损坏构件表面油漆。

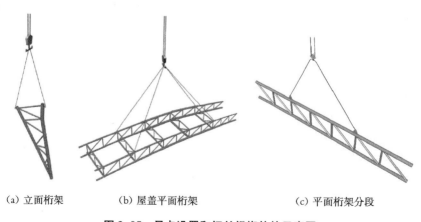

（a）立面桁架　　　　（b）屋盖平面桁架　　　　（c）平面桁架分段

图 3-95　吊点设置和钢丝绳绑扎的示意图

（3）桁架现场采用大型履带吊进行分段吊装，在每个分段桁架下部设置临时支撑胎架，以保证分段桁架在吊装过程中结构保持稳定。

（4）分段桁架的吊装：如图 3-96 所示，由于采用分段吊装的方法进行高空对接安装，所以在分段桁架吊装之前分别在分段桁架的两端各悬挂吊篮，以便工人站在吊篮中进行分段桁架的高空对接工作，并且设置临时连接耳板用于分段桁架高空对接，保证高空作业的安全性。

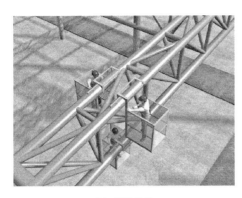

（a）吊装布置　　　　　　　　　　　　（b）临时连接耳板布置

图 3-96　分段桁架吊装的安全技术措施

（5）钢丝绳绑扎时，根据构件起重量在吊装钢丝绳上配备相应的手拉葫芦，在构件离地面 1 m 左右后调平，以便吊装构件顺利就位。

（6）正式吊装前必须试吊，并在手拉葫芦调平后加设保险钢丝绳，防止意外。吊装段就位后初步找正，并拉设风缆绳临时固定。

（7）分段桁架找正：包括平面位置、垂直度和标高的找正。其中，标高的找正的方法是，一端在支座安装时进行，另一端通过在临时支撑胎架上加设垫板调整；垂直度的找正方法是，采用缆风绳校正法进行，分段桁架的垂直度不能同时向一个方向偏差。

（8）分段桁架的稳定性：第一段分段桁架安装就位后及时拉设风缆绳，进行垂直度找正，临时稳定，在第二段分段桁架就位后及时与第一段主拱架焊接固定。

（9）分段桁架之间的杆件高空补足：两段桁架之间需要进行次杆件的高空补足工作。由于该部分需要补足的次杆件重量较轻，所以次杆件上料采用手拉葫芦即可。工人在高空作业的时候，必须佩戴两道安全带，以确保高空作业时的安全性。并且在桁架的上弦搭设通行走道，以便工人在桁架上部通行。

5. 钢屋盖中部整体提升

1）提升区提升方案的分析

（1）体育馆钢结构屋盖的最大安装标高为 +29.8 m。若采用分件高空散装，不但高空组装、焊接工作量大、现场机械设备很难满足吊装要求，而且所需高空组拼胎架难以搭设，存在很大的安全、质量风险。施工的难度大，不利于钢结构现场安装的安全、质量以及工期的控制。

（2）根据以往类似工程的成功经验，若将结构在安装位置的正下方地面上拼装成整体后，利用"超大型构件液压同步提升技术"将其整体提升到位，将大大降低安装施工难度，于质量、安全、工期和施工成本控制等均有利。

（3）钢结构提升单元在其投影面正下方的地面上拼装为整体，同时，在屋盖结构层（标高 +29.8 m）处，利用格构支架设置提升平台（上吊点），在钢结构提升单元的屋盖上弦杆件与上吊点对应位置处安装提升临时吊具(下吊点),上下吊点间通过专用底锚和专用钢绞线连接。利用液压同步提升系统将钢结构提升单元整体提升至设计安装位置,并与预装段杆件等连接,完成安装。

2) 编制钢屋盖中部整体提升流程(图 3-97)

测量放线 → 搭设提升支架 → 拼装提升单元 → 安装液压提升设备 →

调试液压提升系统 → 试提(逐级加载 20%、40%、60%、70%、80%、90%、95%、100%) →

姿态调整 → 正式提升(先常速、后低速) → "微调、点动"至设计位置 → 提升就位。

图 3-97 整体提升流程

3) 搭设提升支架

(1) 提升范围的确定:依据体育看台混凝土结构的布局情况,选择中部比赛场地的平坦区域作为屋盖钢桁架提升区。同时兼顾考虑边部 350 t 和 100 t 履带式吊机最大回转半径范围的起吊能力,尽量增大提升区的钢桁架单元尺寸,最终确定钢结构的提升范围在～(1-H)-(1-Q)轴线/(1-6)-(1-10)轴线(图 3-98)。

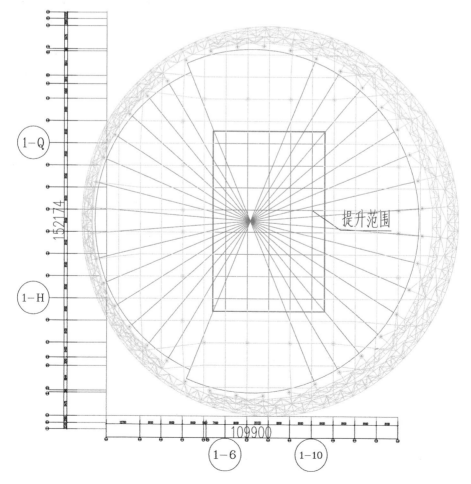

图 3-98 钢屋盖桁架单元的整体提升范围

（2）提升支架布置：依据结构对称、荷载对称的特点，同时考虑提升过程屋盖钢桁架的受力状态尽量与结构成形后受力状态相近的原则，在施工现场布置了钢结构提升单元的八组支架，其平面位置如图 3-99 所示。

（3）提升吊点设置：钢结构整体提升共设置 8 组吊点，每组吊点配置 1 台 YS-SJ 型液压提升器，共计 8 台液压提升器。提升吊点平面布置图 3-100 所示。每个吊点设置 4 根钢绞线，其中钢绞线安全系数均大于 2.0，以满足提升安全要求；钢绞线长度 36.5 m，单台提升器 + 钢绞线最大重量为 1.7 t；单根钢绞线破断力不小于 360 kN。

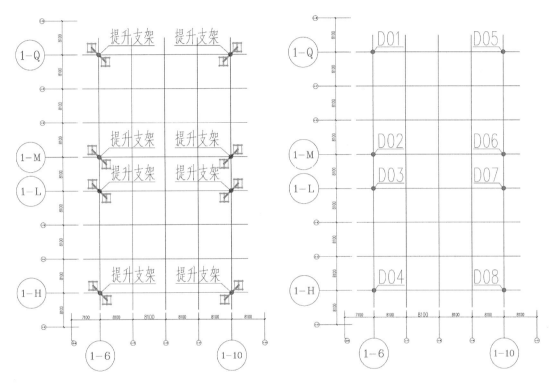

图 3-99　提升支架平面布置图　　　　　图 3-100　提升吊点平面布置图

（4）提升支架的结构设计

① 提升支架的构造，主要由格构支架与提升梁组成，其主要杆件包括：主肢、缀杆、联系杆件、分配梁一、分配梁二和提升梁（图 3-101）。各组成杆件的规格详见表 3-10。

表 3-10　提升支架的各组成杆件一览表

杆件名称	材质	构件规格（mm）
主肢	Q235B	P140×5
缀杆	Q235B	P60×3.5
联系杆件	Q345B	P89×4
分配梁一	Q345B	HW250×250×9×14
分配梁二	Q345B	HW300×300×10×15
提升梁	Q345B	双拼 HN6500×300×11×17

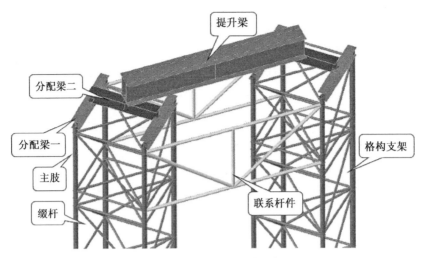

图 3-101　提升支架构造示意图

② 依据钢屋盖整体提升的施工受力情况,通过结构分析计算,确定提升支架为 2 m×2 m 的格构式支撑架。为了错开钢屋盖双向钢桁架弦杆的位置,每个提升支架的两肢呈 45°布置。支架平面布置如图 3-102 所示,支架立面布置如图 3-103 所示,提升梁如图 3-104 所示。

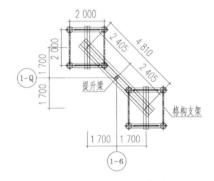

图 3-102　支架平面布置图

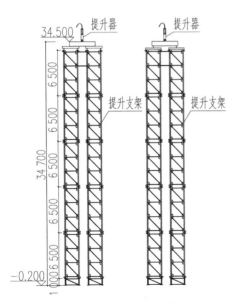

图 3-103　支架立面图

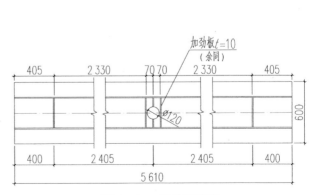

图 3-104　提升梁详图

（5）提升吊点的构造措施

① 上吊点临时吊具：提升单元在整体提升过程中主要承受自重产生的垂直荷载。根据提升上吊点的设置,保证钢绞线吊绳垂直对应在待提升单元的上弦杆上。如图 3-105 所示,上吊点临时吊具主要由厚度为 25 mm 的钢板制作而成。

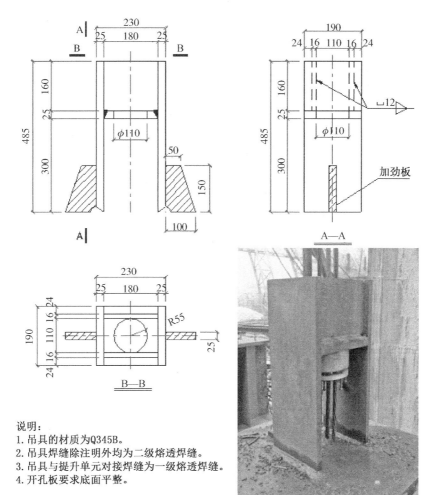

说明:
1. 吊具的材质为Q345B。
2. 吊具焊缝除注明外均为二级熔透焊缝。
3. 吊具与提升单元对接焊缝为一级熔透焊缝。
4. 开孔板要求底面平整。

图 3-105　上吊点临时吊具详图及工程照片

② 下吊点加固：如图 3-106 所示,提升下吊点通过专用吊具与桁架上弦杆焊接,在上弦杆处设置加劲板,以满足提升要求,材质均为 Q345B。

③ 上吊点与下吊点的位置对齐：每个提升支架上的上吊点与下吊点应在同一铅垂线上,其坐标偏差不大于 3 mm,应用经纬仪对其位置进行复核,以保证整体提升顺利进行。

4）拼装提升单元

（1）现场拼装的主要工作内容确定：现场桁架的拼装采用 25 t 汽车吊进行上料以及拼装。现场地面拼装的工作主要是将

图 3-106　下吊点加固示意图

运输分段拼装成吊装单元,其主要的工作包括运输构件到场的检验、拼装平台搭设与检验、构件组拼、焊接、吊耳及对口校正卡具安装、中心线及标高控制线标识、安装用脚手架搭设、上下垂直爬梯设置,吊装单元验收等工作。

(2)现场拼装的主要工作流程制定(图 3-107)。

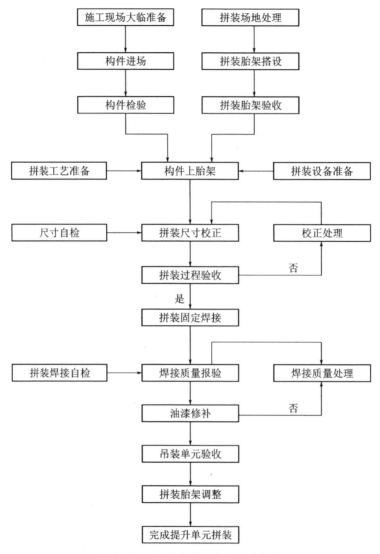

图 3-107 现场拼装的主要工作流程

(3)体育馆提升单元的现场拼装实施:如图 3-108 所示,将工厂制作好的"桁架段"、圆钢管等构件,应用 25 t 汽车吊从现场的堆放点搬运至体育馆中部场地,然后严格按照拼装流程进行安装,过程中做好精度控制的检测工作,及时校正相邻的"桁架段"位置偏差。拼装测量遵循"从整体到局部,先控制后施工"的测设原则。即将桁架上下弦上的每个支撑点由空间位置水平投影到地面上,并将其空间坐标转换到地面,采用全站仪在地面上分别测量出每个支撑胎架的位置。

(a)"桁架段"搬运至现场

(b)"桁架段"初步拼装成形

(c)提升单元完成拼装

图 3-108　体育馆提升单元的现场拼装实施

（4）保证拼装质量的主要措施

① 采用必要的拼装胎具,拼装胎架设置后要根据施工图核对胎模具的位置、弧度、角度等情况,复测后才能进行构件拼装。

② 做焊接工艺试验,测出实际焊接收缩系数,指导实际焊接工艺。

③ 预先计算各类变形量,并采取反变形措施。

④ 采用先进的加工设备,保证下料精度。

⑤ 组对定位采用全站仪对桁架各个节点的坐标进行精确定位。

⑥ 分离面组装点焊定位后,必须先对桁架进行几何尺寸的检查,确认后方可开始焊接,焊接要严格按焊接工艺要求进行。拼装焊接完毕后进行检查,并采用各类矫正措施,保证产品使用精度。

⑦ 架在胎架上拼装完成后,解除桁架上的所有约束,使桁架处于自由状态,并在此状态下测量桁架的各项尺寸,提交监理进行分段验收。

⑧ 设计要求预拼装的构件在出厂前应进行自由状态预拼装。

（5）拼装检测措施

① 建立测量控制点：制作胎具之前，必须用水平仪全面测量平台基准面的水平，并作好记录，根据数据及实际情况，确定测量基准面的位置，并做好标志。在确定支架点的高度时将该点的测量值考虑其中，标高误差≤±3.0 mm。用全站仪测量胎具的垂直度，垂直度≤ $h/1\,000$，且不大于 5 mm，主要控制点为定位点的标高。用水平仪、全站仪、水平尺、钢尺对上述项目进行实际复检查。

② 校正和调整用卡、器具：矫正主要采用拉马、千斤顶，必要时拆下使用火工。

5）安装和调试液压提升设备

（1）液压提升承重设备的选用和安装：选用 YS-SJ 型穿芯式液压提升器安装至每个提升支架上面（图 3-109）；选用 YS-PP 型液压泵源系统为液压提升器提供动力（图 3-110），并通过就地控制器对多台或单台液压提升器进行控制和调整，执行液压同步提升计算机控制系统的指令并反馈数据。

(a) YS-SJ 型穿芯式液压提升器　　　　　　　(b) 现场安装

图 3-109　体育馆项目的液压提升器

图 3-110　YS-PP 型液压泵源系统

（2）设备检查的调试步骤：

① 检查液压液压泵源系统上所有阀或油管的接头是否有松动,检查溢流阀的调压弹簧处于是否完全放松状态。

② 检查液压液压泵源系统控制柜与液压提升器之间电源线、通信电缆的连接是否正确。

③ 检查液压液压泵源系统与液压提升器主油缸之间的油管连接是否正确。

④ 系统送电,检查液压泵主轴转动方向是否正确。

⑤ 在液压液压泵源系统不启动的情况下,手动操作控制柜中相应按钮,检查电磁阀和截止阀的动作是否正常,截止阀编号和液压顶推器编号是否对应。

⑥ 检查行程传感器,使就地控制盒中相应的信号灯发信。

⑦ 操作前检查：启动液压液压泵源系统,调节一定的压力,伸缩液压提升器主油缸：检查 A 腔、B 腔的油管连接是否正确;检查截止阀能否截止对应的油缸。

（3）调试液压提升操作情况：液压提升器两端的楔形锚具具有单向自锁作用。当锚具工作(紧)时,会自动锁紧钢绞线;锚具不工作(松)时,放开钢绞线,钢绞线可上下活动。其提升工作原理如图 3-111 所示,共由 6 个步骤完成提升操作：

第 1 步：下锚松,上锚紧,夹紧钢绞线;

第 2 步：提升器同步提升重物;

第 3 步：下锚紧,夹紧钢绞线;

第 4 步：主油缸微缩,上锚片脱开;

第 5 步：上锚具上升,上锚全松;

第 6 步：主油缸非同步缩回原位。

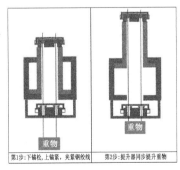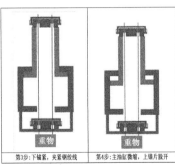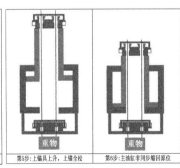

图 3-111　液压提升器提升工作原理示意图

（4）调试计算机同步控制及传感检测系统：液压同步提升施工技术采用传感监测和计算机集中控制,通过数据反馈和控制指令传递,可全自动实现同步动作、负载均衡、姿态矫正、应力控制、操作闭锁、过程显示和故障报警等多种功能。

采用 CAN 总线控制。从主控制器到液压提升器的三级控制,实现了对系统中每一个液压提升器的独立实时监控和调整,从而使得液压同步提升过程的同步控制精度更高,实时性更好。其人机操作界面如图 3-112 所示。

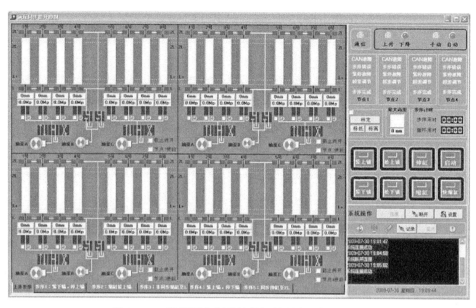

图 3-112　液压同步提升计算机控制人机操作界面

6）试提和姿态调整

（1）待液压系统设备检测无误后开始试提升。经理论计算，确定液压提升器所需的伸缸压力（考虑压力损失）和缩缸压力。为确保提升单元及主体结构提升过程的平稳、安全，根据结构的特性，采用"吊点油压均衡，结构姿态调整，位移同步控制，顺序卸载就位"的同步提升和卸载落位控制策略。

（2）同步吊点设置：每台液压提升器处各设置一套行程传感器，用以测量提升过程中各台液压提升器的提升位移同步性。主控计算机根据各个传感器的位移检测信号及其差值，构成"传感器—计算机—泵源控制阀—提升器控制阀—液压提升器—提升单元"的闭环系统，控制整个提升过程的同步性。

（3）提升分级加载：通过试提升过程中对提升单元、提升临时措施、提升设备系统的观察和监测，确认符合模拟工况计算和设计条件，保证提升过程的安全。以计算机仿真计算的各提升吊点反力值为依据，对提升单元进行分级加载（试提升），各吊点处的液压提升系统伸缸压力分级增加，依次为 20%、40%、60%、70%、80%；在确认各部分无异常的情况下，可继续加载到 90%、95%、100%，直至提升单元全部脱离拼装胎架。

（4）在分级加载过程中，每一步分级加载完毕，均应暂停并检查如：上吊点、下吊点结构、提升单元等加载前后的变形情况，以及主体结构的稳定性等情况。一切正常情况下，继续下一步分级加载。

（5）当分级加载至提升单元即将离开胎架时，可能存在各点不同时离地，此时应降低提升速度，并密切观察各点离地情况，必要时做"单点动"提升，确保提升单元离地平稳。

（6）结构离地检查：提升单元离开拼装胎架约 150 mm 后，利用液压提升系统设备锁定，空中停留 12 h 作全面检查（包括吊点结构，承重体系和提升设备等），并将检查结果以书面形式报告现场总指挥部。各项检查正常无误，再进行正式提升。

（7）姿态检测调整：用测量仪器检测各吊点的离地距离，计算出各吊点相对高差。通过液压提升系统设备计算机控制系统进行微调整各吊点高度，使提升单元达到设计姿态。

7）正式提升和微调

（1）整体同步提升：以调整后的各吊点高度为新的起始位置，复位位移传感器。正式提升屋盖钢桁架提升单元，提升速度控制为 0.002 m/s，在整体提升过程中，保持该姿态直至提升到设计标高附近约 1 m 时，降低提升速度，控制为 0.001 m/s。

（2）提升过程的微调：在提升过程中，因为空中姿态调整和后装杆件安装等需要进行高度微调。在微调开始前，将计算机同步控制系统由自动模式切换成手动模式。根据需要，对整个液压提升系统中各个吊点的液压提升器同步微动（上升或下降），或者对单台液压提升器进行微动调整。微动即点动调整精度可以达到毫米级，完全可以满足结构安装的精度需要。

8）提升就位（图 3-113）

（1）提升单元提升至距离设计标高约 200 mm 时，暂停提升。

（2）各吊点微调使结构精确提升到达设计位置。

（a）提升近设计标高

（b）微调至设计位置

（c）后装杆件的安装

（d）完成提升单元安装

图 3-113　提升就位

（3）液压提升系统设备暂停工作，保持提升单元的空中姿态，后装杆件安装，使提升单元结构形成整体稳定受力体系。

（4）液压提升系统设备同步减压，至钢绞线完全松弛。

（5）拆除液压提升系统设备及相关临时措施，完成提升单元的整体提升安装。

9）桁架单元的整体提升验算

（1）验算的基本条件：体育馆屋盖采用钢管桁架结构，此部分钢结构最大安装标高为+29.8 m。根据结构布置特点、现场安装条件以及提升工艺的要求，钢结构提升范围为～(1－H)－(1－Q)轴线/(1－6)－(1－10)轴线，结构最大跨度为89.1 m，自身高度3 m，提升高度约为24 m，钢结构桁架和附属结构（檩条、马道）提升总重量为312 t。

（2）验算内容：本次计算仅包括被提升结构及支承结构（提升平台临时措施）的应力、变形等受力状况。

（3）计算软件：被提升结构及支承结构采用通用有限元分析软件 MIDAS/GEN 进行仿真计算与分析，节点采用 ANSYS 进行仿真计算与分析。

（4）被提升结构单元的结构模型（图 3-114）。

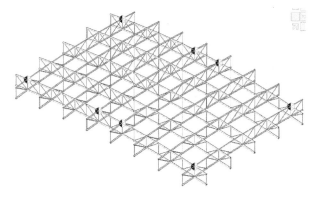

图 3-114　被提升结构单元

（5）被提升结构单元的分析结果（图 3-115 和表 3-11）。

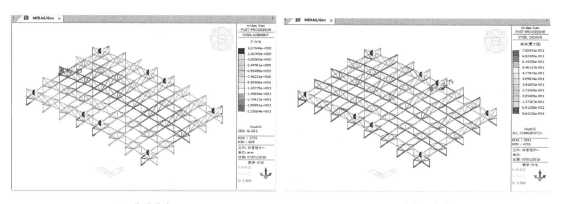

（a）位移分布　　　　　　　　（b）应力比分布

图 3-115　被提升结构单元的分析结果

表 3-11　被提升结构计算结果统计表

序号	统计项	值	备注
1	最大应力比	0.75	CS1 工况
2	最大竖向变形	25 mm	CS1 工况
3	最大提升反力	461 kN	CS1 工况

根据统计表可知,结构在提升施工过程中,最大应力比为 0.75,满足规范要求。结构跨中最大变形为 25 mm,其提升点最小间距约为 32 400 mm,变形为跨度的 1/1 296,满足规范 1/400 的要求。

（6）提升支架的验算结果（图 3-116 和图 3-117）。

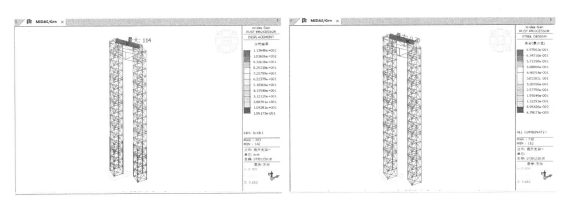

（a）位移分布　　　　　　　　　　　　　　　（b）应力分布

图 3-116　提升支架的分析结果

提升时,支架顶部最大水平变形为 112 mm,其高度约为 34 700 mm,变形为高度的 1/309,满足规范 1/120 要求。

提升时,支架整体面外最先失稳,其最小失稳安全系数为 5.2,大于 1,满足安全要求。

6. 拆除支撑架

1）支撑架拆除原则

（1）钢结构安装完成后,支撑架拆除前,必须对整个结构进行全面检查,经总包、监理、设计等相关单位验收通过后方可拆除临时支撑架。

（2）在临时支撑架的拆除过程中,将安装时由临时支撑架承担的荷载逐步加载到结构上,最终实现结构自身受力,临时支撑退出工作,即结构卸载。

（3）临时支撑架的拆除将根据结构在自重作用下的挠度值,采用分级同步卸载。每级支撑点卸载位移值详见卸载分析计算。卸载工程中,必须做到缓慢卸载。

（4）在临时支撑点卸载拆除之前,应对结构受力进行验算,将验算结构作为结构卸载的理论依据。

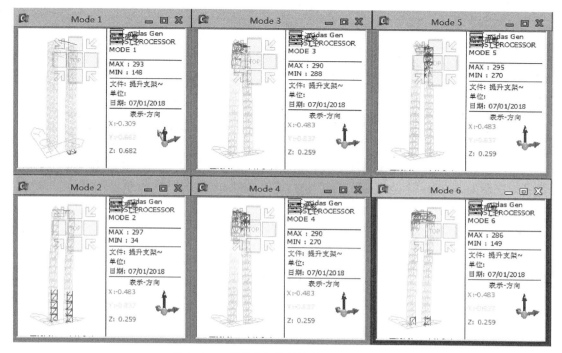

图 3-117　提升支架的结构前六阶失稳模态

2）支撑架拆除前准备工作

（1）拆除前应对每个支撑点位置的桁架进行测量，统一编号并作好记录。

（2）检查每个支撑点千斤顶支撑位置是否正确。

（3）由项目经理、工程师、项目执行经理组成监控小组。项目经理作为组长负责指挥，工程师负责数据的反馈整理、问题的处理。执行项目负责发令。

（4）每个支撑点配备一名施工员负责监督控制整个操作过程。

（5）所有施工人员在正式拆除支撑前，按操作规程统一口令，由现场指挥统一指挥、协调。

（6）拆除前对参加施工的全体人员进行模拟培训，讲解操作规程，并进行技术交底、质量交底、安全交底。

（7）为确保施工过程中能够得到相应数据及承重结构的变化情况，以第一次支架拆除为实际试验，从顶升到下降完成全过程后对结构的焊接质量，桁架自挠的变化情况进行一次全面检查，将试拆除的变化参数进行统计、分析以便作为后续卸载的参数。

3）支撑架卸载流程（图 3-118、图 3-119）

（1）将所有设备连通，检查卸载点准备工作。

（2）启动泵站，千斤顶活塞上升，将卸载点处钢结构顶起，使钢结构脱离垫板，此区域的受力完全由千斤顶支撑。

（3）按照卸载要求的位移量撤去垫板，千斤顶活塞缓慢下降。

（4）钢结构与胎架支撑完全脱离，即卸载完成。

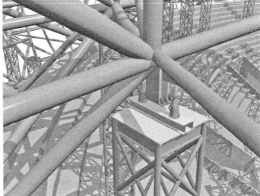

(a) 千斤顶活塞上升,顶起钢结构　　　　　　　　(b) 抽出垫板

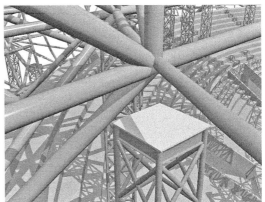

(c) 千斤顶活塞缓慢下降　　　　　　　　　　(d) 移除千斤顶,完成卸载

图 3-118　拆除支撑架的主要流程(BIM 模拟)

(a) 拆除前　　　　　　　　　　　　　　(b) 拆除后

图 3-119　拆除支撑架的实施情况

3.3.6 劳动力组织

（1）人员组织见表3-12。

表 3-12 钢屋盖"边部分段吊装＋中部整体提升"的人员组织

序号	工种	任务	人数(人)	备注
1	现场总指挥	现场统一协调、指挥、管理等	1	视工程大小和工期要求调整人数
2	技术人员	对现场作业给予技术指导	2	
3	质检员	检查施工质量是否符合要求	2	
4	安全员	检查现场作业安全是否符合要求	2	
5	测量工	测量放线、监测	3	
6	架子工	搭拆操作支架平台脚手架	15	
7	电焊工	现场拼装焊接、加固	10	
8	吊装工	350 t、100 t、25 t起重机吊装拆卸	10	
9	系统操作工	提升过程控制系统的安全操作与监测	2	
10	液压操作工	负责提升过程泵源系统的正常运行	2	
11	信号工	统一指挥千斤顶同步提升	4	
12	维修电工	维修施工用机电设备	2	
	合计		55	

（2）施工进度计划见表3-13和表3-14。

表 3-13 钢屋盖"边部分段吊装"的施工进度计划

序号	施工内容	计划(d)	备注
1	钢结构构件工厂加工制作	45	根据实际需要动态调整
2	体育馆外围平面桁架和联系桁架吊装	45	
3	体育馆屋盖平面桁架吊装	82	
	合计	172	

表 3-14 钢屋盖"中部整体提升"的施工进度计划

序号	施工内容	计划(d)	备注
1	钢桁架提升单元的现场拼装	35	根据实际需要动态调整
2	提升系统设备进场(含运输)	1	
3	提升平台(连同提升器)安装	3	
4	提升泵源系统吊装到位	1	
5	钢绞线、底锚安装	2	

（续表）

序号	施工内容	计划(d)	备注
6	提升设备系统调试	1	根据实际需要动态调整
7	钢结构试提升	1	
8	钢结构正式提升	1	
9	钢结构对口、焊接(补杆安装)	5	
10	提升设备拆除	2	
	合计	52	

3.3.7 材料与设备

（1）建筑材料见表 3-15。

表 3-15 建筑主要材料表

序号	主要材料名称	规格	主要材料性能要求
1	钢管	Q345B，P108×8～P560×40	钢桁架承重结构的钢材应保证抗拉强度、屈服强度、伸长率、冷弯试验等力学性能和 S、P、C 等化学成分含量符合国家现行标准规定。对焊接结构尚应保证碳当量符合限值
2	钢板	Q345B，板厚 10～25 mm	钢桁架加劲板、支座板、连接板的钢材应保证抗拉强度、屈服强度、伸长率、冷弯试验等力学性能和硫、磷、碳等化学成分含量符合国家现行标准规定。对焊接结构尚应保证碳当量符合限值
3	焊条、焊剂及焊丝等焊接材料	焊条 E50XX(用于 Q345)	根据焊接工艺评定确定，焊缝强度不应低于母材的强度，焊缝及热影响区冲击韧性要求同母材；用于钢结构的焊条、焊丝、焊剂均应与主体金属力学性能相适应，当不同强度的钢材焊接时，采用与低强度钢材相适应的焊接材料。由焊接材料及焊接工序所形成之焊缝，其机械性能应不低于原构件的等级

（2）机具设备见表 3-16。

表 3-16 主要机具设备表

序号	仪器、设备名称	型号	单位	数量	用途
1	25 t 汽车吊	STC250T	台	6	钢桁架拼装和吊装
2	100 t 履带吊	SCC1 000	台	1	边部钢桁架吊装
3	350 t 履带吊	SCC3500A	台	1	边部钢桁架吊装
4	液压泵源系统	YS-PP-15	台	2	中部钢桁架同步提升

（续表）

序号	仪器、设备名称	型号	单位	数量	用途
5	液压提升器	YS-SJ-75	台	8	中部钢桁架同步提升
6	高压油管	31.5 MPa	箱	70	中部钢桁架同步提升
7	计算机控制系统	YS-CS-01	套	1	中部钢桁架同步提升
8	传感器	31.5 MPa	套	8	中部钢桁架同步提升
9	专用钢绞线	ϕ17.80 mm	km	1.1	中部钢桁架同步提升
10	二氧化碳电焊机	YD500 KG	台	20	焊接
11	交流焊机	BX3-500	台	20	焊接
12	碳弧气刨	ZX5-630	台	10	焊接
13	角向砂轮机	JB1193-71	台	20	打磨
14	电焊条烘箱	SC101-3A	台	5	干燥焊条
15	焊条筒	TRB系列	台	20	储存焊条
16	空气压缩机	V-0.67/10	台	4	/
17	半自动切割机	CG1-30/1 kW	台	3	杆件切割
18	卷扬机	JK8/37 kW	台	2	钢构件上料
19	手拉葫芦	2 t、5 t、10 t	台	10	钢结构安装
20	液压千斤顶	YQ10、YQ20	台	10	钢结构安装
21	电动扳手	/	台	10	安装螺栓
22	手动扳手	/	台	15	安装螺栓
23	索具	钢丝绳	m	2 000	钢结构吊装
24	吊具	吊钩、卸扣	台	50	钢结构吊装
25	配电箱	二级	台	3	施工接电
26	电缆线	五芯线	m	1 000	施工接电
27	全站仪	TKS-202	台	2	测量
28	精密水准仪	NAL124	台	4	测量
29	吊装支架	2 m×2 m	套	60	屋盖钢桁架吊装
30	提升支架	2 m×2 m	套	8	屋盖钢桁架整体同步提升

3.3.8 质量控制

1）执行的标准、规范

遵照下列国家现行建筑工程验收规范、规程及质量检验评定标准执行：

（1）《钢结构设计规范》（GB 50017—2017）

（2）《建筑结构荷载规范》（GB 50009—2011）

（3）《钢结构工程施工质量验收规范》（GB 50205—2017）

（4）《建筑施工安全检查标准》（JGJ 59）

（5）《建筑施工高处作业安全技术规范》（JGJ 80—2016）

（6）《建筑抗震设计规范》（GB 50011—2010）

（8）《钢结构焊接规范》（GB 50661）

（9）《钢结构工程施工规范》（GB 50755）

（10）《焊缝无损检测超声检测技术、检测等级和评定》（GB/T 11345—2013）

（11）《涂装前钢材表面锈蚀等级和除锈等级》（GB 8923）

（12）《非合金钢及细晶粒钢焊条》（GB 5117）

（13）《热强钢焊条》（GB/T 5118—2012）

（14）《厚度方向性能钢板》（GB/T 5313）

（15）《涂覆涂料前钢材表面处理表面清洁度的目视评定》（GB/T 8923.3）

2）质量要求

（1）屋盖钢桁架的弯管构件外形尺寸允许偏差与检查方法（表 3-17）

表 3-17　弯管构件外形尺寸允许偏差与检查方法

偏差项目		允许偏差（mm）	检查方法	图例
直径		$d/500 \not> 3$	用直尺或卡尺检查	
椭圆度	端部	$f \leqslant \dfrac{d}{500}, \not> 3$	用直尺或卡尺检查	
	其他部位	$f \leqslant \dfrac{d}{500}, \not> 6$		
管端部中心点偏移 Δ		Δ 不大于 5	依实样或坐标经纬、直尺、铅锤检查	
管口垂直度 ΔL		ΔL 不大于 5	依实样或坐标经纬、直尺、铅锤检查	
弯管中心线矢高		$f \pm 10$	依实样或坐标经纬、直尺、铅锤检查	
弯管平面度（扭曲、平面外弯曲）		不大于 10	置平台上，水准仪检查	

（2）屋盖"桁架段"钢构件预拼装的允许偏差与检查方法（表3-18）

表3-18　钢构件预拼装的允许偏差与检查方法

构件类型	项　目	允许偏差（mm）		检查方法
主次构件	预拼装单元总长	±5.0		用钢尺检查
	预拼装单元弯曲矢高	$l/1\,500$，且不应大于10.0		用拉线和钢尺检查
	接口错边	2.0		用焊缝量规检查
	预拼装单元柱身扭曲	$h/500$，且不应大于5.0		用拉线、吊线和钢尺和全站仪检查
	顶紧面至任一牛腿距离	±2.0		用钢尺检查
	任意两对角线之差	$\sum H/2\,000$，且不应大于8.0		直尺
	管口错边	$t/10$，且不应大于3		直尺
	坡口间隙	有衬垫	−1.5，+6	直尺、焊缝卡尺
		无衬垫	0，+2	
	节点处杆件轴线错位	4.0		用拉线、吊线和钢尺和全站仪检查

（3）焊缝质量要求

焊缝外观质量要求应满足表3-19，焊缝外观质量检验要求如下：

① 所有焊缝应冷却到环境温度后进行外观检查。Ⅱ、Ⅲ类钢材的焊缝应以焊接完成24 h后检查结果作为验收依据，Ⅳ类钢材应以焊接完成48 h后的检查结果作为验收依据。

② 外观检查一般用目测，裂纹的检查应辅以5倍放大镜并在合适的光照条件下进行，必要时可采用磁粉探伤或渗透探伤，尺寸的测量应用量具、卡规。

表3-19　焊缝外观质量要求

焊缝质量等级 检测项目	技术指标（mm）			图　例
	一级	二级	三级	
裂纹	不允许			纵向裂纹 横向裂纹 弧坑裂纹 内部裂纹
表面气孔	不允许	不允许	每50 mm焊缝长度允许直径≤0.4t，且≤3.0的气孔2个孔距≥6倍孔径	表面气孔

(续表)

焊缝质量等级 / 检测项目	技术指标(mm)			图　例
	一级	二级	三级	
表面夹渣	不允许	不允许	深≤0.2t 长≤0.5t,且≤20.0	表面夹渣
咬边	不允许	≤0.05t,且≤0.5;连续长度≤100.0,且焊缝两侧咬边总长≤10%焊缝全长	≤0.1t 且≤1.0,长度不限	咬边缺陷 咬边缺陷
接头不良	不允许	缺口深度0.05t,且≤0.5	缺口深度0.1t,且≤1.0	/
		每1 000.0 焊缝不超过1处		
根部收缩	不允许	≤0.2+0.02t,且≤1.0	≤0.2+0.04t,且≤2.0	/
		长度不限		
未焊满	不允许	≤0.2+0.02t,且≤1.0	≤0.2+0.04t,且≤2.0	/
		每1 000.0 焊缝内缺陷总长≤25.0		
焊缝边缘不直度 f	在任意300 mm 焊缝长度内≤2.0		在任意300 mm 焊缝长度内≤3.0	300
电弧擦伤	不允许		允许存在个别电弧擦伤	/
弧坑裂纹	不允许		允许存在个别长度≤5.0的弧坑裂纹(后裂纹应进行处理)	/
坡口角度	±5°			/

焊缝外观尺寸要求见表 3-20 和表 3-21。

表 3-20　焊缝焊脚尺寸允许偏差

项目	示意图	允许偏差（mm）
一般全焊透的角接与对接组合焊缝	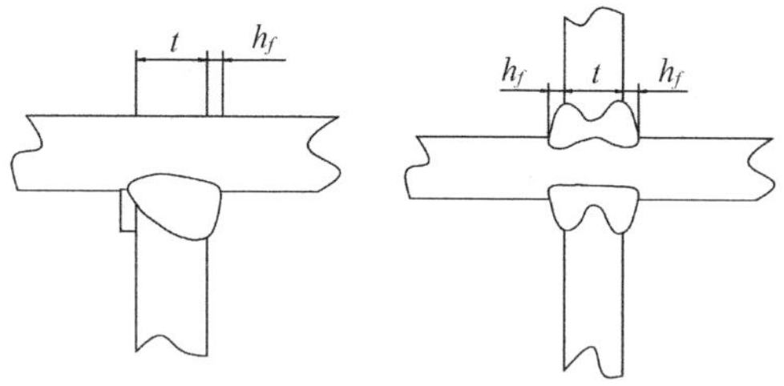	$h_f \geqslant (t/4)$ $(+4,0)$ 且 $\leqslant 10$
需经疲劳验算的全焊透角接与对接组合焊缝	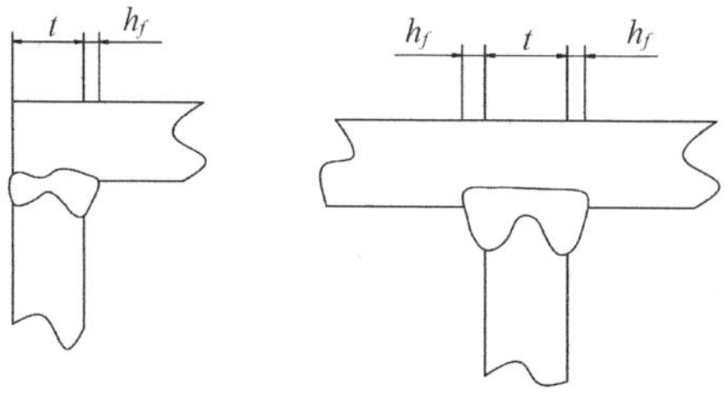	$h_f \geqslant (t/2)$ $(+4,0)$ 且 $\leqslant 10$
角接缝及部分焊透的角接对接组合焊缝	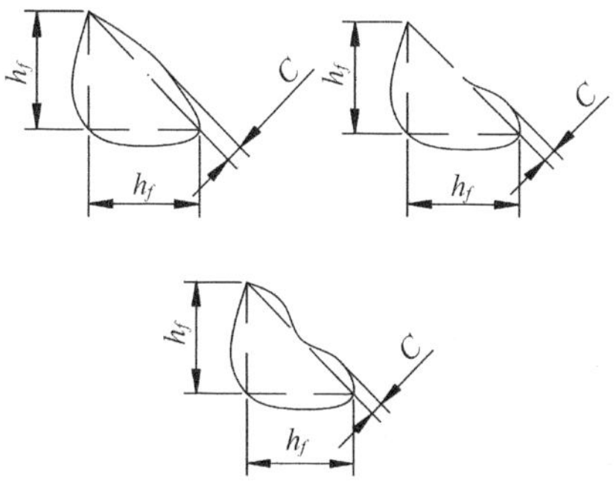	$h_f \leqslant 6$ 时 $0\sim1.5$ $h_f > 6$ 时 $0\sim3.0$

注：1. $h_f > 8.0$ mm 的角焊缝其局部焊脚尺寸允许低于设计要求值 1.0 mm，但总长度不得超过焊缝长度的 10%。
　　2. 焊接 BH 型梁腹板与翼缘板的焊缝两端在其两倍翼缘板的范围内，焊缝的焊脚尺寸不得低于设计要求值。

表 3-21　焊缝余高和错边允许偏差

项目	示意图	允许偏差（mm）	
		一、二级	三级
对接焊缝余高（C）	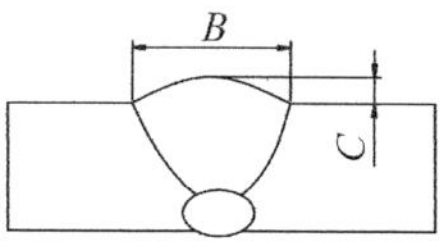	$B < 20$ 时，C 为 $0\sim3$；$B \geqslant 20$ 时，C 为 $0\sim4$	$B < 20$ 时，C 为 $0\sim3.5$；$B \geqslant 20$ 时，C 为 $0\sim5$

(续表)

项目	示意图	允许偏差(mm)	
对接焊缝错边		$d < 0.1t$ 且≤2.0	$d < 0.1.5t$ 且≤3.0
角焊缝余高(C)		$hf \leqslant 6$ 时 C 为 $0 \sim 1.5$; $hf > 6$ 时 C 为 $0 \sim 3.0$	

无损检测等级评定标准(表 3-22),无损检测基本要求应满足:

① 无损检测应在外观检测合格后进行。Ⅲ、Ⅳ类钢材及焊接难度等级为 C、D 级时,应以焊接完成 24 h 后无损检测结果作为验收依据;钢材标称屈服强度不小于 690 MPa 或供货状态为调质时,应以焊接完成 48 h 后无损检测结果作为依据。

② 一级焊缝应进行 100%的检测,其合格低等级不应低于等级评定表中的 B 级检验Ⅱ级要求。

③ 二级焊缝应进行抽检,抽检比例不应小于 20%,其合格等级不应小于等级评定表中的Ⅲ级要求。

④ 三级焊缝根据设计要求进行相关检测。

表 3-22　无损检测等级评定标准

评定等级	检验等级		
	A	B	C
/	板厚(t/mm)		
	3.5～50	3.5～150	3.5～150
Ⅰ	$2t/3$,最小 8 mm	$t/3$,最小 6 mm,最大 40 mm	$t/3$,最小 6 mm,最大 40 mm
Ⅱ	$3t/4$,最小 8 mm	$2t/3$,最小 8 mm,最大 70 mm	$2t/3$,最小 8 mm,最大 50 mm
Ⅲ	$<t$,最小 16 mm	$3t/4$,最小 12 mm,最大 90 mm	$3t/4$,最小 12 mm,最大 75 mm
Ⅳ	超过Ⅲ级者		

（4）分段桁架的组装和安装精度要求（表 3-23）

表 3-23　屋盖"桁架段"现场组装和安装的精度要求

检查项目	允许偏差（mm）	检验方法
分段长度	$-0.0\sim+5.0$	用拉线和钢尺检查
弯曲矢高	$L/2\,000,10.0$	用拉线和钢尺检查
扭曲	$H/250,10.0$	用拉线和钢尺检查
起拱度	$-5.0\sim+10.0$	用拉线和钢尺检查
支座位置	±5.0	用拉线和钢尺检查
标高	±5.0	精密水准仪
垂直度	$L/1\,000$	全站仪
间距	±5.0	用拉线和钢尺检查

3）质量保证措施

（1）建立质量保障体系和质量管理制度，建立岗位质量责任制，明确职责分工，各工种技术人员必须持上岗资格证。

（2）施工前应认真检查材料的品种、型号、规格及型钢的质量，应有主要原材料的检验合格报告。

（3）焊接材料选择与管理见表 3-24。

表 3-24　焊接材料选择与管理要点

序号	要　点
1	选用的焊材强度和母材强度应相符，焊机种类、极性与焊材的焊接要求相匹配。焊接部位的组装和表面清理的质量，如不符合要求，应修磨补焊合格后方能施焊。各种焊接方法焊接坡口组装允许偏差值应符合规范中的规定
2	焊接材料到货后由焊接质检员会同材料管理员对焊材观感质量、质保书批号、焊材牌号、气体纯度进行核对检查，合格后方可入库
3	材料管理人员及时建立进货台账，并按要求对焊接材料进行保管，建立标识，保证焊材库的温度湿度处于受控范围，并坚持做好每日记录
4	焊材发放前必须按焊材技术要求进行烘焙，烘焙时间、温度不同的焊材必须分箱烘焙。经烘焙过的焊条必须放置在保温筒内，随用随取
5	焊材发放时须明确焊材使用部位，焊条牌号，建立发放记录
6	焊材当日未使用完必须退回焊材库保管
7	经烘焙两次以上的焊条或其他因素造成不能继续使用的焊材必须申请报废处理，并及时分区存放，并标识明确
8	严格焊接材料的管理制度，焊前对材料质量复核或检验确认，不符合要求的拒绝焊接。保证无不合格材料在工程上使用

（4）焊接工作正式开始前，对工程中首次采用的钢材、焊接材料、焊接方法、焊接接头形式、焊后热处理等必须进行焊接工艺评定试验，流程详见图 3-120。

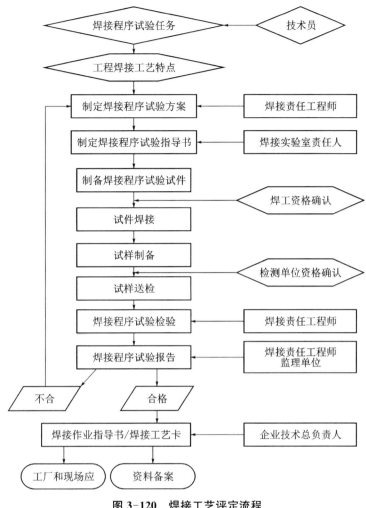

图 3-120　焊接工艺评定流程

（5）桁架拼装的精度控制及保证措施：

① 拼装时存在大量的焊接工作,若焊接操作控制不当容易造成较大焊接拼装变形。因此必须制定合理的焊接方案。焊接组装时应先进行点焊,全部组装好点焊固定后,经检查合格后再进行正式的焊接。同时组装点焊时应考虑焊接的变形采取适当地反焊接变形来消除焊接的变形。正式焊接时从桁架的中间向两边进行,并采用双数的焊工对称焊接。分段桁架的断口必须采用临时的杆件使桁架形成闭合结构。

② 装配前,矫正每一构件的变形,保证装配符合装配公差表的要求。

③ 使用前必要的工装夹具、工艺隔板及撑杆。

④ 在同一构件上焊接时,应尽可能采用热量分散,严格控制层间温度,对称分布的方式施焊。

⑤ 为确保钢桁架拼装时的外形尺寸,拼装胎架必须严格按照设计尺寸进行设置。胎架放置在水泥地面上,表面通过钢垫板找平。在胎架中心定位完毕后,部分拼装胎架因高度较大,从稳定性和安全性考虑,需采用支撑加固或用揽风绳临时固定;拼装胎架的形式根据桁架的形式所定。

⑥ 拼装测量遵循"从整体到局部,先控制后施工"的测设原则。即将桁架上下弦上的每个支撑点由空间位置水平投影到地面上,并将其空间坐标转换到地面。采用全站仪在地面上分别测量出每个支撑胎架的位置。

(6) 测量质量控制及精度保证措施:

① 临时支撑架的安装定位测放与检查(图 3-121):根据临时支撑架预埋件的设计位置,首先在图纸上根据已有平面控制点、水准点的位置计算出支撑架预埋板中心点的相对坐标,然后利用全站仪测出该点位置,并在地面上做好标记。每搭设一节高度的临时支撑架,即用全站仪进行垂直度和水平度的测量校正,搭设完毕后、在桁架吊装前同样需要校核水平度和垂直度,并作好记录。当桁架吊装就位后,临时支撑架由于受到桁架重力作用而发生变形,因此要对临时支撑架进行定期垂直度和水平度的测量,根据测量结果采取调整措施,以保证结构安全、稳定、有效。

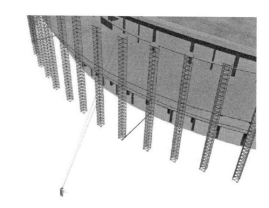

图 3-121 临时支撑架的安装定位测放与检查

② 桁架拼装测量控制(图 3-122):做好拼装测量准备和桁架拼装测量施工的相关工作,拼装细部控制和拼装宏观控制的关键点,为更好地控制拱桁架拼装精度,制订定位的先后顺序为:先将待组装的下弦杆定好位→再定位上弦杆件→确定竖向腹杆和斜腹杆→再确定拱桁架之间的联系杆件。

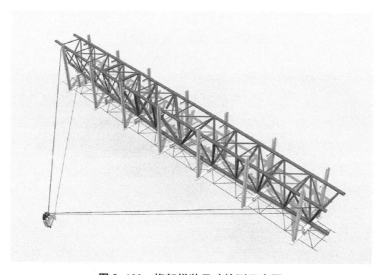

图 3-122 桁架拼装尺寸检测示意图

③ "桁架段"吊装测量控制(图 3-123):屋盖钢桁架在分段吊装过程中,涉及到高空对接。对接处的弦杆精度直接影响分块间的外观(是否平滑过渡)及构件的受力体系。因此在

吊装"桁架段"最外侧的节点设置拼装控制关键点(与其他"桁架段"对接对节点)。其拼装精度为吊装控制重点,需经反复复核。

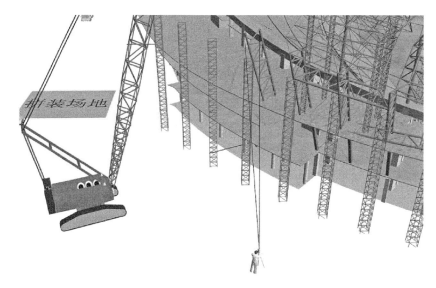

图 3-123 "桁架段"吊装测量控制示意图

3.3.9 安全措施

(1)体育馆吊装工作大部分站点位于地下室的顶板之上,应依据混凝土结构的承载力情况,采取加固措施(图 3-124),另外,对于钢桁架屋盖的支架位置进行承载力验算,对支撑点位置的体育馆看台也需采取加固措施(图 3-125)。

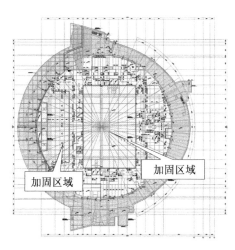

(a) 吊装加固区域

(b) 钢管支撑加固

图 3-124 地下室顶板的加固区域和加固措施

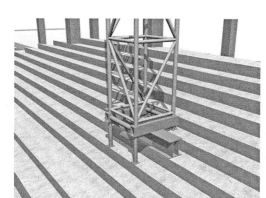

（a）看台上面　　　　　　　　　　　　　　（b）看台下面

图 3-125　体育馆看台的加固措施

（2）起重工必须经专门安全技术培训，持证上岗。严禁酒后作业。

（3）作业前必须检查作业环境、吊索具、防护用品。吊装区域无闲散人员，障碍已排除。吊索具无缺陷，捆绑正确牢固，被吊物与其他物件无连接。确认安全后方可作业。起重机作业时必须确定吊装区域，并设警戒标志，必要时派人监护。严禁在带电的高压线下或一侧作业。必须作业时，需满足和保持最小安全距离。

（4）使用起重机作业时，必须正确选择吊点的位置，合理穿挂索具试吊。除指挥及挂钩人员外，严禁其他人员进入吊装作业区。

（5）凡参加高空作业的人员，必须系好安全带，安全带行走时候挂在钢结构设置的生命线上，作业的时候找钢结构的固定点挂牢固。

（6）长时间在高空进行拼接"桁架段"、后装杆件等操作时，操作位置应设置安全吊篮（图 3-126），保证操作工可站在吊篮内施工，防止疲劳操作。

图 3-126　高空操作位置设置安全吊篮

3.4　钢结构工程施工全过程健康监测技术

3.4.1　体育场健康监测

依据泰州体育公园体育场的结构特点,项目部与第三方健康监测单位经过研究分析,编制了《泰州体育公园监测施工方案》,其中体育场共计设置 352 个测点,施工阶段监测内容主要包含三个方面:

(1) 使用磁通量传感器对施工阶段关键预应力索进行监测(可同时监测温度),如图 3-127 所示,测点为 88 个。

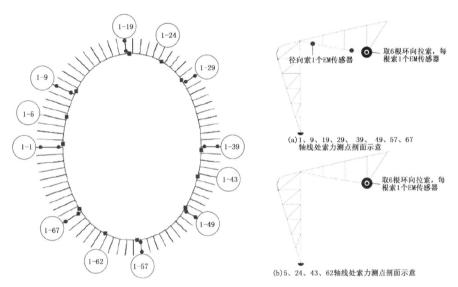

图 3-127　索杆体系索力监测点的布置平面和剖面示意图

(2) 使用振弦式应变传感器(内置温度传感器)对施工阶段关键构件的应力和温度进行监测,包括撑杆与径向刚性杆(图 3-128)、网格结构环向构件(图 3-129)、V 形桁架柱(图 3-130),测点共计为 216 个。

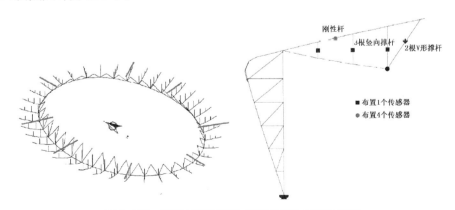

图 3-128　撑杆与径向刚性杆监测点的布置示意图

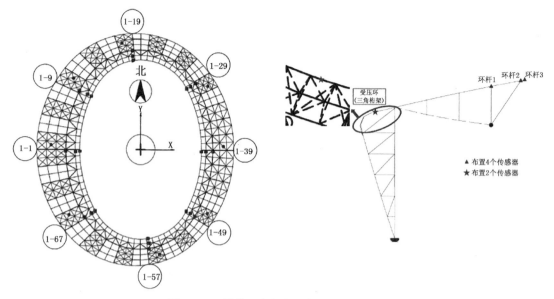

图 3-129　网格环向杆监测点的布置示意图

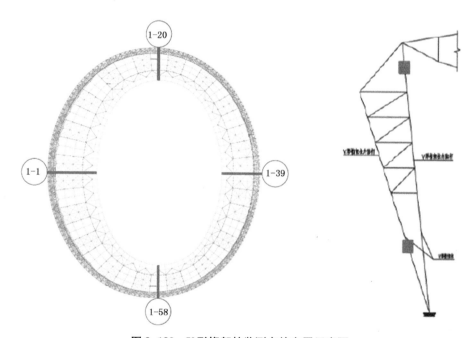

图 3-130　V 形桁架柱监测点的布置示意图

（3）使用全站仪对结构关键部位进行变形监测，测点布置如图 3-131 所示，测点为 48 个。

施工现场监测点布置情况如图 3-132 所示。

监测结果表明：索力监测点正常、构件应力应变测点正常、位移测点正常。其中，张拉径向索至设计索力 100%时，现场健康监测情况如表 3-25 所示。得出结论：现场施工的应力和变形的控制情况符合设计要求。

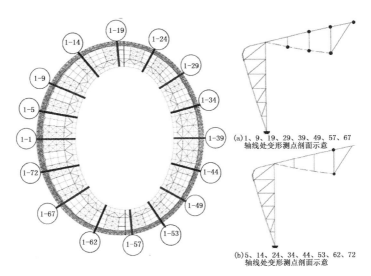

图 3-131　变形监测点的布置示意图

图 3-132　体育场施工过程健康监测照片

表 3-25　第四级(100%)张拉完成时健康监测情况

序号	监测项目	设计控制值	现场实测值	差值
1	屋盖悬挑梁最大向上位移	442 mm	434 mm	1.8%
2	钢结构最大拉应力	239 N/mm²	233 N/mm²	2.5%
3	钢结构最大压应力	−149 N/mm²	−146 N/mm²	2.0%
4	径向索最大索力	2 943 kN	2 911 kN	1.1%
5	环索最大索力	12 606 kN	12 578 kN	2.2%

3.4.2　体育馆健康监测

体育馆共计设置 66 个测点,施工阶段监测内容主要包含两个方面:

(1) 使用振弦式应变传感器(内置温度传感器)对施工关键构件的应力和温度进行监测,共 44 个测点(图 3-133);

(2) 使用全站仪对结构关键部位进行变形观测,共 22 个测点(图 3-134)。

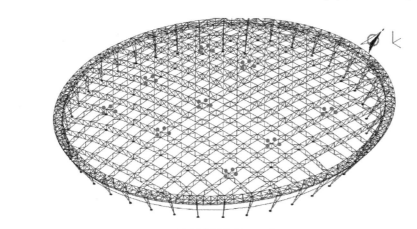

(a) 屋盖测点布置 36 个

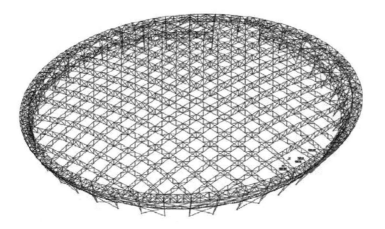

(b) 4 根立柱测点布置 8 个

图 3-133　关键构件的应力和温度监测(共 44 个测点)

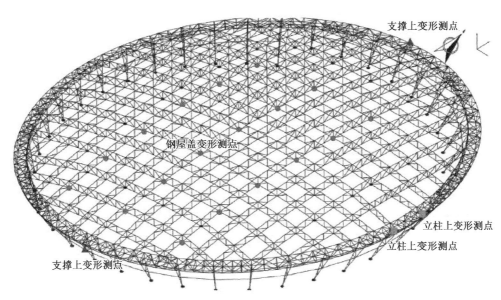

图 3-134　变形观测布置测点共 22 个(屋盖 18 个,立柱 4 个)

监测结果表明:体育馆最大应力为 - 53.94 MPa(9~8 号节点),各监测点应力小于各构件应力设计值,施工过程各构件受力发展平稳。体育馆完成 2 次监测周期测量,X 方向变形最大累计值为 - 29 mm(TYG - 21 测点)、Y 方向变形最大累计值为 - 30 mm(TYG - 21 测点),Z 方向变形最大累计值为 - 30 mm(TYG - 9 测点)。测量 X、Y、Z 三向变形数据均符合现场实际工况(数据仅代表监测周期之间的结构变形情况)。所有数据偏差值皆未超过有限元仿真分析控制值的 5%,满足设计要求,结构安全可靠。

3.5　大面积金属屋面防水系统质量控制技术

3.5.1　工程特点及 QC 概况

泰州体育公园工程"一场三馆"的屋面都是大面积金属屋面,其防水系统的质量控制非常重要。本节以体育馆项目为例介绍其金属屋面防水系统质量控制技术。体育馆为容纳 7 278 坐席的中型乙级馆,地上建筑面积为 24 935 m²,体育馆屋盖为近似圆形结构,长约 142 m,宽约 142 m。其金属屋面展开面积约达 17 500 m²,且具有显著的构造特点。

(1)金属屋面组成复杂(两道防水层)

体育馆金属屋面系统组成复杂,包括氟碳喷涂铝单板装饰层、装饰铝板龙骨、铝镁锰合金直立锁边屋面板、TPO 防水卷材防水层、几字檩条、岩棉保温层、屋面主檩、屋面次檩、玻璃棉吸音层、隔气层、倒贴底板层、檩条支托(角钢)、屋面系统配件、屋面防坠落系统、屋面避雷系统等(图 3-135)。具体做法详见表 3-26 所示,采用了两道防水层:金属防水层和卷材防水层。

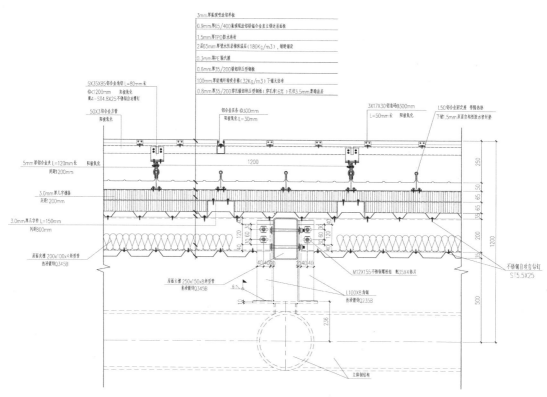

图 3-135　体育馆金属屋面组成剖面图

表 3-26　体育馆金属屋面构造层的详细做法

序号	构造层名称	具体做法
1	装饰层	3 mm 厚氟碳喷涂铝单板
2	金属防水层	0.9 mm 厚 65/400 氟碳辊涂铝镁锰合金面板
3	卷材防水层	1.5 mmTPO 防水卷材
4	保温层	2×65 mm 聚氨酯保温岩棉
5	隔气层	0.3 mm 厚 PE 隔汽膜
6	隔板层	0.6 mm 厚 35/200 镀铝锌压型钢板
7	吸音层	100 mm 厚玻璃棉下铺无纺布
8	底板层	0.8 mm 厚 35/200 镀铝锌压型钢板

（2）施工关键构造节点较多

体育馆金属屋面施工关键构造节点主要包括：屋面屋脊节点、屋面檐口天沟节、屋面洞口节点、屋面檐口节点等部位，如图 3-136 所示，这些都影响金属屋面防水的重要施工部位。

（3）质量控制 QC 活动部位确定

体育馆项目金属屋面部分为双层防水系统，屋面的钢结构平面投影呈圆形（图 3-137），共划分 4 个施工分区，其中 1 区和 2 区为 QC 活动区域，3 区和 4 区的施工段为 QC 巩固区域。

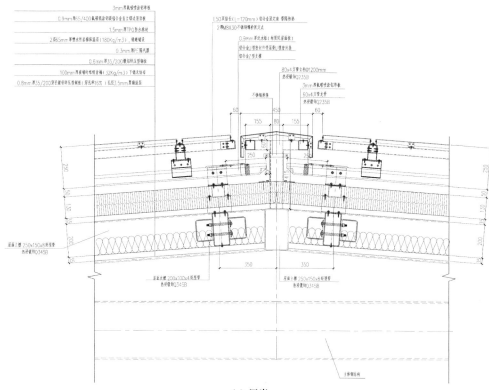

（a）屋脊

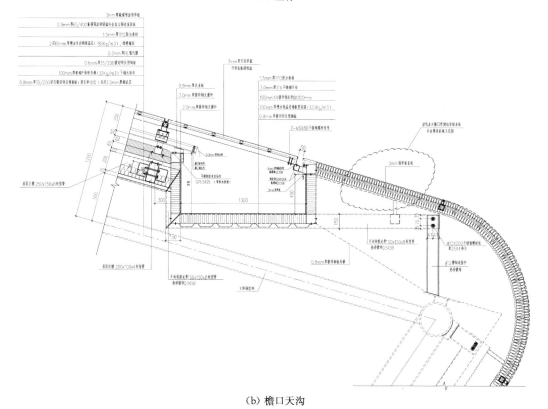

（b）檐口天沟

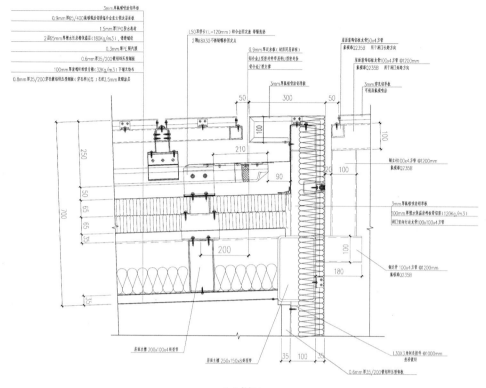

（c）洞口

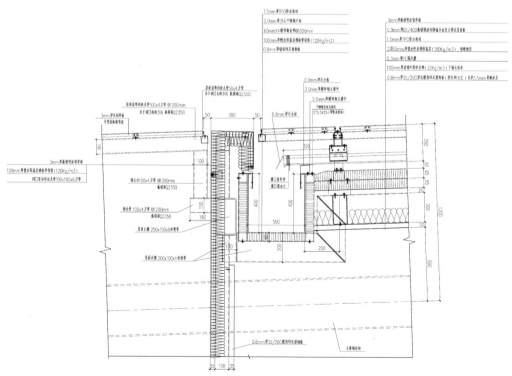

（d）檐口

图 3-136　体育馆金属屋面关键节点图

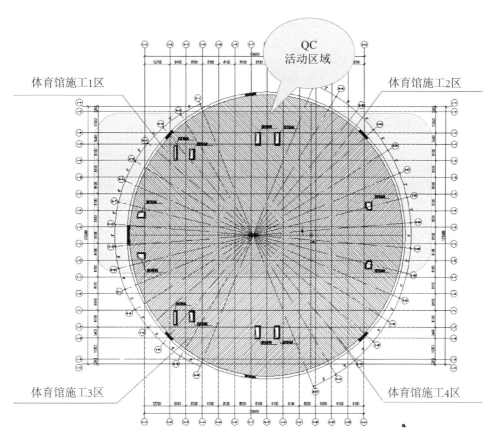

图 3-137　QC 活动区域平面布置示意图

（4）QC 小组活动计划表（表 3-27）

表 3-27　QC 小组活动计划表

序号	活动阶段		2020年			2021年										QC工具使用
			12月			1月			2月			3月				
			上旬	中旬	下旬	上旬	中旬	下旬	上旬	中旬	下旬	上旬	中旬	下旬		
1	选择课题		▪▪▪▪▪													调查表、折线图、饼分图
2	现状检查				▪▪▪▪▪▪											调查表、排列图、亲和图、分层法
3	目标确定					▪▪▪▪▪										柱状图、系统图
4	原因分析	P					▪▪▪▪▪									关联图、表格、照片
5	确定要因							▪▪▪▪▪								调查表、柱状图、照片、CAD图、BIM模型、照片
6	制定对策								▪▪▪▪▪							表格
7	对策实施	D							▪▪▪▪▪▪▪▪▪▪▪▪▪▪▪▪▪						BIM模型、CAD图、照片、流程图、PDCA法
8	效果检查	C										▪▪▪▪▪				BIM模型、调查表、排列图、柱状图、照片
9	巩固措施												▪▪▪▪▪			图片、表格、柱状图
10	总结与下一步打算	A												▪▪▪▪		表格、雷达图

说明：计划活动时间：112d　图例：▪▪▪▪▪▪▪▪▪▪
　　　实际活动时间：106d　图例：▬▬▬▬▬▬

3.5.2 选择课题

（1）理由一：质量提升的控制要求

根据2020年三季度锦宸集团有限公司对在公建项目屋面防水系统的施工质量检查，发现屋面防水系统施工存在的质量问题较多，直接影响到项目的施工进度和总体质量评价。

质量检查合格率调查见表3-28，合格率折线图见图3-138。

表3-28　2020年三季度公司公建项目屋面防水系统施工质量合格率调查表

序号	工程项目	检查点数（个）	合格点数（个）	不合格点数（个）	合格率
1	项目部一	800	696	104	87.00%
2	项目部二	350	289	61	82.57%
3	项目部三	320	275	45	85.94%
4	合计（平均值）	1470	1 260	210	85.38%

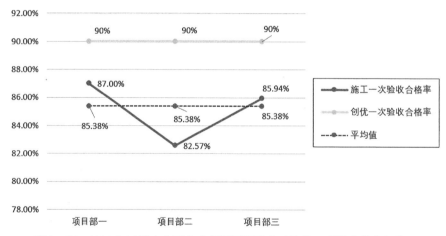

图3-138　2020年三季度公司公建项目屋面防水系统施工质量合格率折线图

按以上分析，公司公建项目屋面防水系统施工质量平均合格率为85.38%，低于公司规定的创优合格率90%，所以需要提高公建项目屋面防水系统施工质量一次验收合格率。

（2）理由二：体育馆金属屋面工程重要性大

由于本工程建成后，将成为泰州市重要的体育标志性建筑。为江苏省第20届省运会主场馆。而圆形金属屋盖是体现绿色运动场馆的重要标志性工程，金属屋面防水系统的性能直接影响建筑空间的使用，对室内体育项目的正常举办影响极大，因此课题研究的实用价值应排在首位。

（3）理由三：金属屋面防水系统工程施工质量要求高

工程质量目标高：确保江苏省扬子杯奖，争创"鲁班奖"。通过借力体育公园项目，将泰州打造成为：奥运之州、运动之州、水上之州、智慧之州、康泰之州。金属屋面防水系统施工质量,是决定工程项目品质的重要方面,漏水问题在"鲁班奖"优质工程评比中是"一票否决"的内容,受到业主单位和相关参建单位的高度重视。通过 QC 活动,旨在确保建筑工程的使用功能。

（4）理由四:提升公司金属屋面防水系统施工水平的意义深远

通过泰州体育公园体育场金属屋面防水系统施工,开发相关施工技术,开展 QC 质量提升活动,从而提升项目部金属屋面防水系统施工水平,培养金属屋面防水系统施工技术人员,增强公司的核心竞争力,具有深远的意义。因此,"提高体育馆金属屋面防水系统施工质量一次合格率"是 QC 小组迫切需要攻关的课题。

3.5.3　现状调查

（1）召开 QC 专题研讨会

为了提高体育馆金属屋面防水系统施工质量,2020 年 12 月 17 日泰州体育公园金属屋面 QC 小组在体育馆项目会议室召开关于"提高体育馆金属屋面防水系统施工质量一次合格率"的专题会议,大家认真讨论,集思广益,认为本工程金属屋面防水系统的施工周期较长、施工工序较多,涉及施工放线及测量、屋面主次檩条的安装、底板与吸音层保温层的安装、支座加工制作与安装、卷材防水层安装、金属屋面板安装、排水天沟安装、屋面避雷系统安装等工序,编制了现状调查计划表,对公司项目已完成的金属屋面防水项目进行调查。

（2）工序分层数据的统计分析

2020 年 12 月 25 日,根据公司三季度金属屋面施工质量的检查数据,对金属屋面防水系统施工的工序分层数据进行统计分析,各个质量问题的统计情况如表 3-29 所示,并且作出不合格频数表,详见表 3-30,并绘制了排列图（图 3-139）。

表 3-29　金属屋面防水系统施工工序分层施工质量情况统计表

序号	调查项目	检查点数（个）	合格点数（个）	不合格点数（个）	合格率
1	金属屋面板安装	200	161	39	80.5%
2	卷材防水层安装	100	88	12	88.0%
3	支座加工制作与安装	100	89	11	89.0%
4	施工放线及测量	100	90	10	90.0%
5	底板与吸音层保温层的安装	100	92	8	92.0%
6	屋面主次檩条的安装	100	92	8	92.0%
7	其他（材料、工艺）	100	93	7	93.0%
	合计	800	705	95	88.1%

表 3-30　金属屋面防水系统施工工序分层施工质量不合格频数表

序号	调查项目	频数（个）	累计频数（个）	频率	累计频率
1	金属屋面板安装	39	39	41.1%	41.1%
2	卷材防水层安装	12	51	12.6%	53.7%
3	支座加工制作与安装	11	62	11.6%	65.3%
4	施工放线及测量	10	72	10.5%	75.8%
5	底板与吸音层保温层的安装	8	80	8.4%	84.2%
6	屋面主次檩条的安装	8	88	8.4%	92.6%
7	其他(材料、工艺)	7	95	7.4%	100%
	合计	95		100%	

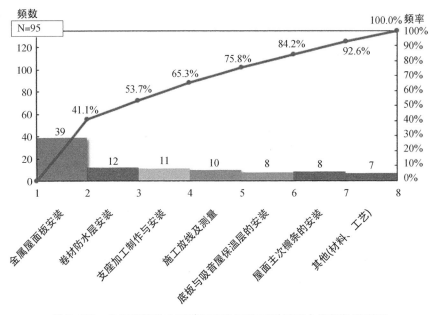

图 3-139　金属屋面防水系统工序分层施工质量不合格频数排列图

从排列图可以看出，"金属屋面板安装"是造成金属屋面防水系统施工质量合格率低的主要问题。

（3）金属屋面防水系统施工质量调查统计分析

为了保证金属屋面防水系统的顺利施工，按照《屋面工程技术规范》(GB 50345—2012)、《压型金属板工程应用技术规范》(GB 50896—2013)、《铝幕墙板　氟碳喷漆铝单板》(YS/T 429.2—2000)、《建筑幕墙气密、水密、抗风压性能检测方法》(GB/T 15227—2007)的相关要求，2020年12月15日到12月24日，泰州体育公园金属屋面QC小组对公司承建项目施工质量进行了调查，现场抽查200点，其中不合格点为39点，合格率80.5%，未达到公司抽查统计的平均水平。表 3-31 为对金属屋面板安装数据进行的统计。

表 3-31　质量问题调查统计表

序号	项目	检查项验收标准	检查点（个）	不合格（点）	合格（点）	合格率
1	金属板咬合偏差	《屋面工程技术规范》（GB 50345—2012）、《压型金属板工程应用技术规范》（GB 50896—2013）、《铝幕墙板　氟碳喷漆铝单板》（YS/T 429.2—2000）、《建筑幕墙气密、水密、抗风压性能检测方法》（GB/T 15227—2007）	50	15	35	70%
2	天沟搭接偏差		40	11	29	72.5%
3	檐口收边偏差		40	5	35	87.5%
4	支座安装偏差		40	5	35	87.5%
5	其他偏差		30	3	27	90%
	合计		200	39	161	平均 80.5%

2020 年 12 月 25 日，根据调查统计表，对金属屋面防水系统的工序分层数据作出不合格频数表，见表 3-32。

表 3-32　金属屋面防水系统施工的质量问题调查频数统计表

序号	项目	频数（个）	累计频数（个）	频率	累计频率
1	金属板咬合偏差	15	15	38.5%	38.5%
2	天沟搭接偏差	11	26	28.2%	66.7%
3	檐口收边偏差	5	31	12.8%	79.5%
4	支座安装偏差	5	36	12.8%	92.3%
5	其他偏差	3	39	7.7%	100%
	合计	39		100%	

注：共检查 200 点，不合格 39 点，合格率为 80.5%。

根据以上调查分析数据绘出排列图（图 3-140）。

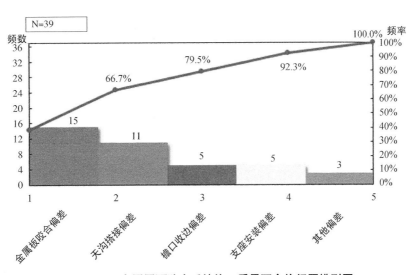

图 3-140　金属屋面防水系统施工质量不合格问题排列图

（4）症结问题分析

由排列图分析得出：影响金属屋面防水系统质量的主要问题是"金属板咬合偏差"和"天沟搭接偏差"，这两者为主要解决对象。

（5）QC小组研讨症结问题

2020年12月26日，经过泰州体育公园金属屋面QC小组研讨会议协商，项目涉及体育馆金属屋面防水系统施工，"金属板咬合偏差"应包括体育馆铝镁锰板的成形制作尺寸、支座的标高、防水卷材层的标高等几何参数，"天沟搭接偏差"包括不锈钢天沟加工制作尺寸、天沟安装位置坐标、防水卷材与天沟收边尺寸、金属板与天沟位置尺寸等控制参数。这些确实为本项目控制的要点，定为症结问题是非常合理的。

QC小组根据上述调查表和排列图分析得出，影响金属屋面防水系统质量的主要问题是"金属板咬合偏差"和"天沟搭接偏差"，以上两大问题的累计频率达到66.7%。如果以上问题能够完全解决，可以将金属屋面防水系统的施工质量合格率提高到$(200-39+26)/200\times100\%=93.5\%>90\%$，如果上述问题解决90%，则合格率为$(200-39+26\times90\%)/200\times100\%=92.2\%>90\%$。那么体育场屋面钢结构悬挑端结构的施工质量就能得到保证。

小组还调查了项目部历史最高水平，如表3-33所示。

表3-33　项目部金属屋面防水系统一次施工合格率历史最高水平调查表

序号	项目名称	抽检点数（个）	一次施工合格数（个）	合格率	最高水平
1	目前水平	200	161	80.5%	90.5%
2	历史最高水平	200	193	96.5%	96.5%

3.5.4　设立目标

根据"现状调查"中的分析结果可知，在解决主要质量问题后，金属屋面防水系统的施工质量合格率可以提高到92.2%。QC小组从多方面认真分析论证，最终设定的目标为：体育馆金属屋面防水系统一次施工合格率提高到92.2%。高于目前最高水平90.5%，略低于历史最高水平96.5%。活动的目标值与活动前的现状图之间的对比见图3-141。

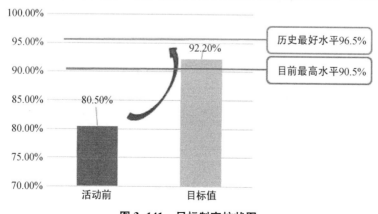

图3-141　目标制定柱状图

3.5.5　原因分析

（1）绘制"5M1E"关联图

金属屋面 QC 小组于 2021 年 1 月 12 日在泰州体育公园体育馆项目部会议室召开了原因分析会,会议运用遵循"5M1E"的原则,即从人、机、料、法、环、测等方面着手,对存在的问题进行了讨论,尤其是本项目金属屋面防水系统施工的技术难点和重点,大家集思广益。对"提高体育馆金属屋面防水系统施工质量一次合格率"的主要问题分析原因,并归纳整理,绘制出关联图(图 3-142)。

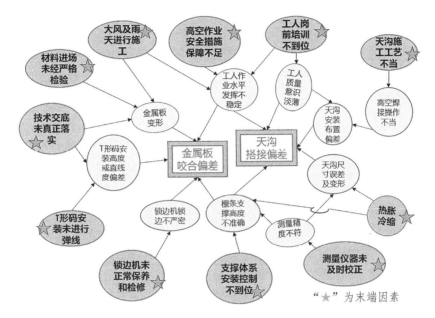

图 3-142　金属屋面防水系统施工质量关联图

（2）获得末端原因

从关联图中总结出影响体育场屋面钢结构悬挑端结构施工质量的 11 个末端原因,并制订了原因统计分类表,详见表 3-34。

表 3-34　原因统计分类表

序号	末端原因	类别
1	技术交底未真正落实	人
2	工人岗前培训不到位	人
3	锁边机未正常保养和检修	机
4	材料进场未经严格检验	料
5	T 形码安装未进行弹线	法
6	天沟施工工艺不当	法

（续表）

序号	末端原因	类别
7	支撑体系安装控制不到位	法
8	高空作业安全措施保障不足	法
9	大风及雨天进行施工	环
10	热胀冷缩	环
11	测量仪器未及时校正	测

3.5.6 要因确认

金属屋面 QC 小组通过数据对比、关联图,可以得出影响体育馆金属屋面防水系统施工质量的主要原因,找到 11 个末端原因,小组制定了要因确认计划表,并按照计划表对末端原因进行了逐项确认。

（1）确认一:技术交底未真正落实

确认依据:对症结"金属板咬合偏差"和"天沟搭接偏差"的影响程度。交底记录 100% 齐全,金属屋面一线人员对技术及关键工艺的培训交底应达到足够的时间,考核成绩合格率应达到 100%。

确认情况:①金属屋面技术交底资料,记录完整性不够,记录存档的资料约达 90%,不满足 100% 齐全的要求。②组织 36 个施工人员进行关键部分的钢檩条支座焊接、金属屋面防水卷材安装、直立锁边 T 形支座安装、直立锁边铝镁锰板安装、锁边等操作技能考核验证,并将考核成绩绘制为考核成绩柱状图(图 3-143)。

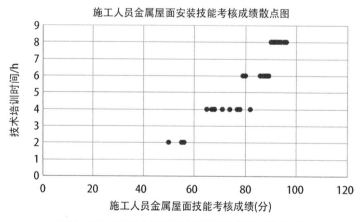

图 3-143 施工人员钢结构培训交底情况散点图

通过研究分析,一线施工人员掌握金属屋面施工关键技能情况受其参与培训交底的次数和时间影响程度很大,参加 6 h 和 8 h 培训交底的员工考核成绩明显高于参加 2 h 和 4 h 培训的人员,对金属屋面关键施工方案的技术交底将直接影响工人对施工质量的控制,因此"技术交底未真正落实"的末端原因为要因。

（2）确认二：工人岗前培训不到位

确认依据：对症结"金属板咬合偏差"和"天沟搭接偏差"的影响程度。按照公司和项目部制度执行，检查工人岗前培训，特殊工种上岗证，检查类似工程业绩及相关技能。

确认情况：项目部各项制度齐全，职责清晰，金属屋面施工的安全文明生产岗前培训执行到位（图 3-144），各项奖罚制度齐全，职责上墙，能起到有效管理效果。

（a）岗前培训现场一　　　　　　　　　（b）岗前培训现场二

图 3-144　金属屋面施工岗前培训的照片

通过综合现场检查的情况分析，"工人岗前培训不到位"为非要因。

（3）确认三：锁边机未正常保养和检修

确认依据：对症结"金属板咬合偏差"和"天沟搭接偏差"的影响程度。通过对金属屋面班组中所有锁边机进行检查，机器必须有合格证，定期保养证明、维修记录。

确认情况：组织对金属屋面班组中 6 台锁边机进行检查，确认现场金属屋面机械锁边机合格证齐全，经锁边检测，机械性能良好（图 3-145）。

（a）现场检查一　　　　　　　　　　（b）现场检查二

图 3-145　检查锁边机机械性能

根据现场调查的情况分析,金属屋面直立锁边的锁边机操作性能良好,对症结问题的影响程度较小,因此"锁边机未正常保养和检修"为非要因。

(4)确认四:材料进场未经严格检验

确认依据:对症结"金属板咬合偏差"和"天沟搭接偏差"的影响程度。满足相关规范要求,材料与构件进场检验达100%。

确认情况:组织对铝镁锰板、防水卷材、T形码支座等材料与构件的出厂合格证明文件检查,并且对实物检验论证其合格性。现场检查情况表明:每批进场的金属屋面材料与构件,都有出厂合格证明文件,实物检验也为"合格",并且检查率达100%,图3-146所示为现场检验实景。

(a)铝镁锰板　　　　　　　　　　　　　　　(b)现场支座验收

图3-146　金属屋面材料验收实景

综上所述,构件进场合格率达到100%。符合相关规范要求。项目部对进场材料的质量控制管理精准,对症结问题的影响程度较小,因此"材料进场未经严格检验"为非要因。

(5)确认五:T形码安装未进行弹线

确认依据:对症结"金属板咬合偏差"和"天沟搭接偏差"的影响程度。现场调查、试验对比分析弹线安装和未弹线安装的直线度偏差和锁边咬合的影响程度。

确认情况:组织对金属屋面10个板块进行调查和直线度测试对比(图3-147),现场调查情况如表3-34所示。

表3-34　T形码不同安装方法对金属屋面板块影响情况表

序号	金属板编号	安装方法	直线度(mm)	锁边咬合	综合评价
1	A1	弹线安装	1.5	紧密	
2	A2	弹线安装	1.6	紧密	
3	A3	弹线安装	0.8	紧密	100%合格
4	A4	弹线安装	1.7	紧密	
5	A5	弹线安装	1.6	紧密	

（续表）

序号	金属板编号	安装方法	直线度(mm)	锁边咬合	综合评价
6	B1	未弹线	2.5	不足	
7	B2	未弹线	1.9	紧密	
8	B3	未弹线	2.8	不足	40%合格
9	B4	未弹线	2.4	不足	
10	B5	未弹线	1.9	紧密	

（a）未弹线

（b）弹线安装

图 3-147　T形码不同安装方法及对应金属屋面板块安装情况

现场测试对比情况表明，T形码弹线安装则直线度能全部控制在 ±2 mm 以内；未弹线时，60%的 T形码直线度超过 ±2 mm，导致锁边咬合不足。T形码安装是否弹线对症结问题影响程度大，因此"T形码安装未进行弹线"这一末端原因为要因。

（6）确认六：天沟施工工艺不当

确认依据：对症结"金属板咬合偏差"和"天沟搭接偏差"的影响程度。满足相关规范要求,施工人员金属屋面天沟施工工艺掌握程度的考核合格率100%。

确认情况:组织对现场施工人员进行屋面天沟施工工艺掌握程度的考核。现场施工人员掌握天沟施工工艺检查情况如图3-148所示。

综上所述,施工人员天沟施工工艺掌握程度的考核合格率75%<100%,依据散

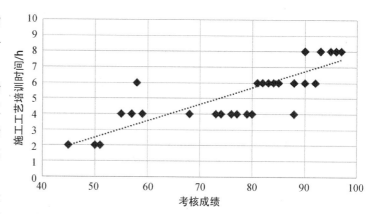

图3-148 施工人员的屋面天沟工艺掌握程度考核情况散点图

点的相关性分析,培训时间对施工工艺掌握程度的影响程度较大,施工班组的天沟施工工艺掌握程度不佳,对金属屋面防水系统施工质量影响大,需加强培训和管理,因此"天沟施工工艺不当"为要因。

(7)确认七:支撑体系安装控制不到位

确认依据:对症结"金属板咬合偏差"和"天沟搭接偏差"的影响程度。满足相关规范要求,体育馆主体钢结构上安装主次檩条的支座及其标高控制文件及验收记录齐全,要求100%满足金属屋面的支撑。

确认情况:组织对现场体育馆主体钢结构上安装主次檩条的支座及其标高控制文件及验收记录进行检查(图3-149)。检查其控制标高是否在允许范围内。现场确认具体情况:主次檩条的安装标高控制点检查了100个,其标高误差都控制在±10 mm以内,满足安装调差的要求;防水层几字形支座检查100个,其标高误差控制在±2 mm以内,也满足上部防水层安装的精度要求。

(a)檩条标高　　　　　　　　　　　　(b)支座标高

图3-149 支撑体系安装情况检查照片

根据上述现场检查情况,可以判断"支撑体系安装控制不到位"为非要因。

（8）确认八：高空作业安全措施保障不足

确认依据：对症结"金属板咬合偏差"和"天沟搭接偏差"的影响程度。满足相关规范要求，安全保障措施 100% 到位。

确认情况：组织对现场高空作业安全措施的调查与分析。调查结果：现场安全员依据国家规范和施工组织设计中的安全措施检查落实；安全员负责经常性的督促检查，公司质安员不定期地检查；安全保障措施 100% 到位（图 3-150）。

（a）安全措施宣传海报　　　　　　　　　　（b）现场作业安全网

图 3-150　金属屋面高空作业安全措施实景

这对症结问题的影响程度较小，因此，"高空作业安全措施保障不足"为非要因。

（9）确认九：大风及雨天进行施工

确认依据：对症结"金属板咬合偏差"和"天沟搭接偏差"的影响程度。满足相关规范要求，大风天气和雨天不允许进行施工。

确认情况：组织对现场生产记录进行调查与分析。调查结果：不存在大风天气和雨天进行屋面施工的情况。屋面保温层施工未发生雨水淋湿的情况，在晴天进行铺设施工（图 3-151a），不锈钢天沟在晴天焊接，未发生板面变形的情况（图 3-151b）。

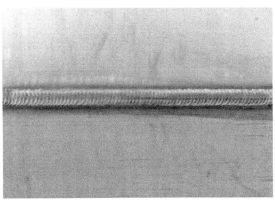

（a）铺设屋面保温层　　　　　　　　　　（b）不锈钢天沟焊缝

图 3-151　晴天屋面施工

现场检查情况表明,这对症结问题的影响程度较小,因此,"大风及雨天进行施工"为非要因。

(10)确认十:热胀冷缩

确认依据:对症结"金属板咬合偏差"和"天沟搭接偏差"的影响程度。满足相关规范要求,分析热胀冷缩导致金属屋面板及天沟的变形情况,并检查现场施工采取的措施。

确认情况:对体育馆钢结构、金属屋面设计和安装的技术资料进行检查核实,结果如下:①本工程对体育馆圆形钢结构进行了有限元建模分析,考虑温度作用对构件的变形和应力影响,并且设置了相关的铰接点释放温度应力,保证结构安全,同时保证悬挑端的几何位置和标高,从而保证建筑效果。②本工程金属屋面在主檩条和次檩条安装节点处考虑释放温度应力,采用长圆形螺栓孔,从而保证施工实施后的效果达到设计预期的建筑效果。

本项目根据《建筑结构荷载规范》(GB 50009—2012),附录E中没有泰州市气温资料,参考附近地区规定的基本气温,该地区的日平均最低气温为-12℃,年平均最高气温39℃,体育馆整体提升钢结构施工合拢温度为15～25℃。同时考虑太阳直射,计算考虑施工合拢与使用阶段的升温30℃,降温37℃。

综合现场检查的情况分析,"热胀冷缩"为非要因。

(11)确认十一:测量仪器未及时校正

确认依据:对症结"金属板咬合偏差"和"天沟搭接偏差"的影响程度。按标准,定期校定测量仪器,并且具有有效的校定报告。

确认情况:组织对测量精度的调查与分析,全站仪、经纬仪等仪器精度不够而产生累积误差应检查控制。调查结果:该项目按标准,定期校定经纬仪等测量仪器,并且具有有效的校定报告,检查率达100%。

这对症结问题的影响程度较小,因此,"测量仪器未及时校正"为非要因。

通过对11个末端原因进行分析论证,确认这些因素对症结"金属板咬合偏差"和"天沟搭接偏差"的影响程度。共确认了3个造成体育馆金属屋面防水系统施工质量问题的主要原因,分别是:①技术交底未真正落实,②T形码安装未进行弹线,③天沟施工工艺不当。

3.5.7 制定对策

(1)要因汇总分析

2021年1月24至27日,QC小组确认了3个主要原因,如表3-36所示。

表3-36 影响体育馆金属屋面防水系统施工质量的主要原因

序号	影响体育馆金属屋面防水系统施工质量的主要原因
1	技术交底未真正落实
2	T形码安装未进行弹线
3	天沟施工工艺不当

（2）对策综合评价

QC 小组成员针对每条对策,从有效性、可实施性、经济性、可靠性和时间性五个方面进行了综合分析评价,然后相互比较,选出最满意的对策(表 3-37),作为拟实施的对策。

表 3-37　对策评估、选择表

序号	要因	对策序号	对策方案	对策分析评估	比较对策	选定对策
1	技术交底未真正落实	1.1	应用技术质量管理 App 系统实现技术支撑	可以实现技术支撑的及时性,但是对操作人员而言,增加了熟悉 App 操作的过程,另外增加费用	对策 1.2 相比对策 1.1 可实施性强、有效性高。两者经济费用相当	不选
		1.2	切实做好金属屋面防水系统施工技术交底	规范实现金属屋面防水系统施工技术培训交底,提高本企业班组施工技能,可操作性好,成本相对低		选
2	T 形码安装未进行弹线	2.1	T 形码安装进行拉线控制,并使用经纬仪进行直线性检查	在防水卷材上面进行拉线控制 T 形码的初步位置,再辅助经纬仪进行直线性检查,确保其直线度不影响金属板锁边的严密性	对策 2.1 相比对策 2.2 可实施性强、质量更可靠,有效性高,经济费用低	选
		2.2	不进行精细的弹性控制,分条进行金属板安装,对存在咬合不到位的及时进行调整	利用金属板自身的固定尺寸控制板与板之间的平行度,从而间接控制直线性,可能存在累积误差,然后再集中调整直立锁边不严密的位置		不选
3	天沟施工工艺不当	3.1	引进优秀的外包施工班组进行施工	外包班组虽然经验丰富、技能高超,但是能否按照预期出色完成任务,具有不可控的风险。外包班组施工,本企业的作业班组得不到作业水平的提高,不利企业的综合施工能力的提升。另外,外包会增加发包成本	对策 3.2 相比对策 3.1 可实施性强、有效性高,经济费用低,能培养本企业班组,总结的施工经验能促进整个企业的作业水平提高	不选
		3.2	制订不锈钢天沟加工、天沟支座安装、天沟节点安装等分项工程质量控制施工工艺作业指导书并贯彻执行	项目部通过技术革新,对不锈钢天沟的加工制作、现场安装、节点焊接等工艺方案保证质量,并且控制防水卷材和金属防水板与天沟的搭接,控制偏差范围。班组得到锻炼和业务能力的提高,积累的经验可以推广到全公司。本企业班组施工,成本相对低		选

（3）对策措施表

最后,根据对策评估、选择所确定的对策,按照 5W1H 的原则制定出对策措施表,见表 3-38。

表 3-38　对策措施表

序号	要因	对策	目标	措施	地点	完成时间
1	技术交底未真正落实	切实做好金属屋面防水系统施工技术交底	各作业人员熟悉和掌握所从事工种的技术质量要求及规定	1. 对金属屋面施工组织设计及各不同工种的技术要求及规定实行施工员向各班组长交底,班组长向作业人员交底的两级交底形式,并作好记录; 2. 不定期地进行问答检查	现场	2月9日
2	T形码安装未进行弹线	T形码安装进行拉线控制,并使用经纬仪进行直线性检查	确保T形码安装成线直线误差不得超出±2 mm	1. 对金属屋面技术交底进行修改,明确T型码安装流程,并召开现场交底会,严格弹性工序,并作为施工必要工序; 2. 加强现场弹线测量监控,进行精细控制	现场	2月22日
3	天沟施工工艺不当	制定不锈钢天沟加工、天沟支座安装、天沟节点安装等分项工程质量控制施工工艺作业指导书并贯彻执行	天沟施工工艺科学合理、技术先进,符合规范	1. 严格控制不锈钢天沟加工制作、天沟底部支撑系统安装、不锈钢天沟焊接等关键部位的施工工艺步骤; 2. 严格控制TPO防水卷材与天沟连接、金属屋面板与天沟连接、虹吸排水系统与天沟连接等各分项工程施工的质量指标	现场	3月1日

3.5.8　对策实施

1) 实施一:切实做好金属屋面防水系统施工技术交底

(1) 实施流程与内容

泰州体育公园项目部金属屋面 QC 小组依据对策研讨分析的结果,制定解决体育馆金属屋面防水系统施工质量的措施,切实做好金属屋面施工技术交底,如图 3-152 所示,具体实施内容包括如下:

① 对金属屋面施工组织设计及各不同工种的技术要求及规定实行施工员向各班组长交底、班组长向作业人员交底的两级交底形式,并作好记录;

② 不定期地进行问答检查。

(2) 阶段性实施效果验证

本项目 QC 小组"对策实施 1"活动期间为 2021 年 1 月 27 日至 2 月 9 日,对于"提高体育馆金属屋面防水系统施工质量一次合格率"的对策,实行阶段性实施效果验证。对于"切实做好金属屋面防水系统施工技术交底"这一"提高体育场屋面钢结构悬挑端施工质量一次合格率"对策验证情况如表 3-39 所示。综合实施效果:各作业人员熟悉和掌握所从事工种的技术质量要求及规定。从项目技术管理角度,落实了体育馆金属屋面防水系统施工质量的技术保障。

（a）现场办公室　　　　　　　　　　　（b）施工现场

图 3-152　金属屋面施工技术交底实景

表 3-39　体育馆金属屋面"技术交底未真正落实"对策验证情况

序号	实施时间	目标实现率	负责人
1	2021 年 1 月 27 日至 2 月 2 日	80%	林网朋　崔健
2	2021 年 2 月 3 日至 2 月 6 日	90%	林网朋　崔健
3	2021 年 2 月 7 日至 2 月 9 日	100%	林网朋　崔健

2）实施二：T 形码安装进行拉线控制，并使用经纬仪进行直线性检查

（1）实施流程与内容

我们泰州体育公园项目金属屋面 QC 小组依据对策研讨分析的结果，制定解决"T 形码安装未进行弹线"的措施，如图 3-153 所示，具体实施内容包括如下两点：

① 对金属屋面技术交底进行修改，明确 T 形码安装流程，并召开现场交底会，严格弹性工序，并作为施工必要工序。

② 加强现场弹线测量监控，进行精细控制。

图 3-153　体育馆屋面 T 形码和金属板施工的实景

（2）阶段性实施效果验证

本项目 QC 小组"对策实施 2"活动期间为 2021 年 1 月 27 日至 2 月 22 日,对于"提高体育馆金属屋面防水系统施工质量一次合格率"的对策,实行阶段性实施效果验证。对于"T形码安装进行拉线控制,并使用经纬仪进行直线性检查"这一对策验证情况如表 3-40 所示。综合实施效果:确保 T 形码安装成线直线误差不得超出 ±2 mm。从而保障了直立锁边的操作,铝镁锰板锁边严密,符合规范要求。

表 3-40　泰州体育公园项目"T 形码安装未进行弹线"对策验证情况

序号	实施时间	目标实现率	负责人
1	2021 年 1 月 27 日至 2 月 9 日	80%	蒋凤昌　卜俊
2	2021 年 2 月 10 至 16 日	90%	蒋凤昌　卜俊
3	2021 年 2 月 17 至 22 日	100%	蒋凤昌　卜俊

3）实施三:制订不锈钢天沟分项工程质量控制施工工艺作业指导书并贯彻执行

（1）实施流程与内容

泰州体育公园项目金属屋面 QC 小组依据对策研讨分析的结果,制订解决"天沟施工工艺不当"的措施,具体实施内容包括如下两点:①严格控制不锈钢天沟加工制作、天沟底部支撑系统安装、不锈钢天沟焊接等关键部位的施工工艺步骤(图 3-154)。②严格控制 TPO防水卷材与天沟连接、金属屋面板与天沟连接、虹吸排水系统与天沟连接等各分项工程施工的质量指标。

图 3-154　金属屋面天沟施工现场照片

（2）阶段性实施效果验证

本项目 QC 小组"对策实施 3"活动期间为 2021 年 1 月 27 日至 3 月 1 日,对于"提高体育馆金属屋面防水系统施工质量一次合格率"的对策,实行阶段性实施效果验证。对于"制订不锈钢天沟加工、天沟支座安装、天沟节点安装等分项工程质量控制施工工艺作业指导书并贯彻执行"这一对策验证情况如表 3-41 所示。综合实施效果:天沟施工工艺科学合理、技术先进,符合规范相关要求。

表 3-41　泰州体育公园体育馆项目"天沟施工工艺不当"对策验证情况

序号	实施时间	目标实现率	负责人
1	2021 年 1 月 27 日至 2 月 14 日	85%	武俊平　于长栓
2	2021 年 2 月 15 至 22 日	95%	武俊平　于长栓
3	2021 年 2 月 23 日至 3 月 1 日	100%	武俊平　于长栓

3.5.9　效果检查

1) 目标达成情况

2020 年 12 月 15 日至 2021 年 3 月 16 日,泰州体育公园金属屋面 QC 小组成员对体育馆金属屋面防水系统(图 3-155)的施工质量情况进行检查和验证,重点检查了金属板咬合偏差、天沟搭接偏差、檐口收边偏差、支座安装偏差、其他偏差等指标。本小组共检查 500点,偏差数明显下降,质量显著提升,如表 3-42 所示,合格率达 96.8%,获得监理和业主的好评。不合格频数、频率见表 3-43,排列图详见图 3-156,QC 小组将活动前后的情况进行对比分析(图 3-157),质量问题由主要少数变成次要多数,质量控制达到预期目标。

图 3-155　体育馆金属屋面防水系统竣工后实景

表 3-42　QC 活动后体育馆金属屋面防水系统施工质量调查频数统计表

实地测量项目	测量点数 (个)	合格点数 (个)	不合格点数 (个)	合格率
金属板咬合偏差	100	95	5	95%
天沟搭接偏差	100	96	4	96%
檐口收边偏差	100	97	3	97%
支座安装偏差	100	98	2	98%
其他偏差	100	98	2	98%
合计	500	484	16	96.8%

表 3-43 QC 活动后体育馆金属屋面防水系统施工质量调查频数统计表

问题类别	频数	频率	累计频率
金属板咬合偏差	5	31.25%	31.25%
天沟搭接偏差	4	25.00%	56.25%
檐口收边偏差	3	18.75%	75.00%
支座安装偏差	2	12.50%	87.50%
其他偏差	2	12.50%	100%
合计	16	100%	

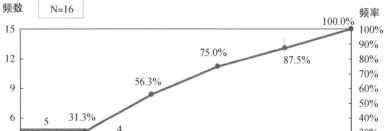

图 3-156 QC 活动后体育馆金属屋面防水系统施工质量排列图

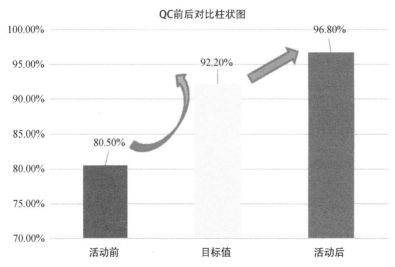

图 3-157 QC 活动前后体育馆金属屋面防水系统施工质量对比柱状图

2) 社会效益分析

(1) 泰州体育公园项目部金属屋面 QC 小组,针对体育馆金属屋面系统组成复杂,制订科学合理的施工方案,安装氟碳喷涂铝单板装饰层、装饰铝板龙骨、铝镁锰合金直立锁边屋面板、TPO 防水卷材防水层、几字檩条、岩棉保温层、屋面主檩、屋面次檩、玻璃棉吸音层、隔气层、倒贴底板层、檩条支托(角钢)、屋面系统配件、屋面防坠落系统、屋面避雷系统等相关系统,安全可靠,节约建筑材料,实现绿色施工,产生良好的经济效益和社会效益。金属屋面施工完成后,经实地检测,屋面防水系统质量优良,质量符合设计和规范的要求。

(2) 金属屋面 QC 小组针对泰州体育公园体育馆工程圆形金属屋面造型的特点,屋盖结构基本呈双轴对称,因此将屋面沿放射形划分为 4 个施工区(图 3-158),从而形成有效的流水施工,节约材料与设备、节省人工、加快施工进度,实现绿色施工,产生良好的社会效益。

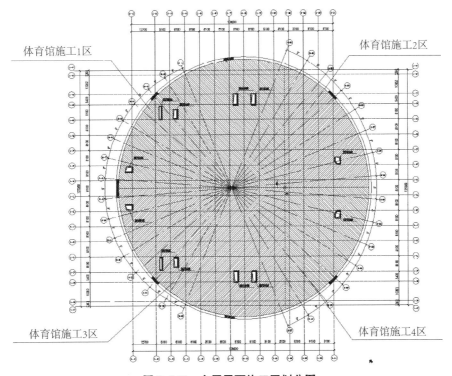

图 3-158　金属屋面施工区划分图

(3) 形成良好的 QC 成果"提高体育馆金属屋面防水系统施工质量一次合格率",可以有助力于企业提高金属屋面防水系统施工质量水平,培养了人才,并为该项目确保"扬子杯"、争创"鲁班奖"优质工程奖奠定良好的基础。

3) 经济效益分析

(1) QC 活动投入:

① 创新开发弧形不锈钢天沟精确定位工具,创新研发费用 6 000 元;

② 加强金属屋面高空安全措施费 9 500 元；

③ 在施工中根据项目部质量管理奖罚制度奖励施工人员 9 000 元；

④ 其他费用 2 200 元。

共计 6 000 + 9 500 + 9 000 + 2 200 = 2.67 万元。

（2）QC 活动节约的费用：体育公园体育馆金属屋面防水系统施工，通过此次 QC 活动，小组成功了提高了金属屋面防水系统施工质量合格率，并且利用屋面圆形对称性，组织流水作业，节约了关键线路上的工期 20 d；经公司财务测算，节约金属屋面各类材料吊装机械台班费、材料费、人工费和管理费等费用，施工成本约 25.6 万元。

（3）综合上述，此次 QC 活动产生的直接经济效益 = QC 活动节约的费用 − QC 活动投入 = 25.6 − 2.67 = 22.93 万元。

3.5.10 制定巩固措施

泰州体育公园体育馆建设项目通过金属屋面 QC 小组活动，在施工中解决了"提高体育馆金属屋面防水系统施工质量一次合格率"的问题，积累总结了确保大型场馆金属屋面防水系统施工质量的工程经验。

（1）形成书面标准文件指导施工

2021 年 3 月 22 日，基于体育馆项目的金属屋面防水系统施工质量提升的 QC 活动，形成了书面的公司文件《泰州体育公园体育馆金属屋面防水系统施工质量验收标准》《泰州体育公园体育馆金属屋面防水系统施工作业指导书》，提交公司总师办，3 月 23 日批准通过《金属屋面防水系统施工质量验收标准》《金属屋面防水系统施工作业指导书》，于 2021 年 4 月起，在全公司实施，从而提升锦宸集团公司整体施工水平。

（2）效果巩固

本项目 QC 活动成果措施可归纳为三条：①专业性的技术交底，②可操作性的作业指导，③针对性的屋面施工方案。

为了进一步巩固本次活动的成果，QC 小组首先对体育馆 3 区和 4 区的施工段金属屋面防水系统施工质量提高，获得成功后，如图 3-159 所示，随后对本项目 1 区和 2 区的屋面防水系统施工进行了动态跟踪、指导，加强施工质量进行了检查与管理分析，3 区和 4 区的施工段金属屋面防水系统施工质量验收情况如表 3-44 所示。分析结论：QC 活动前一次验收合格率 80.5%，QC 活动后 96.8%，成果巩固阶段合格率平均为 99.1%，大于最初制定目标值 92.2%。说明该应用课题已得到较好解决。

表 3-44 QC 成果巩固（3 区和 4 区屋面施工）情况表

序号	应用区域	金属屋面防水系统施工一次验收合格率
1	3 区施工段	99.6%
2	4 区施工段	98.6%
3	合格率平均值	99.1%

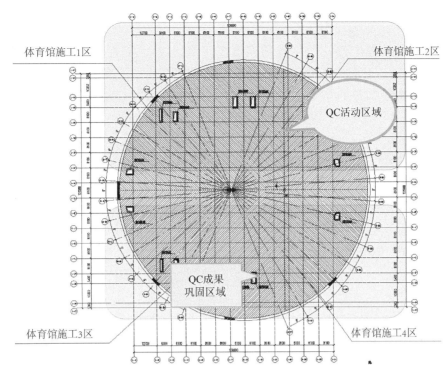

图 3-159　QC 活动成果巩固应用区域示意

3.5.11　QC 小组总结

1）专业技术方面

通过泰州体育公园体育馆金属屋面 QC 小组活动的开展，小组成员学到了体育馆金属屋面防水系统施工方面技能，解决了一些施工难点问题，积累了大量实践经验。进行的主要质量控制方面包括：金属板咬合偏差、天沟搭接偏差、檐口收边偏差、支座安装偏差、其他偏差等方面。小组成员通过理论与实践相结合，熟练掌握金属屋面防水系统施工工艺，保证取得良好的效果。

2）管理技术方面

金属屋面 QC 小组在整个活动过程中，严格按照 PDCA 循环程序进行，坚持以事实为依据，用数据说话，解决了体育馆金属屋面防水系统施工一次验收合格率问题。对于提升金属屋面防水系统施工质量方面有了很大的启发和提高。加强施工现场的管理与技术等方面主要收获如下：

（1）切实做好金属屋面防水系统施工技术交底；

（2）进场金属板材及构件全部检验；

（3）制定不锈钢天沟加工、天沟支座安装、天沟节点安装等分项工程质量控制施工工艺作业指导书并贯彻执行；

（4）组织进行金属板防水层安装方案论证与完善，落实 T 形码安装进行拉线控制，并使用经纬仪进行直线性检查；

（5）制定落实金属屋面高空作业安全措施。

3）小组成员综合素质

基于泰州体育公园体育馆金属屋面 QC 小组活动，使小组成员的质量意识、个人能力、团队精神、创新意识又有了进一步的提高（表 3-45），为今后继续开展小组活动打下坚实的基础。

表 3-45　小组活动成员综合素质自我评价表

序号	评价内容	活动前	活动后
1	质量意识	85 分	97 分
2	个人能力	80 分	87 分
3	工作干劲及进取精神	69 分	95 分
4	团队精神	80 分	93 分
5	QC 工具应用	75 分	86 分
6	创新意识	85 分	96 分

第4章

体育公园项目工程建设管理

4.1 建设管理机构与组织机构的设置

4.1.1 建设管理组织机构设置的基本原则

（1）建立健全质量管理体系、环境保证体系及安全职业健康保证体系，并使之有效运行。确保工程质量符合国家的工程技术规范和技术标准，确保施工安全、杜绝事故，使项目建设及运营符合环境保护及职业健康安全的要求，向社会提供优质服务。

（2）按照国家法律法规的规定，通过招标选择合格的施工监理单位并签订监理服务合同。项目公司加强自身对项目的管理，并主要依托监理单位对施工过程进行管理。

（3）项目公司管理层在各级政府主管部门的领导下科学、严谨、高效地开展组织管理工作，充分调动和发挥各级管理人员的聪明才智和苦干精神，努力完成下述目标任务：

① 遵守国家、泰州市的有关工程建设的法律法规，贯彻实行招投标制、工程监理制和合同管理制。

② 严格执行经各主管部门批准的项目设计文件。

③ 执行项目计划并筹措资金，保证资金的合理有效使用。

④ 严格控制工期，保证在合同工期内完工。

⑤ 建立健全质量管理体系、环保、职业健康安全管理体系，保证工程质量和施工安全，保护环境。

⑥ 保证土地和国有资源的合理利用和环境保护。

⑦ 加强项目实施过程中的精神文明建设和员工队伍建设。

⑧ 在项目建设和运营的各个阶段接受政府监督，按国家、省级有关法规规定执行审计。

4.1.2 建设管理组织机构设置

项目公司在建设期的组织机构框架如图 4-1 所示。

4.1.3 与各相关单位的沟通协调

1）与设计单位的沟通协调

（1）责任领导：总工程师。

（2）责任部门：设计管理部门。

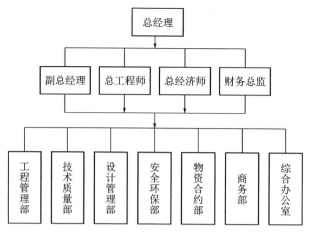

图 4-1 项目公司建设组织结构框架图

（3）沟通协调方式：每周定期召开设计联络会议，制订设计联络计划，协调设计联络目标，落实会议成果。

（4）沟通内容：

① 协调设计过程中各相关部门及内部的组织与接口工作。

② 设计过程中融入绿色建筑的理念以及新型材料、新型设备的使用。

③ 组织公司相关人员评审设计方案，收集评审结论，及时反馈设计院。

④ 制订正式施工蓝图的出图时间节点，并定期督促。

⑤ 组织图纸会审和设计交底工作。

⑥ 钢结构专业、幕墙专业的深化设计提交设计院审核。

⑦ 施工过程中发现的图纸问题及合理化建议及时与设计院沟通。

⑧ 负责竣工图审查及相关资料归档。

2）与施工单位的沟通协调

（1）责任领导：副总经理、总工程师、总经济师。

（2）责任部门：工程管理部、技术质量部、物资合约部、安全环保部。

（3）沟通协调方式：每周定期召开生产协调会议。

（4）沟通内容：

① 参与施工总体部署的讨论制定。

② 参与施工单位召开的各专业协调会，对各专业界面接口进行协调。

③ 制订工期节点目标，与施工单位签订奖罚协议，施工过程中关注实际施工进度与进度计划的偏差，如果工期延误，督促施工单位采取赶工措施。

④ 制订质量创优目标，督促施工单位制定创优计划，施工过程中检查创优计划的落实情况，及时纠偏。

⑤ 制订安全文明施工创优目标及扬尘控制目标。

⑥ 设计变更及时发放给施工单位，对于施工单位的合理化建议予以采纳，对于施工单位发现的图纸问题及时与设计院沟通解决。

⑦ 对重大技术难点工作、关键和特殊工序进行技术指导,对重要方案进行审核,参与专项方案的专家论证工作。

⑧ 及时办理工程款支付、延期、索赔、工程变更、现场确认等事宜。

⑨ 组织本工程的竣工验收,对于发现的问题督促及时整改。

⑩ 竣工验收合格后督促施工单位编制结算资料,协调审计单位与施工单位核对工程量,办理最终结算。

3) 与监理单位的沟通协调

(1) 责任领导:副总经理、总工程师。

(2) 责任部门:工程管理部、技术质量部。

(3) 沟通协调方式:每周定期召开监理协调会议。

(4) 沟通内容:

① 项目公司委托监理单位对施工单位的质量、安全、文明施工、进度等进行监督。

② 及时与监理单位沟通,对于现场存在的质量、安全和进度等存在的问题,商定解决办法。

③ 对于监理单位反馈的施工单位图纸问题和合理化建议予以及时解决。

④ 对于施工部署、材料设备采购、优化设计等听取监理意见。

4) 与体育咨询单位的沟通协调

(1) 责任领导:副总经理、总工程师。

(2) 责任部门:设计管理部。

(3) 沟通协调方式:通过电话联系、面谈、会议等形式。

(4) 沟通内容:

① 就体育场馆室内精装修材料选择、装修风格、装修深化设计、比赛体育设施等向体育咨询单位寻求宝贵意见。

② 就室外体育公园功能区划分、体育设施的选择、园林绿化等向体育咨询单位寻求宝贵意见。

5) 与造价咨询单位、审计单位的沟通协调

(1) 责任领导:总经济师。

(2) 责任部门:商务部门。

(3) 沟通协调方式:通过电话联系、面谈、会议等形式。

(4) 沟通内容:

① 委托造价咨询单位对建设项目投资、工程造价、成本管控全过程提供专业服务。

② 工程物资采购、关键设备选型采购的审计情况。

③ 施工单位的施工组织设计、施工进度计划和施工方案中涉及工程造价的审核情况。

④ 施工单位上报的进度款申请资料的审核情况。

⑤ 施工单位上报的竣工结算资料审核情况,工程量审核及最终结算办理情况。

6) 与招标人的沟通协调

(1) 责任领导:总经理。

（2）责任部门：各部门。

（3）沟通方式：每月召开 1 次协调汇报会。

（4）沟通内容：工程进展情况、成本控制情况，以及遇到的困难和问题等。

7）与政府各主管部门的沟通协调

（1）责任领导：总经理。

（2）责任部门：各部门。

（3）沟通方式及内容：

① 对口对接：各业务部门对口对接政府各业务主管部门。

② 分级对接：建立项目公司、项目部两级对接方式，项目公司主要对接市区领导、市区各部门，项目部主要对接各部门主办科员、街道办及村委会。

③ 项目公司成立关系对接工作小组，负责协调对接工作。

④ 对公共关系维护对接工作进行具体分工，落实具体对接人。

⑤ 各对接责任人定期与对接部门及人员保持联系，每月至少拜访 1 次，保持和维护良好的公共关系。

⑥ 定期召开协调对接工作会，通报对接协调工作进展情况，安排阶段性对接协调工作。

4.2 设计方案优化管理

4.2.1 设计优化的思路

根据工程建设资料，对项目的初步设计进行优化。优化内容对项目主体建筑不做修改，优化后的投资额不超过财政概算评审价，突出工程方案优化后的经济效益和社会效益。

4.2.2 设计优化的内容

优化内容主要包括建筑专业、结构专业、给排水、暖通专业、声光专业、园林专业以及 BIM 优化技术，并对建筑优化、结构优化和 BIM 优化技术的应用案例进行分析。

1）建筑专业

（1）总图

① 室外羽毛球场地建议将缓冲区适当加大至 2 m。

② 三个场馆应设置各自环形消防车道，二层平台上建议设置消防车道。

③ 体育综合馆建筑高度超过 24 m，需设消防车登高操作场地。

④ 体育综合馆观众席大量人员需从南北两侧疏散至二层平台，平台通地面楼梯过少。

⑤ 体育场附近宜增设无障碍车位。

（2）体育场

① 运动员出入口与休息室联系不方便，与其他人流交叉。

② 赛后控制中心应男、女分设。

③ 器材库面积偏小。

④ 场地跳远砂坑应上下左右均错开。

（3）体育热身场

① 场地跳远砂坑应上下左右均错开。

② 应标出场地弯道半径、足球场尺寸。

（4）体育馆

① 设计依据增加篮球、排球、乒乓球、羽毛球等竞赛规则。

② 器材库门尺寸偏小，建议净宽至少 2 m。

③ 医务急救室应设在体育馆出入口附近，与场地及室外联系方便。

④ 该馆为乙级体育馆，设置 2 套运动员休息室，即可满足规范要求。

⑤ 首层缺少安防控制室。

⑥ 工艺图中应标出各场地缓冲区。

⑦ 工艺图中排球训练场地的缓冲区位于端线外 8 m，边线外 5 m，与排球比赛场地缓冲区相同。

⑧ 工艺图中乒乓球比赛场地各场地之间均设 2 m 间距，训练场地两侧还可以各增加 1 块场地。

⑨ 工艺图中预埋件图排球训练场地采用移动排球柱，不设预埋件。

（5）游泳馆

① 游泳池净长 50.03 m，指池端泳池专用瓷砖之间的距离（包括安装触板尺寸）。

② 建议热身池净长也调整为 50.03 m。

③ 男更衣室也需要设置消毒池。

④ 兴奋剂检测室面积偏小。

⑤ 缺少救生室。

（6）健身馆

① 贵宾羽毛球场地缓冲区需加大，调整为≥2 m。

② 复核设备夹层平面图中羽毛球馆的训练高度是否满足规范要求。

③ 设备夹层平面图中网球场地尺寸应为 10.970 m×23.770 m，现为 10.980 m，尺寸有误。

④ 设备夹层平面图中乒乓球台标准尺寸为 1.525 m×2.740 m×0.760 m，间距需满足规范要求。

⑤ 设备夹层平面图中排球场缓冲区位于端线外 8 m，边线外 5 m。

2）结构专业

（1）基础结构

体育馆综合体±0.000 m 相当于绝对高程 7.400 m，地下商业及车库的地下室底板面的相对标高在-6.300 m 以下，根据地勘报告泰州城区历史最高洪水位 4.91 m，故体育馆综合体地下室的抗浮设计水位按照绝对标高 4.91 m 考虑，地下室设计时进行抗浮验算。经过安全性、经济性比较，本工程建议采用预应力混凝土竹节管桩。

机械连接先张法预应力混凝土竹节桩（图集号：G019—2012），是一种在传统预应力管桩基础上进行二次技术改进的预应力混凝土异形桩。该桩在侧壁设置了横向或纵向肋；接桩方式摒弃了传统的端板焊接形式,采用的是卡扣式机械快速连接接头,简称：机械连接竹节桩。产品适用于工业与民用建筑、构筑物、交通系统路基加固等工程的低承台基础工程。

机械连接竹节桩的技术特性：

① 机械连接竹节桩的外形为凹凸带纵横向肋状,提高了桩与土之间的侧摩阻力,每节凹凸外形的底部增加了端部面积,按照每层土质计算凸出部分面积,取端阻力的 30% 计算,与光圆和方外形桩相比(图 4-2),竖向承载力一般可提高 15%～20%,竖向抗拔承载力一般可提高 20%～30%(具体参数以试桩数据为准)。

PHC 圆桩　　　　　　T-PHC 竹节桩　　　　　　PS 方桩

图 4-2　三种类型的预制桩

② 上、下节桩采用卡扣式连接和专用密封材料(环氧树脂)进行防腐密封,使上下节桩成为一个连续、完整的整体。接桩形式的改进(图 4-3),有效避免了传统端板铁件外露及地下孔内外污水对铁件的氧化腐蚀,同时避免了电焊高温焊接对桩身内预应力钢棒墩头造成的破坏,大大降低了施工时间、施工费用(电焊工、电焊条、电)及施工现场质量的不可控概率。

传统电焊焊接　　　　　　　　　　卡扣式机械连接

图 4-3　接桩的形式对比

③ 在相同的腐蚀环境、时间下,对比桩身拉断情况(图 4-4):传统预应力管桩端板锈蚀引起的锈胀裂缝,会导致管桩的抗拉开裂荷载有明显降低,预应力管桩的破坏形态也将由桩身拉断破坏转变为桩端端板连接接缝破坏(预应力圆桩、方桩皆为端板焊接);而机械连接竹节桩由于采用桩身内部卡扣式机械连接及环氧树脂进行防腐密封的构造,使其端部连接部件能够有效的抵御外界腐蚀环境的侵蚀,机械连接竹节桩的破坏形态为桩身拉断。

传统端板腐蚀开裂　　　　　　　　　　　机械连接桩身拉断

图 4-4　桩身拉断的对比

④ 机械连接竹节桩与承台连接(图 4-5),将锚固钢筋墩粗滚丝直接旋入桩端大螺母内,使其与桩身内部预应力钢筋直线导力,避免传统焊接的错位受力,满足《建筑地基基础设计规范》(GB 50007—2011)的规范要求,进一步确保了工程质量与连接性能。

传统焊接承台形式　　　　　　　　　　　机械连接锚入式

图 4-5　桩与承台的连接形式改进

机械连接竹节桩做抗压桩使用时,与同直径同型号普通 PHC 管桩相比:单价上,机械连接竹节桩比混凝土管桩节约 20 元/m;施工工艺上,机械连接竹节桩比混凝土管桩施工工期更短。按项目工程量 30 000 m 计算,造价能节约 60 万元。若能对竹节桩进行优化,提高部分摩阻力计算,按优化 15%的工程量,能节约造价 85.5 万元。抗压桩约能节约 145.5 万元,总造价节省约 25%。

（2）屋面结构

体育馆、游泳馆、健身馆屋面建议采用双层正放四角锥网架结构,为建筑美观要求,屋盖周边采用放射性的平面钢桁架架立柱(钢桁架立柱平面投影指向体育馆投影面的圆心)作为屋盖的竖向支承,钢桁架立柱同时又是外围幕墙的主要受力支撑。空间网架结构与传统的平面结构相比,它具有以下六大优点：

① 由于网架结构杆件之间的相互作用,使其整体性好、空间刚度大、结构非常稳定。

② 钢材用量低,结构自重轻。网架结构靠杆件的轴力传递载荷,材料强度得到充分利用,既节约钢材,又减轻了自重。一个好的网架设计,其用钢量与同等条件下的钢筋混凝土结构的含钢量接近。可减轻自重 70%～80%,与普通钢结构相比,可节约钢材 20%～50%。

③ 抗震性能好。由于网架结构自重轻,地震时产生的地震力就小,同时钢材具有良好的延伸性,可吸收大量地震能量,网架空间刚度大,结构稳定不会倒塌,所以具备优良的抗震性能。

④ 网架结构高度小。可有效利用空间,普通钢结构高跨比为 1/10～1/8,而网架结构高跨比只有 1/20～1/14,能降低建筑物的高度。

⑤ 建设速度快。网架结构的构件,其尺寸和形状大量相同,可在工厂成批生产,且质量好、效率高,同时不与土建争场地,因而现场工作量小,工期缩短。

⑥ 网架结构施工造型灵活。能覆盖各种形状的平面,又可设计成各种各样的体形,造型美观大方。

（3）屋盖钢结构防腐

钢结构具有屋盖自重小,强度高、跨度大等特点,但钢结构也有易腐蚀的缺点。室内游泳馆的空气温度一般在 27～30℃;相对湿度高,一般在 50%～60%,且含有大量的消毒剂,当潮湿的空气遇到较冷物体(如钢构件)时,会凝结出水,这种冷凝水含有大量的氯离子。游泳馆屋盖钢结构所处的环境,腐蚀性明显强于普通民用建筑。腐蚀损伤的逐步积累将导致结构性能退化,逐步降低结构可靠度。不仅影响结构的耐久性,而且影响结构安全。

结合我国现行结构设计规范和标准,基于钢结构在长期使用过程中,由于环境因素对其耐久性的影响,在结构材料、构造措施、防护措施、施工质量要求等方面考虑,提出以下几点建议：

① 对节点的工艺孔应封闭,以避免空气中的腐蚀介质进入构件内部而加速钢材腐蚀。

② 应保证游泳馆的除湿通风设备正常运行,以避免室内空气温度、湿度过高。

③ 应每年对钢构件的防腐措施进行检查,及时采取维护措施或加固、更换腐蚀构件,防止腐蚀构件进一步腐蚀。对于民用建筑而言,在钢结构表面涂刷防腐涂层是常用的防腐措施,应及时维护,否则将失去防腐效果。

（4）楼梯、看台优化

① 标准的构件可以在产业化工厂生产,运至现场就可以直接安装,既方便又快捷。在争分夺秒抢工期的建设领域,有无可比拟的优越性。

② 构件在工厂进行标准化生产,质量比在现场生产更有保证,更可以达到有效的控制。

③ 用于周转的材料投入量相对减少很多,降低了租赁的费用。

④ 现场作业量的减少有利于环境保护。

⑤ 标准构件的机械化操作程序,减少现场人员和设备,在用工成本和安全生产方面都有帮助。

⑥ 标准化的生产可以节省材料,减少浪费,利于实现绿色施工,助力实现建筑业"双碳"目标。

(5) 细部结构

① 梁、板采用 C30 混凝土,柱子尽量采用高标号混凝土,减小柱子断面,控制轴压比,使柱子配筋大部分处于构造配筋状态。

② 地下室顶板配筋加强,配筋率不小于 0.25%,并设环形有黏结预应力筋抵抗温度应力。

③ 主框架梁一般情况下取 700~750 mm 高,次梁高比主梁低 50~150 mm,原则上梁高尽量高,梁宽尽量小,一般情况下次梁取 200 mm×(550~600 mm)。设计中根据弯矩包络图来调整截面高度或者采取支座加腋等方法来处理。

④ 柱子截面根据计算要求,按每二层或者每层变一次,尽量减小柱截面。

⑤ 柱配筋时,设计中应根据计算要求和规范要求,箍筋形式与纵筋布置相配合,使纵筋布置与箍筋形式合理经济。

⑥ 梁配筋时,梁跨中布置架立筋;支座纵筋规格选择应满足钢筋间距要求下,选用小直径钢筋;对支座纵筋的二排筋断点可根据弯矩包络图来确定;箍筋布置根据剪力包络图来设计。

⑦ 板配筋时,普通楼面采用分离式配筋,除角部适当加强外,其余按计算要求;单向板要区分长、短方向配筋,短向按计算执行,长向按构造要求;但是对建筑平面有超长的,应进行温度变形验算,适当设置抗裂钢筋,而不是盲目地双层双向布置。

⑧ 梁箍筋间距:三级框架梁可采用@150/250,次梁可采用@250。

3) 给排水、机电、暖通专业

(1) 给排水设计优化

① 赛时和赛后用水量分析

用水量分析未考虑赛时与赛后不同使用功能下的差异,赛后用水量在不同的运营模式下,会有明显的差别,但赛后用水量远远小于赛时用水量是显而易见的。毫无疑问,供水设备是按满足赛时负荷配置的,系统越大,供水量就越大,而赛后用水量的变化幅度也就越大。

由于水泵的调节范围是有限的,按赛时最大流量配置的供水设备,就有可能难以满足赛后中、低流量时的需求。所以,我们建议将供水区域化大为小,使每一套供水设备的供水区域内的最大、最小用水量在水泵的高效调节范围之内。供水区域的划分,除了考虑这一因素之外,另一因素是考虑到赛后分区、分块运营的需要。在无正式比赛的运营淡季,只需开放某一区域,举办展览、对外出租办公等,关闭不开放部分的供水设备,有利于节能,也方便管理。

② 变频调速给水设备的优化配置

变频调速给水设备需优化配置,由于体育馆用水闲忙不均,差异很大,如不考虑这些因素,按常规方法配置供水设备,会造成较大的能源浪费。设备的配置目标是:无论在赛时还是赛后,供水设备从零流量至设计秒流量期间各工况点均在水泵高效段范围,达到高效节能供水之目的。按赛时最大流量和赛后最小流量合理配置全型泵(全流量供水)和半型泵(提供与全型泵大致相同的压力,流量大致为全型泵的一半),半型泵采用集成变频器的变频水泵,使半型泵满足赛后使用。赛时达到设计流量时,通过可编程控制器(PLC)自动切换到全型泵工频工作,再配以半型泵的变频工作来满足流量的变化。

③ 污、废水排水管极小流量下淤积问题的解决办法

高峰流量设计的污、废水排水管在极小流量下可能产生管道淤积、排水能力降低的问题,可以有选择地将污水泵井的有压流接入重力排水横管,并针对有压流接入点的消能设施进行设计。

④ 伸顶通气管和吸气阀的设置问题

由于体育馆建筑立面的要求,不宜在看台板下暴露管道,这就造成了污水系统通气管设置数量受限,使通气效果非常不好,建议在室外设置吸气阀。另外,由于体育馆卫生间很大,横支管长,瞬时排水量大,全部靠环形通气管解决,很难满足要求,建议在卫生间横支管上设置支管吸气阀,以解决管内的压力波动。

(2)机电、暖通优化

① 风管优化

按复合板材质的不同,非金属复合板风管主要有机制玻镁复合板风管、聚氨酯复合板风管、酚醛复合板风管、玻纤复合板风管。机制玻镁复合板风管是以玻璃纤维为增强材料,氯氧镁水泥为胶凝材料,中间复合绝热材料或不燃轻质结构材料,采用机械化生产工艺制成三层(多层)结构的机制玻镁复合板。在施工现场或工厂内切割成上、下、左、右四块单板,用专用无机胶黏剂组合黏接工艺制作成通风管道。

酚醛铝箔复合板风管与聚氨酯铝箔复合板风管同属于双面铝箔泡沫类风管,风管内外表面覆贴铝箔,中间层为聚氨酯或酚醛泡沫绝热材料。玻纤复合板风管是以玻璃棉板为基材,外表面复合一层玻璃纤维布复合铝箔(或采用铝箔与玻纤布及阻燃牛皮纸复合而成),内表面复合一层玻纤布(或覆盖一层树脂涂料)而制成的玻纤复合板为材料,经切割、黏合、胶带密封和加固制成的通风管道。

设计优化后,复合板板材的制作均采用机械化生产工艺一次成形复合制成。生产效率高,板材质量得到有效保证。复合板风管具有外观美观、重量轻、施工方便、效率高、漏风小、不需要外保温的特点,一般在现场制作,以避免损坏。

② 智能化变配电系统

随着计算机技术,现代控制技术、通信网络技术的飞跃发展,体育馆的变配电系统,照明系统的智能化与常规的设计方式有着显著的不同。从各个系统出发,应用先进的设计思想和设计方法,将体育馆建成既体现高科技含量、又能满足实际需求的现代体育馆。现代体育场馆中的系统和设施,对供配电系统可靠性的要求越来越高,绝不允许出现供电故障。应对体育馆的用电负荷进行分级,不同等级的用电负荷,供配电系统要有所区别。根据实际要求设置应急电源。对于智能化变配电系统的操作,可通过编制程序,对系统的各种操作进行预

先设定,并以图形或表格的形式进行显示,非常直观有效。为实现变配电系统自动化和减少工作人员,提高工作效率提供保证。

4) 声光专业

有电视转播的体育馆,体育照明不仅要考虑水平照度,还要衡量其垂直照度及其均匀度。建议在灯具选型过程中利用 DIALUX 进行场馆照度分析,保证其垂直照度及其均匀度。

5) 园林专业

泰州体育公园位于城市中轴线上,北临园博园,南面为行政办公用地,拥有得天独厚的地理环境条件。体育公园作为城市内的绿色运动空间,力求建设具备先进的运动理念和现代景观营造意识的公共性公园,不仅为人们提供自然、舒适、优美的运动环境,而且对增加城市绿地面积、提高环境生态效益都有着积极的作用。

(1)满足"动能需求"的同时,赛后可供市民休息。

(2)要注重场地景观设计风格的态体性,用景观来统一孤立的建筑个体,并与城市大环境相协调。从场地内部体育建筑群的空间布局来看,功能布局较为清晰,各场馆功能间的干扰较少,为园林景观的设计与塑造提供了较好的前提条件。

(3)采用"化整为零"策略,总图中停车场面积大且集中安排,建议对停车场采用"化整为零"的思想进行置换与分散,特别应注重对地下空间的充分利用。为了在体育公园中体现体育特色和泰州特色,在各功能分区中适当融合一些体育文化元素,将其分散、穿插、融合在各个绿地当中,以提高体育公园的文化内涵。

(4)注重营造"森林围园"。场地的四周临街区域,采用"森林围园"的思路,在场地四周布局密集的高大乔木林形成一个"绿色生态环",将体育公园坐落在城市森林中,营造生态形象。

(5)为提高体育公园的文化品位,用"文化统领设计"的方法来进行构思,对各种文化素材进行筛选,将精选出来的元素穿插、融合在公园的外部景观当中,使整个公园形成一条"文化隐脉"。

4.2.3　BIM 优化技术

BIM 技术是一种应用于工程设计建造管理的数据化工具,通过参数模型整合各种项目的相关信息,在项目策划、运行和维护的全生命周期过程中进行共享和传递,使工程技术人员对各种建筑信息作出正确理解和高效应对,为设计团队以及包括建筑运营单位在内的各方建设主体提供协同工作的基础,在提高生产效率、节约成本和缩短工期方面发挥重要作用。

(1) BIM 技术应用于建筑结构与场地分析

建筑结构设计的合理与否并不仅仅体现于建筑工程本身,还与建筑工程所处的场地有着密切联系,地质环境、水文状况等都会给建筑结构的设计产生诸多方面的影响。而通过 BIM 技术与地理信息系统的结合,可以对建筑工程的场地进行全面模拟,并在模拟的环境中拟建建筑工程的模型,这样就可以对建筑场地的特点、条件等作出全方位的分析,选择最佳的建筑物建设地点,使建筑结构与其所处的场地适应性达到最佳,从而保证建筑结构设计的合理性。

（2）BIM 技术应用于建筑结构性能分析

建筑结构设计并不是对建筑各个部分简单的排列,还需要使各个部分有机组合起来,形成一个彼此支撑的整体,确保整个建筑结构的抗震性、牢固性等达到相应标准,这就需要对建筑结构的性能进行分析。在传统的建筑结构性能分析中,需要花费大量的人力、时间,利用各种计算公式来完成这个分析过程,且分析的结果比较容易存在误差,给建筑结构性能的可靠造成影响。而在 BIM 技术中,可以设计相应的性能分析软件,将 BIM 模型的相关数据导入软件之中,就可以快速、准确地完成整个分析过程,并根据分析的结果来发现和改正设计中存在的不足,提高建筑结构设计质量。

（3）BIM 技术应用于建筑结构的协同

在 BIM 模型中,建筑工程的数据是不断进行交流和共享的,这主要包括两个方面:一是通过借助中心数据文件,完成异地不同设计软件进行模型设计时需要的相应数据和信息;二是通过设置中心数据库,实现不同专业之间的数据传递和共享,将与建筑工程相关的水暖电、结构、装饰等各种专业的内容有机地结合起来,利用统一的处理平台来对信息进行规范处理,实现系统内部信息流的畅通。在这种数据交流和共享的基础上,保证了建筑结构的设计充分顾及与建筑有关的各方面内容,避免了某一点、某一参数疏漏导致的结构不完善问题,对于建筑结构设计的质量有着重要作用。

（4）BIM 技术应用于钢结构的建模

在现阶段,随着建筑工程的不断发展,大跨度、大空间成为建筑工程发展的重要趋势,钢结构的应用也越来越加广泛。在钢结构建筑物中,由于钢结构是通过杆件连接来实现的。在连接方式上,有刚接、铰接等多种,结构的连接和加强件布置繁多,给钢结构的设计带来了难度。利用 BIM 技术,可以通过对钢结构梁高度的计算,对所有连接件进行专项设计,并对连接件进行参数化处理。应用 BIM 技术的参数共享功能,即可以完成对钢结构中螺栓等连接件数量和间距的控制,在需要构建新连接件时,设计人员只需要调整相应的参数即可完成;对于加强件,设计人员可以通过 BIM 技术绘制出相应的大样图,在钢结构施工中,技术人员只需要参考相应的设计位置,就可以确定加强件的部位,避免了钢结构中薄弱环节的存在。因此,在建筑钢结构设计中应用 BIM 技术,可以确保连接件和加强件位置的准确,保证钢结构连接的牢固、可靠,确保钢结构设计的质量和水平。

4.3 质量管理体系及措施

4.3.1 工程质量目标与分解

（1）质量目标

泰州体育公园工程质量目标为确保江苏省优质工程"扬子杯",争创"国家优质工程奖"。

（2）质量目标分解（表 4-1）

表 4-1　质量目标分解表

序号	项目	目标	责任人、部门
1	检验批验收	一次验收合格率达到 100%	施工班组、责任工长、专职质检员
2	各分项、分部工程验收	一次性通过	专职质检员、项目技术负责人
3	重点部位质量控制	屋面、多水房间及涉水功能区域不漏水	施工班组、责任工长、专职质检员、项目技术负责人
4	分部工程验收	合格	项目技术负责人、项目经理、公司工程部

4.3.2　质量管理体系

1）质量管理组织机构（图 4-6）

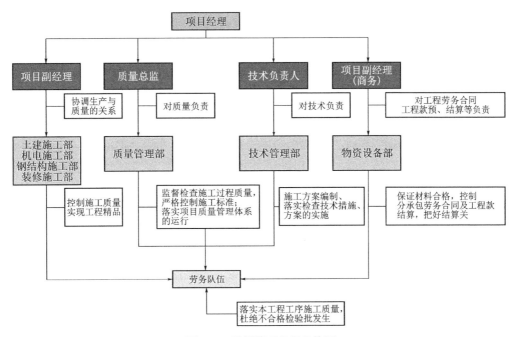

图 4-6　质量管理组织机构图

2）主要管理人员质量职责

（1）项目经理的岗位职责

项目经理是工程质量的第一责任人,负责保证国家、行业、地方标准规范,以及企业工程质量管理规定在项目实施中得到贯彻落实;负责组织工程质量策划和施工组织设计大纲的编制,制定工程质量实施总目标,并监督项目各职能部门及分包单位执行;及时了解项目的工程质量状况,参加项目的工程质量专题会议,支持项目分管工程质量的副经理及项目专职质检员的工作。

（2）项目副经理的岗位职责

监督项目经理部开展进场原材料、半成品、建筑构配件、机械设备的检验、抽样和取样工作；并核查其出厂合格证和现场见证取样检测报告；参与工程质量策划，控制施工过程质量，协调生产与质量的关系。

（3）技术负责人岗位职责

根据工程质量策划和质量计划，编制专项施工方案、工艺标准、操作规程，提出质量保证措施；负责组织图纸会审及各专业问题技术处理工作，组织项目质量技术交底工作的开展，并监督落实；负责推广应用"四新"科技成果，并负责资料的收集、整理、保管工作、撰写施工技术总结；负责工程施工规范、规程和标准管理。

（4）质量负责人岗位职责

牵头工程质量策划，组织项目质量计划的编制，并指导工程质量管理部工作，制定阶段质量实施目标，对阶段性目标的实施情况定期监督、检查和总结，落实项目质量管理体系的运行；负责定期组织质量讲评、质量总结，以及与业主、监理进行有关质量工作的沟通和汇报。

（5）预算负责人岗位职责

对工程劳务合同、工程预算、结算负责；负责选择技术成熟、施工质量过硬的劳务队伍；保证施工材料合格，控制分承包劳务合同及工程款结算。

（6）技术管理部职责

对图纸、施工方案、工艺标准及时确定，指导工程的施工生产；负责结构预控验算、结构变形监测、工程施工测量和各项试验检测工作；对工程技术资料进行收集管理，确保施工资料与工程进度同步；开展以提高工程质量为目的的科学、技术研究，组织工程项目开展技术攻关工作，结合工程项目施工特点，积极采用先进的施工技术、工艺和材料，并积极推广工程质量科研成果；组织深化设计组对施工图分专业进行深化设计，保证各专业协调，保障整体工程的施工质量。

（7）质量管理部职责

编制专项计划，包括质量检验计划、过程控制计划、质量预控措施等，对工程质量控制进行控制；组织检查各工序施工质量，组织重要部位的预检和隐蔽工程检查；组织分部工程的质量核定及单位工程的质量评定；针对不合格品发出"不合格品报告"或"质量问题整改通知"，并监督检查；监督检查质量计划的落实情况。

（8）物资采购部职责

严格按物资采购程序进行采购，对购入的各类生产材料、设备等产品质量负责，严把进场物资的质量关，使其性能必须符合国家有关标准、规范和工程设计的质量要求。采购资料及时收集、整理；组织对工程物资的验证，办理书面手续，开展进场物资的报验工作，对检验不合格的物资及时进行封存或退场处理，以防误用；负责进场物资库存管理，制定库存物资管理办法，做好各类物资的标识工作。

3）质量管理体系及方法

（1）质量管理体系

根据《质量管理体系要求》(GB/T 19001—2000)建立项目的质量管理体系，实现工程项目质量管理的标准化、规范化、程序化和制度化,保证各项工作开展有计划、有依据、有标准、有措施、有检查、有分析和有改进。

(2) 质量管理的方法

① 在本工程中实施全面质量管理(全方位质量管理;全过程质量控制;全员参与质量管理;以平安为中心的高性价比质量管理),重点对 5M1E(人、机、料、法、环、测)进行质量预控管理。

② 总承包应以确保业主满意的服务为目的,要做好生产或作业过程的质量管理,同样应做好深化设计过程和采购过程的质量管理,形成一个综合性的质量管理体系。

③ 以事前控制为主要手段,做好技术准备、材料设备准备及劳动力准备工作,将质量问题消除在施工前。

④ 通过质量教育,提高施工人员质量意识。加强工程创优宣传,常组织施工队伍进行质量教育,通过讲课、放映的方式开办夜校,进行施工规范、施工工艺、质量标准、创优要求的培训。

⑤ 实施过程监控,采用三级检查制度,发现质量问题及时采取纠正措施。

⑥ 创建各专业各项 QC 质量活动小组,运用 PDCA(计划→行动→检查→改进)循环的方法持续改进工程质量。

⑦ 所有专业工种和综合性工程实体部位均遵循以下质量管理流程:深化设计→样品/样板评审→施工工法或施工方案评审→计划实施→检测检验→成品保护→调试试运行→验收保修。

⑧ 检查验收覆盖工程全过程,质量必须达到全部合格(100%验收,100%合格)。

4) 质量管理控制措施

施工阶段性的质量控制措施主要分为:事前、事中、事后三个阶段。总承包通过这三阶段对分部分项工程的施工进行有效的阶段性质量控制。

(1) 事前控制

① 技术准备

a. 组织相关人员编制总承包项目《施工组织设计》《创优策划》《质量计划》,制定现场的各种管理制度,完善计量及质量检测技术和手段,编制原材料、半成品、构配件检验计划。对本工程将要采用的新技术、新结构、新工艺、新材料均要审核其技术审定书及运用范围。

b. 与各分包单位签订创优责任书,明确质量目标及奖罚责任。

c. 技术负责人组织项目工程技术管理人员学习设计图纸,组织会审;组织学习相关施工规范、标准、图集。

d. 从测绘单位交接测量标桩后,测量工程师立即进行检查复核,制定测量标桩,建立坐标定位控制网和水准高程控制点。

e. 组织工程技术人员做好基坑、桩基及基础底板独立承包工程的接收工作,做好全面、细致的检查、测量,特别是工程交接界面,并做记录,发现问题及时提出整改意见。

f. 组织相关技术人员进行深化设计,经审批的深化设计图纸,组织工程技术人员学习,并进行设计交底。

g. 实施《工程样品、样板管理方案》,每个分项工程施工前做到样板先行,样板施工按预期目标导向进行管理,合理优化和调整,以达到最优效果。经监理、业主审批符合要求的样板间,组织施工人员学习、交底。样板间审批后,才可以大面积开展此项工程的施工。

h. 实施三级技术交底制。每个分项工程施工前,由技术负责人向现场专业工程师进行技术交底,现场专业工程师向施工班组长进行技术交底,施工班组长向施工人员进行技术交底。要求有书面记录,交底内容应详细、有针对性,双方签字。

② 劳动力保障

a. 劳动力需求由我单位人力资源部从合格劳务供方中择优选取,对于本工程,项目公司将选择施工经验最丰富、操作水平最高的最优劳务队伍。同劳务分包承包人依法签订分包合同,合同中明确质量 目标、质量责任。

b. 特殊工种人员必须 100%持有效上岗证,并在技术管理部登记备案。

c. 参与对专业承包商质保能力的评估,负责检查各专业承包商单位现场质检人员到岗、特殊工种人员持证上岗情况。各专业承包商劳务队伍资质资料应报送总承包单位核查,施工人员登记表、特殊工种持证上岗登记表均应报送总承包备查。

③ 物资保障

a. 根据施工进度计划、物资需用计划,按照招标文件及合同条款约定、设计要求和标准规范要求进行物资采购,从质量上严格把关。

b. 原材料质量是工程总体质量的实现前提,大宗材料在采购前需先进行考察,选择信誉好、质量高、货源充足的厂家。材料采购将严格按照管理程序进行,严把材料(包括原材料、成品和半成品)、设备的出厂质量和进场质量关,做好分供方的选择、物资的验证、物资检验、物资的标识、物资的保管、发放和投用、不合格品的处理等环节的控制工作,确保投用到工程的所有物资均符合规定要求。

c. 材料、设备在订货前,均提交有关材料、设备生产商材料的资料证明并通过业主方认可,更换材料、设备品牌需经业主方审批同意,确保业主对材料、设备来源、质量放心。

d. 实施《样品、样板管理方案》,材料样品须经上报监理、设计、顾问、业主评审,通过书面验收后,样品封存于现场封样间内,材料依照审批通过的样品采购。

e. 材料进场后,质量管理部参与物资管理部材料验收,进行外观检查。质量管理部对出厂材质证明把关,实验部门进行复试检测工作。在材料供应和使用过程中,必须做到"四验""三把关"。即"验规格、验品种、验数量、验质量""材料验收人员把关、技术质量试验人员把关、操作人员把关",以保证用于本工程上的各种材料均是合格优质的材料。

f. 满足上述所有要求的材料、半成品、构配件、设备方可用于工程上。

g. 根据机械设备需用计划、质量检测仪器、设备需用计划,按照招标文件及合同条款约定、设计要求和标准规范要求进行施工机械设备、检测仪器、设备采购,以保证满足工程施工的质量要求。

h. 各种机械设备进场后应向监理单位报验,进行编号,做好台账登记。

i. 质量检测设备、仪器应能充分满足现场各专业工程的质量检测需要,仪器、设备定期送检保持有效检测状态。

（2）事中控制

① 工序质量控制措施

工序交接有检查，质量预控有对策，施工项目有方案，技术措施有交底，图纸会审有记录，配制材料有试验，隐蔽工程有验收，计量器具校正有复核，设计变更有手续，钢筋（材）代换有制度，质量处理有复查，成品保护有措施，行使质控有否决，质量文件有档案（凡是与质量有关的技术文件，如水准、坐标位置，测量放线记录，沉降、变形观测记录，结构预变形控制及监测记录，图纸会审记录，材料合格证明、试验报告，施工记录，隐蔽工程记录，设计变更记录，调试、试压运行记录，试车运转记录，竣工图等都编目建档）。

② 过程监控

a. 实施定期、不定期质量检查制度，质量工程师对工程现场进行随时随地的不定期质量巡视检查，每周、月、季度组织定期质量大检查，发现问题及时处理，将质量问题消灭在萌芽状态，必要时发出整改通知单限期整改，并负责监督实施和复查。

b. 实行纠正和预防措施。对工程一般不合格，由作业人员依据检验人员的指令直接实施整改，可不制定纠正和预防措施。

c. 对经常出现的一般不合格及严重不合格的质量问题，采取纠正和预防措施，技术管理部提出书面纠正措施和预防措施，技术负责人审批通过后，施工管理部现场实施，以尽量杜绝再次出现相同的质量问题。

d. 实施三级检查制度，层层把关，确保分项工程质量合格率 100%，并达到创优要求。工序施工阶段，专职质量工程师随时随地巡检，一项工程检验批完成后，现场专业工程师组织班组自检、互检，质量工程师专检，符合要求后报监理工程师验收，验收合格方可进入下道工序施工。

e. 对关键工序、特殊工序以及采用了"四新技术"的工序，加强过程监控，必要时由技术负责人组织各相关人员对工序进行策划，策划的内容包括：确认工序所使用的工具、机具设备及测量检测仪器；确定所需材料的材质及规格型号；确定所需的技术参数；确定操作人员应达到的技能。

f. 施工过程中跟踪监控有关的技术参数。当发现过程参数不稳定或达不到要求时，由技术负责人组织相关管理人员以及操作人员，从人、机、料、环、法五个方面的原因进行分析，找到影响质量的关键因素，并制定相应的措施。必要时，会同设计单位代表、业主或现场监理工程。

（3）事后控制

成品保护：每道工序监理工程师验收合格后，即采取成品保护措施，现场专业工程师随时随地巡视检查，发现保护措施损坏的，及时恢复。

4.3.3　检验试验计划

工程所有进场物资的规格、品种、数量、质量标准、出厂时间、试验结果等各项指标必须验收合格方可投入使用，施工过程中各工序、半成品与成品的质量未经检验和试验合格，不得进入下道工序施工。各检验批、分项工程、分部（子分部）工程和单位（子单位）工程按国家《建筑工程施工质量验收统一标准》（GB 50300—2013）规定进行检验和验收。

4.4 安全管理体系及措施

4.4.1 安全管理总体目标

坚持"安全第一、预防为主、综合治理"的安全生产方针,实施建设工程安全生产管理。建立和健全安全生产保障体系和安全生产责任制,认真执行《建筑施工安全检查标准》(JGJ 59—2011),提高安全生产工作和文明施工的管理水平,满足泰州市创建文明城市要求,满足江苏省安全文明工地要求。确保"江苏省建筑安全文明工地",争创全国"AAA 级安全文明标准化工地"。

4.4.2 安全管理体系

根据泰州体育公园项目的特点,构建安全管理体系(图 4-7),并制定安全管理职责,编制安全生产管理制度,从而落实建设全过程安全管理。

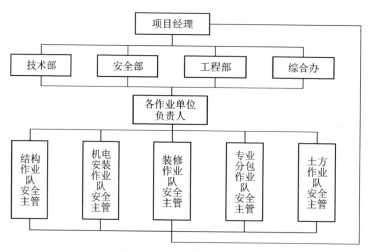

图 4-7 安全管理体系图

4.4.3 安全保证措施

1) 施工现场图牌

为保证现场施工安全,提高作业人员的安全意识,在场内设置各类施工图牌。

(1) 安全环境理念牌、九牌一图

项目大门入口设置环境理念牌:"绿色建造,环境和谐为本;生命至上,安全运营第一"。提高现场作业人员安全意识及环保意识。

大门入口处同时设置"九牌一图",其中包含"工程概况牌、项目组织及监督电话牌、安全生产牌、文明施工牌、消防保卫牌、农民工权益告知牌、农民工工资投诉牌、建筑节能牌、安全应急预案牌、施工平面布置图"等重要信息。

（2）现场安全警示图牌

现场安全警示图牌主要分为"禁止安全标识、警告安全标识、指令安全标识、安全提示标识"四类，根据需要设置于施工现场相关位置。

（3）相关责任公示牌

项目负责人带班图牌悬挂在施工现场明显位置，同时针对现场危险性较大的设施、施工机具和各责任区，张挂责任公示牌、明确责任人和责任内容，对危险性较大的分部分项工程实施时，同时必须挂"安全责任公示牌"。公示牌中安全技术要求简明扼要，突出重点，并有相应的应急措施。

2）个体防护设备

（1）安全帽

安全帽统一采用红、白、黄、蓝四色，红色为上级领导、来访嘉宾和安全工程师使用，白色为项目管理人员、分包管理人员使用，黄色为施工人员使用，蓝色为特种操作人员使用。

安全帽应当注明标识、安全帽前端张贴企业标志，两侧安全要求注明编号，编号为蓝底白字，A 代表项目部管理人员、B 代表分包管理人员、C 代表施工人员。

（2）安全带及警示镜

安全带采用满足国家《安全带》（GB 60125—2009）技术要求的产品，进场后对生产日期、生产许可证、产品合格证、检验证进行检查验收，安全带使用时间不得大于 3 年，使用 2 年后必须进行抽检，合格后方可使用。安全带上的各种部件不得任意拆除、接长使用。安全带应当高挂低用，使用 3 m 以上长绳应当增加缓冲器。

3）工具化防护设施

（1）工具化钢管防护栏杆

传统的楼梯口、楼梯临边、洞口临边等防护栏杆采用普通钢管以及扣件搭设而成，工艺粗糙，稳定性差，扣件及紧固螺栓外漏，不仅美观性差，并且容易造成衣服缠绕和人员碰伤，影响后续放线施工，因此本工程拟选用工具化防护栏杆作为围护工具使用。

工具钢管防护栏杆采用立柱，水平杆通过选用不同连接件连接而成，可满足不同部位空间临边防护的需要。

（2）竖向洞口防护栏杆

竖向洞口高度低于 800 mm 的临边采用一道横杆固定，防护栏杆距离地面 1 200 mm，其端部采用专用连接件进行固定。

钢管表面刷红白间隔油漆警示，同时张挂"当心坠落"安全标识牌。

（3）网片式工具化防护围挡

对于地面施工区域分隔、基坑周边防护、首层或上部结构临边防护采用网片式工具化防护围栏，围栏立柱采用方钢 + 钢板 + 螺栓固定，外框采用 30 mm×30 mm 方钢制作，每片高 1 200 mm，宽 1 900 mm，底下 200 mm 处加设钢板作为踢脚板，中间采用钢板网。钢板网直径≥2 mm，网孔边长不大于 20 mm。

（4）施工升降机楼层转料平台防护门

定型化防护门采用车间制作，规格尺寸以及材质参见附图，运输至现场后采用扣件将门柱与施工升降机楼层出入口操作架进行连接。在铺设楼层出入平台时,将木枋搁置在此门的下框下,并铺钉好模板。

（5）工具式钢筋加工棚

工具式钢筋加工棚根据现场场地情况确定尺寸,加工棚立柱采用 150 mm×150 mm 方钢制作,柱间连接杆件采用 50 mm×150 mm 方钢,桁架主梁采用 150 mm×150 mm 方钢,桁架其余杆件采用 50 mm×150 mm 方钢,立柱与桁架各焊接一片 250 mm×250 mm×10 mm 钢板,以 M12 螺栓连接。基础尺寸为 700 mm×700 mm×700 mm,采用 C30 混凝土进行浇筑,预埋 300 mm×300 mm×12 mm 钢板,钢板下部焊接 20 mm 钢筋,并塞焊 4 个 M18 螺栓固定立柱。

加工车间地面采用混凝土进行硬化,搭设在塔吊回转半径以及建筑物周边的加工车间设双层硬质防护,顶部张挂安全警示标识及安全用语横幅。同时在工具式钢筋加工棚醒目处挂操作规程图牌,图牌宽高为 2 000 mm×1 000 mm。

（6）工具式木工加工棚

工具式木工加工棚具体尺寸根据现场实际情况确定,搭设尺寸选用 3 000 mm×4 500 mm 单组加工棚拼装加长。搭设在塔吊回转半径和建筑物周边的工具式木工加工棚必须采用双层硬质防护,加工车间地面采用混凝土硬化。顶部张挂安全警示标识及安全用语横幅。同时在工具式钢筋加工棚醒目处挂操作规程图牌,图牌宽高为 3 000 mm×1 500 mm。

（7）安全通道及施工升降机防护棚

工具式安全通道、施工防护棚搭设尺寸为 6 000 mm×4 500 mm,并根据现场实际情况进行调整,通道与防护棚地面采用混凝土进行硬化,在塔吊回转半径以及建筑物周边的工具式安全通道必须设置两层硬质防护,通道与防护棚顶部应当张挂安全警示标识和安全宣传横幅,横幅宽度为 1 m,安全通道及施工升降机内悬挂宣传横幅和施工升降机操作规程图牌,图牌朝内。

4）洞口防护

（1）楼层洞口防护（$D<1 500$ mm）

根据洞口尺寸大小,锯出相当长度的木枋卡固在洞口内,然后将硬质盖板用铁钉钉在木枋上,作为硬质防护。盖板四周要求顺直,刷红白警示漆。

（2）楼层洞口防护（$D\geqslant 1500$ mm）

洞口四周搭设工具式防护栏杆、采用三道栏杆形式,立杆高度 1 200 mm,下道栏杆离地 200 mm,中道栏杆离地面 600 mm,上道栏杆离地面 1 200 mm,下口设置踢脚板并张挂水平安全网。防护栏杆距离洞口边不得小于 200 mm,栏杆表面刷红白相间警示油漆。

（3）后浇带防护

后浇带上采用九层板全封闭隔离,两侧砌筑砖砌式挡水坎,挡水坎粉刷平直,板上刷红白色警示漆。

5）施工用电安全防护

（1）基本规定

施工现场临时用电应当编制用电施工组织设计,并进行审核、审批,监理审查。施工现场临时用电必须采用 TN-S 系统,符合"三级配电、两级保护",达到"一机一闸一漏一箱"的要求,实行分级配电,两级保护。电工持证上岗,施工用电建立安全技术档案、临时用电定期检查,履行复查手续,并保留相关记录。

（2）总配电室

总配电室应靠近电源,设置在灰尘少,潮气少,无腐蚀介质和道路通畅的地方,配电室应能自然通风,并应采取防止雨雪侵入和动物进入的措施。配电柜侧面的围护通道宽度不小于 1 m,配电室顶棚与地面的距离不小于 3 m。配电室的建筑物和构筑物耐火等级不低于 3 级,室内配置砂箱和可用于扑灭电器火宅的灭火器,配电室的照明分别设置正常照明和事故照明,门向外开并配锁。

（3）配电线路

电缆线路应当采用埋地或者架空敷设,严禁沿着地面明设,埋地电缆路径应当设置方位标识,电缆直接埋地敷设的深度不应小于 0.7 m,并应在电缆紧邻上下左右侧敷设不小于50 mm厚的细砂,然后覆盖砖或混凝土板凳硬质保护层,架空敷设时,应当拉设钢索,固定间隔一定距离采用绝缘线将电缆附着在钢索上,埋地电缆穿越建筑物、道路、易受到机械损伤以上引出地面时,必须加设防护套管,防护套管直径不应小于电缆外径的 1.5 倍。

（4）现场照明

一般场所采用额定电压 220 V 的照明,此类照明灯具距离地面不得低于 3 m,室内220 V 灯具距离地面不得低于 2.5 m。在高温、有导电灰尘、比较潮湿或者灯具距离地面不足 2.5 m 的场所照明,电源电压不应高于 36 V,特别潮湿场所,导电良好地面,锅炉或者金属容器内照明,电源电压不得高于 12 V。照明灯具的金属外壳必须与 PE 线相连接,照明开关箱内必须设置隔离开关,短路与漏电保护器。普通灯具距离易燃品不宜小于 300 mm,聚光灯、碘钨灯等高热灯具距离易燃物不宜小于 500 mm,且不得直接照射易燃物。

6）临时消防设施

（1）临时消防给水系统

编制施工现场消防安全专项方案,由上级单位审核、审批。设置室外消防给水系统。消防栓的间距不大于 120 mm,最大保护半径不大于 150 mm,且与在建工地、临时用房、可燃材料堆场及其加工场的外边线距离不小于 5 m,给水管道直径不应小于 DN100。结构施工完毕的每层楼梯处设置消防水枪、水带及软管,每个设置点不少于 2 套。消火栓接口的前端设置截止阀,且消火栓接口或软管接口的间距在建筑范围内不应大于 30 m。临时用房建筑必须设置灭火箱,内装灭火器至少 2 具/箱,灭火器不少于 1 个/200 m²,且单具灭火器间距不得大于 25 m,同时寒冷地区的现场临时消防给水系统应当采取防冻措施。

（2）消防泵房配置

设置临时消防泵房,消防泵房采用专用消防配电线路,专用消防配电线路自施工现场总配电箱的总断路器上端介入,且应保证不间断供电。临时消防给水系统的给水压力应当满足消防水枪充实水柱长度不小于 10 m 的要求,给水压力不足时,应当设置消防栓泵,消防栓泵不少于两台,且互为备份,消防栓泵设置自动启动装置,保证消防应急需求。

（3）临时消防设施

建立和执行现场消防和危险物品管理制度,并严格按照消防管理规定实施,作好相关记录。生活区、仓库、配电室、木工作业区等易燃易爆场所设置相应的消防器材,并由专人负责检查。消防器材配备包括灭火器、消防栓、消防水带、消防水枪、防烟面罩、消防斧头等。器材架为钢质,尺寸为 610 mm×610 mm×180 mm 或 900 mm×1 900 mm×400 mm 两种规格。

4.5 环境保护管理体系及措施

4.5.1 环境保护施工目标

杜绝淤泥、污水、噪声等造成的环境污染,最大限度地减少由施工给周边居民正常工作和休息所带来的影响。

4.5.2 环境保护组织机构

依据项目特点构建环境保护组织机构(图 4-8):体育公园工程成立以项目经理,公司相关部门人员、项目部主要管理人员组成的环境保护施工领导小组。

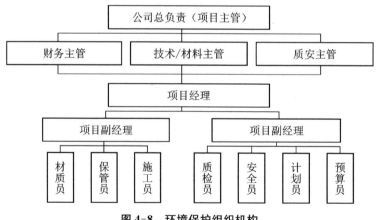

图 4-8　环境保护组织机构

4.5.3 环境保护措施

环境保护施工是创建文明城市的重要组成部分,更是公司企业形象的具体体现。因此,在工程施工的各个环节,均严格遵守施工管理制度和操作规程,并经常组织检查,列入考核内容。根据现场实际分析,环境保护施工具体措施如下:

（1）环境保护应坚持"预防为主"的原则,强化环境管理意识,做到谁污染谁治理,达到保护和改善环境的目的,走可持续发展之路。

（2）工地出入口处设环境保护施工标语,设施工标牌。

（3）环保施工，减少污染。在施工现场，主要的污染源包括噪声、扬尘、污水。从保护环境、不影响他人正常工作和休息的角度来说，应该尽量减少这些污染的产生。现场主要措施包括：

① 对于清扫扬尘的控制，可以在现场设置围挡，覆盖易生尘埃物料，洒水降尘，垃圾封闭。

② 生活污水如工地厕所的污水应配置三级无害化化粪池，驳接市政污水处理设施。

（4）对施工现场附近及生活区的绿化必须爱护，不能损坏绿化树木及草坪，如因工程需要可以对绿化进行移植，对于损坏的绿化则应在竣工后进行补种。

（5）施工临时建筑和围护应园林化风景化，竣工后应及时撤除并恢复原貌。

4.5.4　防止扰民措施

为了减少噪声和防止扰民，经过充分研究和论证，拟采用如下几项措施。

1）防噪声技术措施

通过运用新技术、新工艺、新方法，改变传统落后的施工方法，减少平常施工过程中由于振捣和机械产生的噪声。采取隔音、消音措施，减少机械噪声污染。在控制施工噪声方面，除了从机具上考虑外，还应使用隔声屏障等，确保外界噪声等效声级达到环保相关要求；所有施工机械、车辆必须定期保养维修，并于闲置时关机以免发出噪声。

2）组织管理措施

（1）成立以项目经理为首的静音施工领导小组，以预防为主，全面综合治理。

（2）建立定期调查制度，施工过程中与周围居民密切配合，通过群众反馈的信息进行专项治理。

（3）合理组织施工生产，对于不可避免噪声较大的施工操作，尽量安排在非休息时间进行，夜晚十点至次日早晨六时，主要进行无噪声的施工操作。

4.6　工程进度计划及控制措施

4.6.1　工程进度计划

根据招标文件要求，工程建设期限为 3 年，我公司严格响应招标文件精神要求，科学合理安排各单位、分项工程的施工，确保 3 年内完成整个工程的建设任务，保证项目按期投入使用。结合施工现场的情况分两个施工区进行施工，体育场为一个施工区，体育馆、游泳馆、健身馆、地下车库及商业为一个施工区，在各施工区域内组织流水施工。

4.6.2　工期保证措施

1）工期计划保证体系

以项目总进度计划为基础，确定各分部分项工程关键点和关键线路，以此为控制重点，构建施工进度计划管理体系（图 4-9）。根据预算出的工日数进行安排，确定各分部与分项工程进度计划,以此为各分部分项工程监测重点。

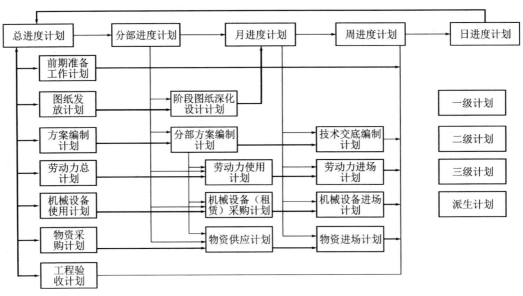

图 4-9 施工进度计划管理体系图

2) 进度计划的分级控制(表 4-2)

表 4-2 体育公园施工进度计划分级控制一览表

序号	级别	控制内容
1	一级控制计划(总计划)	总控制计划采用网络图进行管理,以总进度计划作为控制基准线,编制实施各项管理计划,并在施工过程中进行监控和动态管理
2	二级控制计划(区段计划)	以总进度计划为基础,每个区域按照自身流水区段划分编制更为详细的进度计划,便于各区段进度的安排、衔接、组织与落实,实现有效地控制工程进度
3	三级控制计划(各专业子项计划和月进度计划)	以二级进度计划为依据,进行流水施工和交叉施工间的工作安排,进一步加强控制范围和力度,具体控制到每一个过程上所需的时间,充分考虑到各专业分包在具体操作时的时间
4	辅助计划(周计划、补充计划和分项控制计划)	(1)补充计划:每月 25 日编制下月计划,对计划中出现的偏差进行纠偏,对修改后的计划及时制定补充计划 (2)分项控制计划:按照工程实施情况制定分项控制计划,分项控制计划在专业交叉,施工进度较紧或工序复杂的情况下采用 (3)周计划:周计划是每周各专业队伍及分包具体完成工作计划的具体实施,由各专业现场负责人在工程例会上落实,并在下次工程例会上进行检查。将每周完成的工作情况与下周工作计划的调整纠偏在监理例会上通报

3) 现场调度管理工作

调度工作主要对进度控制起协调作用。协调配合关系,解决施工中出现的各种矛盾,克服薄弱环节,实现动态平衡。调度工作的内容包括:检查作业计划执行中的问题,找出原因,并采取措施解决;督促供应单位按进度要求供应资源;控制施工现场临时设施的使用;按计划进行作业条件准备;传达决策人员的决策意图;发布调度令等。要求调度工作做得及时、灵活、准确、果断。

4）施工进度的检查

进度计划的检查方法主要是对比法,即实际进度与计划进度进行对比,从而发现偏差,以便调整或修改计划。

（1）建立监测、分析、反馈进度实施过程的信息流动程序和信息管理工作制度,如工期延误通知书制度、工期延误内部通知书制度等,工期延误分包检讨分析会、工期进展通报会等。

（2）要求各分包每日上报劳动力人数与机械使用情况,每周呈交进度报告,同时要求现场土建、机电和装修工程师随时督查现场进度。

（3）跟踪检查施工实际进度,专业计划工程师监督检查工程进展。根据对比实际进度与计划进度,采用图表比较法,得出实际与计划进度的对比情况。

5）施工进度奖惩制度

每月初,根据上月要求完成的单项工程控制节点目标进行检查,对按进度计划完成的予以奖励,对未按计划完成的予以处罚。若是由于分包商自身原因拖延工期而使后续单项工程施工受阻的,分包商必须承担由此而产生的损失。

每月 25 日编制并上报月进度报告,主要包括以下内容:

（1）本月完成实物工程量及形象进度说明;

（2）相应于计划的实物工程量完成比例;

（3）各分包商劳动力投入情况;

（4）材料、设备供应情况;

（5）工程质量状况、施工安全状况;

（6）工程款支付情况;

（7）合同工期执行情况;

（8）下月计划安排;

（9）反映工程主要形象进度的工程照片。

6）施工进度保证措施

1）前期准备保证

（1）项目公司有完善的材料供应商服务网络,拥有一批重合同、守信用、有实力的物资供应商,可以保证材料的及时供应。

（2）项目公司与成建制的、有同类工程施工经验的劳务队伍长期合作,可以保证劳务队伍及时进场。

（3）在正式施工前,与劳务队签订正式合同,明确各工种人数,确保人员的数量和素质及特殊时段（如农忙等）的施工人员的保证措施。

（4）在工程开工前,项目公司技术部将组织拟参与本工程建设的施工人员,共同研究图纸,熟悉现场,作好技术准备。

2) 组织保证

(1) 项目公司选择具有同类工程施工经验的高素质人员组成精干高效的项目班子;选择经验丰富、具有同类工程施工经验的管理人员组成项目经理部;选择长期与项目公司合作的优秀劳务队伍组织施工,确保整个项目的决策层、管理层、劳务层的高素质、高效率,从人员上保证工期目标的实现。

(2) 由项目公司领导班子成员组成管理委员会,负责调配整个企业的资源以满足本工程的施工需要,并由项目公司总经理担任项目管理委员会主任,为本工程施工提供强有力的组织保障。

(3) 加大资源配备与资金支持,保证各种生产资源及时、足量地供给。确保劳动力、施工机械、材料、运输车辆的充足配备和及时进场。

(4) 项目进行全盘策划、高效组织、管理、协调和有效控制,提前作好分包计划,加强同各分包单位的协调与合作,根据工程进展及时通知分包单位进场,并为分包单位的工作创造良好条件。

3) 技术保证

(1) 对施工过程中出现的技术难题进行科技攻关。

(2) 项目技术部作为项目施工的先行部门,建立快速反应机制,对施工过程中出现的问题迅速与业主、设计院及现场监理工程师进行交流与沟通,及时达成共识,对预见性问题,适时与各方沟通,为施工顺利进行创造条件。

(3) 项目部利用计算机技术对网络计划实施动态管理,通过关键线路节点控制目标的实现来保证各控制点工期目标的实现,从而确保工期控制进度计划的实现。

(4) 根据工期进度计划的要求,强化节点控制,明确影响工期的材料、设备、分包单位的进场日期,加强对各分包单位的计划管理。

(5) 精心规划和部署,优化施工方案,科学组织施工,使后续工序能提前穿插。

(6) 积极推广住房和城乡建设部十项新技术,依靠科技提高工效、加快工程进度。

4) 资金保证

(1) 确保本工程资金专款专用,同时在劳务合同、分包合同、材料设备采购合同中明确约定支付劳务费、分包工程款、材料设备款的时间、结算方式。

(2) 制定资金使用制度。资金需用部门编制资金需用计划经财务审核报项目经理审批,单位财务依据审批后的资金计划按程序收支款项,保证用于工程施工的资金做到按时足额支付。

(3) 确保及时兑现各施工队伍的劳务费用和分包单位工程款、材料设备款,充分保证劳动力、施工机械的充足配备、材料及时采购进场。

5) 劳动力保证

(1) 选择长期与项目公司合作的优秀劳务企业组织施工,保证施工作业人员的数量和质量能满足工程施工需要,从人员上保证工期目标的实现。

(2) 成立以项目经理为组长的农民工维权小组,督促和解决各分包单位和队伍工人工资发放等问题,解决工人的后顾之忧,保证工人的施工积极性。

(3) 农忙等特殊期间,采取责任状约束与经济激励等多重措施,保证施工人员的稳定。

(4) 配备后备施工作业队伍,保持作业队伍的持续性。

(5) 对所有参与施工的管理人员和作业人员进行有针对性的培训,提高管理队伍和作业队伍的执行力。

6) 机械设备保证

(1) 对工程所需机械设备进行充足准备,根据工程需要按时进场。

(2) 将加强对设备的维修保养,各种机械配件和易损零件配备充足,落实定期检查制度,保证设备运行状态良好。

(3) 配置 2 台备用柴油发电机,在现场断电时,保证施工的正常进行。

7) 物资材料保证

(1) 项目公司有完善的材料供应商服务网络,长期与大批有实力的物资供应商合作,能保证工程所需材料及时到场。

(2) 根据工程进展,各专业工程师做好材料需求计划,项目材料部门及时采购。

(3) 项目试验员对进场材料及时取样送检,并将检测结果及时呈报监理工程师。

(4) 及时向监理工程师呈报进场材料合格证,材料供应商资质证明等。

(5) 确保业主设备供应的及时也是项目公司工期保证控制的要点:

① 进场后要求机电安装工程施工方对机电安装工程进行深化设计,确定各机电设备的技术要求:包括设备尺寸、技术参数、与管道的接口、对弱电智能控制要求提供的技术支持等;将设备数量、型号、技术要求等提供给业主,作为业主订货的依据;

② 根据进度计划要求,提前向业主提供设备进场计划,作为业主订货的参考依据,并提醒业主按照时间要求进行供货,为设备进场、运输及安装创造条件,在设备到场前,做到现场道路畅通平整,具备大型设备运输的条件,现场运输机具齐备,设备基础等施工完毕,具备安装条件。

8) 外围保障保证

(1) 项目部设专职负责消防、文明施工、环保、治安保卫、交通协调、安全监督以及与政府有关部门的密切联系。

(2) 加强与周边相关部门的联系,取得他们的支持与帮助,减少由于外部因素对施工造成的干扰。

(3) 工程界面协调,为确保整个工程进度,项目公司将会在每个施工阶段与总包及各分包单位如燃气、高压、电梯、精装修、灯光照明及景观园林等单位进行协调沟通,以尽早给对方提供作业施工面,避免不必要的返工。

9) 特殊时段保证

(1) 如政府部门未明令禁止施工,施工现场保持连续正常的施工生产,确保工程总控制进度计划的有效实施。

(2) 施工现场管理人员坚守工作岗位,根据实际情况轮流安排管理人员调休,并在此之前做好工作交接,确保工作的连续性。

（3）安全管理部加强现场检查与巡视，落实预防措施。

（4）物资部提前制定材料进场计划，保证钢材足量储备和商用混凝土正常提供。并根据特殊时段的市内交通状况，提前落实运输路线，确保材料运输的及时。

（5）节假日期间提前与监理工程师预约，使得现场有监理工程师值班，以确保隐蔽工程或中间验收工作的连续性。

（6）特殊时段施工时特别加强现场文明施工管理、消防管理、防噪声、防尘处理措施，保持良好的现场形象、维持现场及周围的市容环境整洁。

4.7　投资和成本管理措施

4.7.1　投资管理控制措施

（1）做好可行性研究。建设项目的可行性研究是在投资决策前，运用多学科手段综合论证一个工程项目在技术上是否现实、实用和可靠，在财务上是否盈利；做出环境影响、社会效益和经济效益的分析和评价，及工程抗风险能力等结论，为投资决策提供科学依据。

（2）推行限额设计。所谓限额设计，就是要按照批准的设计任务书及投资估算控制初步设计，按照批准的初步设计总概算控制施工图设计。将上阶段设计审定的投资额和工程量先分解到各专业，然后再分解到各单位工程和分部工程。各专业在保证使用功能的前提下，根据限定的额度进行方案筛选和设计，并且严格控制技术设计和施工图设计的不合理变更，以保证总投资不被突破。限额设计控制工程投资可以从两个角度入手，一种是按照限额设计过程从前往后依次进行控制，称为纵向控制；另一种途径是对设计单位及其内部各专业及设计人员进行考核，实行奖惩，进而保证设计质量的一种控制方法，称为横向控制。实践证明，限额设计是促进设计单位改善管理、优化结构、提高设计水平，真正做到用最少的投入取得最大产出的有效途径；它不仅是一个经济问题，更确切地说是一个技术经济问题，它能有效地控制整个项目的工程投资。

（3）选用新材料、新设备。科学技术发展可谓日新月异，时刻关注新型复合建筑材料和节能设备在设计中的运用。选用新型合理工程材料可直接降低工程的投资，且可降低项目整体维护费用。

（4）加强合同管理。合同是工程建设质量控制、进度控制、投资控制的主要依据。由于工程合同周期长，工程量大，工程变更、干扰事件多，合同管理是工程项目全过程投资控制的核心和提高管理水平、经济效益的关键。所以，工程师应充分理解和熟悉合同条款，加强合同管理，避免施工单位索赔的发生，必要时抓住反索赔的机会，以减少自己的损失，降低工程投资。

（5）引入工程造价咨询单位，对 PPP 项目设计、施工、竣工验收等各阶段进行全过程造价咨询和管理从投资确定与控制的角度而言，项目设计、招投标、施工和竣工验收对工程造价咨询机构的需求更为强烈。初步设计阶段及施工图设计阶段，由于我国目前大部分实行的是专家审查、评审制，专家组很难在有限的时间内对概算、预算实行严格、科学的审查，招标人引入造价咨询机构在专家审查、评审前进行实质性的审核，对保护政府、社会资本以及

PPP 合同的履行具有重要作用,通过第三方造价咨询机构审核后再提交专家组进行审查、评审是必要的环节和措施,同时,招标文件均需对相应环节的审核做出规定和说明。在项目建设期,项目实施机构应当委托造价咨询单位对项目进行全过程的造价咨询和管理,最终合理确定项目总投资,项目竣工决算后,政府审计机关或其委托的第三方中介机构对项目管理全过程和结果进行审计确认,作为政府绩效付费的依据。

(6) 发挥审计监督作用,重视建设项目全过程审计。工程项目审计是工程投资控制最有力的一环。所谓工程项目审计,是指项目投资经济活动开始至项目竣工验收前,审计机构对与工程建设项目有关的财务收支真实、合法、效益进行的审计监督。它具有独立性和客观性的特征。因为在施工过程中信息不对称现象经常发生,材料的消耗、质量的真实性及工程量的确认受到影响,所以工程项目的审计不仅要重视被审项目的事后审计(竣工审计),更要重视事前和事中审计,即必须对工程项目整个施工生产活动的全过程进行审计。

4.7.2　成本管理控制措施

1) 材料成本控制

据测算,大多数主工程,材料成本占总造价的 60% 左右,在项目成本控制中对材料成本控制的重要性不言而喻。

(1) 做好材料计划管理

项目材料主管部应根据项目工程师周或月施工进度计划提供的材料用料计划及工地上月节余材料数量报公司材料采购部门,由材料采购部门根据仓库库存及其他项目部的库存情况编制物资采购计划和公司内部调拨计划。

(2) 把好材料进场验收关

① 质量验收管理:质量验收包括外观质量和内在质量,外观质量以仓库验收为主,内在质量即物理化学特性,有质量证明书,所列数据应符合标准规定,则视为合格,方可入库。没有质量证书者,凡有严格质量要求的材料,则抽样检验,合格者再办理验收手续。供货方按合同规定附材料质量检测报告,而发货时未附材料质量检测报告,收货方可拒付货款,并立即向供货方索取材料质量检测报告,供货方应立即补送,超过合同交货期补齐的,即作逾期交货处理。

② 数量验收管理:由项目部材料员负责核对,计重材料一律按净重计算,计件材料按计件数清;按体积供货者应测尺计方;按理论换算供货者,应测尺换算计量;标明重量或件数的标准包装,除合同规定的抽检方法和比例外,一般根据检查情况而定。成套设备必须与主机、器件、配件、说明书、质量证明书、合格证、3C 认证、长城标志等配套验收。办理入库手续。验收材料的数据、质量后,根据质量合格的实收数量,及时办理入库手续。填写"材料入库验收单",它是材料接送人员与库管人员划清经济责任的界限,也是下一步发票报销、记账的重要依据。在材料验收中如发现数量不足、规格不符、质量不合格等问题,仓库应办理材料验收记录,尽快报送项目部专业负责人。

(3) 重视材料的保管工作

重视材料的保管保养工作,减少材料中间环节的损耗。即根据库内材料的性能特点,结合仓库条件合理存放和维护保养的各项工作。基本要求是：保质、保量、保安全。做到合理堆垛、精心看护、经常检查、确保安全。

① 合理保管：材料存储位置应按施工现场总平面图要求,统一规划、划级定位、统一分类标识。

② 精心看护：材料本身的理化性能受气候等自然因素的影响,需要项目部的材料员精心看护,根据材料的特点,合理安排保管场所,防止或减少材料不必要的损失。做好材料的维护保养工作,坚持"预防为主、防治结合"的原则,具体要求如下：安排适当的保管场所。根据材料的不同性能,采取不同的保管条件,尽可能满足材料性能对保管场所的要求,做好堆码铺垫,防止电器元件受潮损坏。各种保温材料要求稀疏堆码以利通风。土建大宗材料防水、防潮、防晒,对此要用苫布进行遮挡保护。

③ 注重存储条件,保证电气材料、设备的质量要求对于温度、湿度要求较高的电气材料和设备,应做好温度、湿度的调节控制,夏季应做到防雨防潮,冬季应做到防冻保温。项目部材料员经常检查,随时发现材料质量变化,及时采取相应的应急措施,保证材料的质量。

④ 盘活材料,提高材料的使用效益。库房材料品种较多,收发频繁。由于保管工程中的自然损耗、计量不准、二次搬运损耗等因素,可能导致最终材料数量不准,因此加强材料的盘点,搞清实际库存量、呆滞积压量、实际应用量等情况。材料盘点要求"三清",即质量清、数量清、账卡清；"三有"即盈亏有原因、返工损失有报告、调整账卡有依据；"四对口"即账、卡、物、资金对口。

（4）材料的发放

促进材料的节约和合理使用是材料发放的基本要求。发放材料的原则是：凭证发放、急用先发、有序发放。要按质、按量、手续齐全,有计划发放材料,确保施工生产的需要,严格出入库手续,实行限额领料,防止材料的不合理使用。

（5）退料与回收

退料是指工程竣工后剩余的或已领未使用且符合质量要求完整的材料,经过材料员检查、核实质量与数量,办理退料手续,并冲减原领料单据,以降低成本,做到材料的合理使用。回收是指施工过程中剩余的边角余料,可回收以后使用,在办理入库手续时,不冲减原领料单据,做好材料的回收是项目部一项重要的工作内容,它可以有效节约资金,提高项目部的经济效益。

2）各专业降低成本措施

（1）土建专业

① 认真会审图纸,制定合理施工方案,技术交底,明确质量标准,减少返工浪费。

② 对钢筋尽可能按设计图纸尺寸订货供料,节省钢材和加工费用。

③ 鼓励施工中提出的合理化建议,采用小流水段施工方法和模板快拆体系,加快进度,节省材料。

④ 提高混凝土浇筑质量及平整度,节省抹面材料。采用混凝土双掺技术和抹灰砂浆掺增稠粉方法,可大量节省水泥,同时提高施工质量。

⑤ 利用钢材短小料制作各种预埋件、支撑马凳等。

⑥ 加强施工质量管理,达到一次验收合格,尤其是清水混凝土墙面,减少二次修补。

⑦ 施工人员要认真审查图纸,发现问题及时与甲方、设计人员商量,避免出现二次加工,积极提出合理化建议,做到省时、省力、省材料。

⑧ 对施工中出现的设计变更或材料代用,及时办理手续,以免事过境迁,发生漏算或补签困难。

(2) 暖通专业

① 风管无法兰连接技术加工方便,省时加工速度快,安装省时省工,在管道密封控制方面更为有利。自动化程度较高的机械加工,更能够大大缩短风管的制作周期,提高风管加工质量,为保质保量完成风管系统的制作安装提供可靠的保证。

② 推行管道标准化吊架工艺,采用工厂化加工,简化现场操作,消除质量通病,加快施工进度。

③ 施工前绘制出施工管线综合布置图和施工节点做法图,合理布置各种的位置及管线的位置及标高,避免管线安装位置的冲突造成的返工及材料浪费。

④ 材料采购进行多家比较,选择质优价廉的产品,以降低工程成本。

⑤ 本工程实施样板间开路,先做出样板间,经鉴定合格后再推广施工,避免返工造成的损失。

⑥ 组织均衡生产,采用流水施工,做到不窝工,不误工。

⑦ 合理使用机具设备,用完及时退回,节约台班费。

⑧ 精心施工,加强过程管理,严格控制各专业质量控制环节、控制点,确保工程质量;杜绝因质量问题而出现返工,力求工程在实际施工中一次合格率真正达到 100%。

(3) 电气专业

① 密切配合土建施工,在基坑施工中,及时敷设接地母线(40×4 镀锌扁钢)、接地极(A25 镀锌钢管),减少土方的运输,节约人工费。

② 合理装拆木套箱(配电箱预留洞用),加速木套箱的周转,注意木套箱使用后的维护,选择合适的脱模剂,以提高木套箱周转次数,节约木材和钢材。

③ 在配电箱、电缆桥架预留洞时,应认真了解施工图纸的要求,在保证配电箱体、电缆桥架正常安装的前提下,预留洞尺寸不宜太大,以节约水泥。

④ 防雷引下线、均压环安装时,应采用先进的钢筋焊接技术以节约钢筋。

⑤ 电缆桥架、插接母线安装时,应采用预制拼装、整体安装的方法,以节约人工费、机械费。

⑥ 在施工过程中,应量材使用。尽量先使用短钢管(短薄壁管)、短铜导线,做到物尽其用,降低材料的消耗。

⑦ 配电柜(配电箱)、接线盒(灯头盒)内甩下的铜导线长度应适宜,尽量减少浪费。

⑧ 施工人员应认真熟悉电气施工图纸,敷设电气管路应尽量走近路,并准确预留管路的长度。

⑨ 竣工验收前,应注意成品保护,避免开关、插座和灯具表面的污染,减少返工。

⑩ 电气材料的堆放应尽量靠近使用地点,减少或避免二次搬运,并考虑到运输及卸料方便。

（4）钢结构专业

① 建立钢结构全生命期信息化管理平台,提高管理效率,减少人力物力的浪费,增强项目管控力度,降低项目总体管理成本;

② 钢屋盖采用"计算机控制液压结构累计滑移施工技术",减少大型吊装设备及支撑投入,降低了施工措施成本;

③ 体育场及体育馆钢屋盖安装时,非关键线路上部分土建结构预留后做,优化钢结构吊装设备合理的选型及站位,减少大型吊装设备及支撑投入,降低施工措施成本;

④ 引入焊接机器人技术,在连续厚板焊接处采用焊接机器人代替人工进行焊接作业,提高工作效率,降低焊接人工成本;

⑤ 引入测量机器人技术,自动搜索、跟踪、辨识和精确找准目标并获取角度、距离、三维坐标以及影像等信息,提高工作效率,降低测量人工成本。

3) 做好成本分析

每月做月度成本分析,每季度做季度成本分析,每年做年终成本分析。将实际发生成本与预算成本和目标成本进行对比,找出降低陈本成本或超支的因素,弄清下一步成本管理的方向和寻求降低成本的途径。

4.8 BIM 技术在项目管理中的应用

4.8.1 施工阶段 BIM 技术应用

1) 基于 BIM 技术的机电深化设计

（1）BIM 辅助机电深化设计管理流程

流程如图 4-10 所示。

（2）管线碰撞检查

利用 Revit 软件,创建 BIM 建筑模型,然后整个模型按系统、按区域进行碰撞检测,输出冲突报告(图 4-11),制定针对性解决冲突的措施方案。对于重大设计问题,及时联络设计院协调解决相关问题。

（3）管线综合排布

由于机电工程系统繁多,特别是地下室、设备机房、管廊、管道井等重点部位管线密集,空间狭小,很大程度上考验着施工单位的施工技术管理水平。运用 BIM 技术进行管线综合排布,科学地使用综合支吊架(图 4-12),可以优化管线排布,大大节约空间。BIM 技术应用于管线综合方面可以获得的主要成果包括:管线综合排布平面图(图 4-13)、管线综合排布剖面图(图 4-14)、利用 BIM 技术进行地下车库管线综合排布效果图(图 4-15)。

利用 BIM 技术进行走道内管线综合排布效果图(图 4-16)、利用 BIM 技术进行管道井内管线综合排布效果图(图 4-17)和利用 BIM 技术进行配电室排布效果图(图 4-18)。

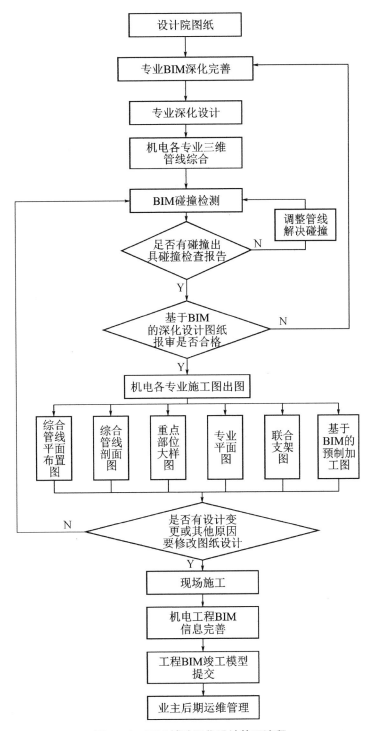

图 4-10　BIM 辅助深化设计管理流程

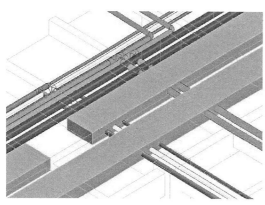

（a）管线综合排布（调整前）　　　　　　（b）机电管线碰撞检查应用

	A	B
1	管道：管道类型：标准 - 标记 70：ID 690155	管道：管道类型：标准 - 标记 466：ID 726536
2	管道：管道类型：标准 - 标记 70：ID 690155	风管：矩形风管：半径弯头/T 形三通 - 标记 196：ID 731273
3	管道：管道类型：标准 - 标记 82：ID 691910	风管：矩形风管：半径弯头/T 形三通 - 标记 203：ID 731504
4	管道：管道类型：标准 - 标记 118：ID 692959	风管：矩形风管：半径弯头/T 形三通 - 标记 199：ID 731388
5	管道：管道类型：标准 - 标记 118：ID 692959	风管：矩形风管：半径弯头/T 形三通 - 标记 203：ID 731504
6	管道：管道类型：标准 - 标记 151：ID 693850	风管：矩形风管：半径弯头/T 形三通 - 标记 31：ID 710044
7	管道：管道类型：标准 - 标记 152：ID 693863	风管：矩形风管：半径弯头/T 形三通 - 标记 31：ID 710044
8	管道：管道类型：标准 - 标记 274：ID 719342	管道：管道类型：标准 - 标记 416：ID 724717
9	管道：管道类型：标准 - 标记 274：ID 719342	管道：管道类型：标准 - 标记 429：ID 725570
10	管道：管道类型：标准 - 标记 274：ID 719342	管道：管道类型：标准 - 标记 475：ID 726723
11	管道：管道类型：标准 - 标记 274：ID 719342	风管：矩形风管：半径弯头/T 形三通 - 标记 199：ID 731388
12	管道：管道类型：标准 - 标记 274：ID 719342	风管：矩形风管：半径弯头/T 形三通 - 标记 202：ID 731474
13	管道：管道类型：标准 - 标记 274：ID 719342	风管：矩形风管：半径弯头/T 形三通 - 标记 203：ID 731504
14	管道：管道类型：标准 - 标记 274：ID 719342	风管：矩形风管：半径弯头/T 形三通 - 标记 230：ID 732091
15	管道：管道类型：标准 - 标记 274：ID 719342	管道：管道类型：标准 - 标记 476：ID 736956
16	管道：管道类型：标准 - 标记 281：ID 719465	管道：管道类型：标准 - 标记 416：ID 724717

（c）机电管线碰撞检查报告

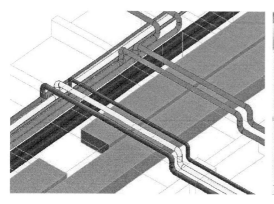 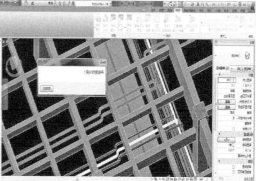

（d）管线综合排布（调整后）　　　　　　（e）机电管线碰撞调整后无冲突报告

图 4-11　管线碰撞检查主要流程截屏

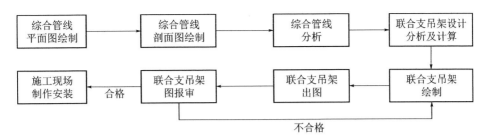

图 4-12　联合支架设计流程图

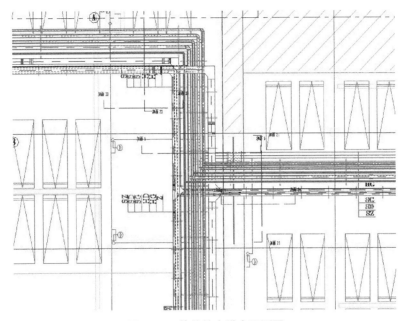

图 4-13　管线综合排布平面图

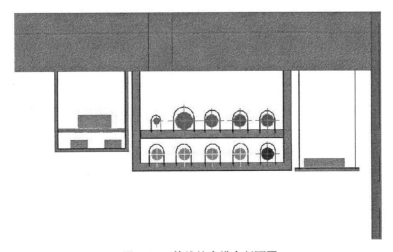

图 4-14　管线综合排布剖面图

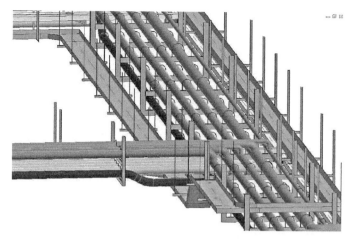

图 4-15 利用 BIM 技术进行地下车库管线综合排布效果图

图 4-16 利用 BIM 技术进行走道内管线
综合排布效果图

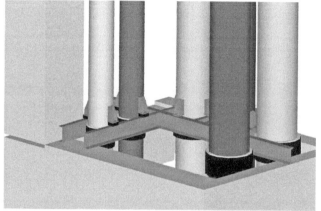

图 4-17 利用 BIM 技术进行管道井内管线
综合排布效果图

图 4-18 利用 BIM 技术进行配电室排布效果图

2）基于 BIM 技术的钢结构深化设计

钢结构 BIM 深化设计过程，其本质就是进行电脑预拼装、实现"所见即所得"的过程。

（1）模型自动化处理

利用 BIM 技术建立钢结构深化设计模型（图 4-19），通过对模型进行碰撞校核，检测结构节点碰撞、预留管洞碰撞等信息，经过二次优化设置合理改正。

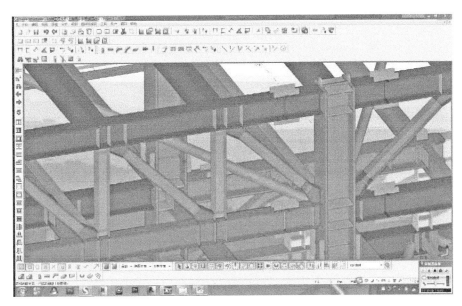

图 4-19　钢结构深化设计模型

（2）钢结构数字化加工

应用 BIM 技术，将项目模型及结构信息转换为以工序为单位的加工准备、采购、制造和其他跟踪信息；采用物联网数据采集手段，将进度等管理信息更新至模型，再进行可视化的展现，实现信息共享。通过数控设备与工序的绑定和联网集成，实现施工过程的数据采集、工艺巡查和施工管理的信息化集成（图 4-20）。

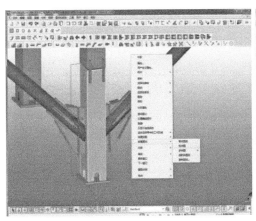
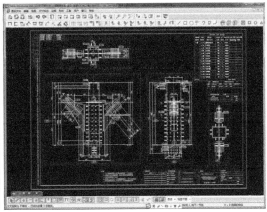

钢结构节点BIM　　　　　　钢结构深化设计BIM出图

图 4-20　BIM 应用于钢结构加工

3）基于 BIM 技术的幕墙深化设计

幕墙深化设计主要是对于建筑幕墙收口部位进行细化补充,优化设计和对局部不安全不合理的地方进行改正。基于 BIM 技术,根据建筑设计的幕墙二维节点图,在结构幕墙以及幕墙标配模型中创建不同的节点模型(图 4-21),然后根据碰撞检测、设计规范以及外观要求对节点进行优化调整,形成完善的节点模型。最后,根据节点进行大面建模,生成加工图、施工图以及物料清单。

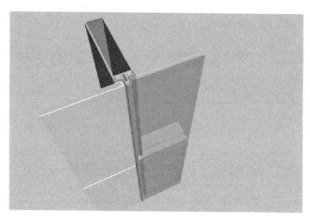

图 4-21 幕墙工程 BIM

4）基于 BIM 技术的施工场地管理

BIM 技术能够将施工场内的平面元素立体直观化,帮助我们更直观地进行各阶段场地的布置策划,综合考虑各阶段的场地转换,并结合绿色施工中节地的理念优化场地,避免重复布置。

5）基于 BIM 技术的安全管理

基于 BIM 技术的安全管理,可以构建案例防护 BIM 模型(图 4-22),进行可视化分析,对安全隐患及时处理,从而减少不必要的损失,对突发事件进行快速应变和处理,快速准确掌握建筑物的运营情况。主要应用包括:施工准备阶段安全控制、施工过程仿真模拟、模型试验、施工动态监测、防坠落管理、塔吊安全管理、灾害应急管理等。

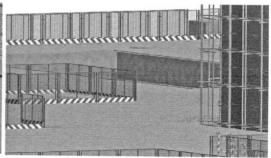

图 4-22 安全防护 BIM

6）施工方案及工艺模拟实施

在项目重难点施工方案、特殊施工工艺实施前,运用 BIM 系统三维模型进行仿真模拟,从中找出实施方案中的不足,并对实施方案进行修改,同时,可以模拟多套施工方案进行专家比选,最终达到最佳施工方案,在施工过程中,通过施工方案、工艺的三维模拟,给施工操作人员进行可视化交底。

7）设备安装、材料运输模拟

使用 BIM 大型设备吊装施工方案、材料设备运输路线进行动态模拟,通过动态的模拟演示(图 4-23),确定最佳的方案,确保大型设备安装的安全可靠;在不影响正常施工的前提下,科学地安排材料的运输,保障施工的物资供应链高效运行。

(a) 设备吊装　　　　　　　　　　　　　　　(b) 设备吊装就位

（c）设备就位接管

图 4-23　大型设备吊装 BIM 虚拟施工

8）工程建造过程模拟及资源成本控制管理

在施工过程管理,采用 BIM 软件,对整个施工过程进行管理和规划,进行各阶段施工进度模拟,分析工程施工进度计划的合理性,并及时调整计划,同时施工模拟再结合工程预算,连接时间、费用和任何数据信息,达到 5D(基于 3D 模型的造价控制,包括 3D 实体、时间、工序)模拟,可以提前进行施工材料、机械及劳动力的准备。

4.8.2　运营阶段 BIM 技术应用

BIM 技术可以保证建筑产品的信息创建便捷、信息储存高效、信息错误率低、信息传递过程高精度等,而在运维阶段主要的应用范畴包括五个方面:空间管理、资产管理、维护管理、公共安全管理和能耗管理。

1) 空间管理

主要是利用 BIM 技术结合 FM 平台优化空间分配,分析空间利用率,分摊空间费用。

(1) 空间分配。创建空间分配基准,根据部门功能,确定空间场所类型和面积,使用客观的空间分配方法,消除员工对所分配空间场所的疑虑,同时快速地为员工分配可用空间。

(2) 空间规划。将数据库和 BIM 整合在一起的智能系统跟踪空间使用情况,提供收集和组织空间信息的灵活方法,根据实际需求、成本分摊比率、配套设施和座位容量等参考信息,使用预定空间,进一步优化空间使用效率;基于人数、功能用途及后期服务预测空间占用成本,生成报表、制定空间发展规划。

(3) 统计分析。形成如人均标准面积、组织占用表、组别标准分析等报表,方便获取准确的面积和使用情况信息,满足内外部报表需求。

2) 资产管理

资产管理是运用 BIM 技术增强对资产监管力度,降低资产的闲置浪费,减少和避免资产流失,使运营单位在资产管理上更加全面规范,从整体上提高运营单位资产管理水平。

(1) 日常管理。包括固定资产的新增、修改、退出、转移、删除、借用、归还、计算折旧率及残值率等工作。

(2) 资产盘点。利用明细表功能,对数据进行处理,得出资产情况,并根据部门生产盘点明细表、盘点汇总表等报表。

(3) 报表管理。可以对单条或一批资产进行数据查询,包括资产卡片、保管情况、有效资产信息、部门资产统计、名称规格、起始及结束日期、单位或部门等。

3) 维护管理

(1) 维护计划。利用 BIM 模型,连接设备信息,建立设备设施基本信息库与台账,并在模型中定义设备设施保养周期等属性信息,建立设施设备维护计划。

(2) 保养计划。对设施设备运行状态进行巡查管理并生成运行记录、故障记录,将数据录入模型或运维平台,根据信息,制定保养计划,到期自动提示保养设施设备。

(3) 流程管理。平台建立过程管理流程,对出现故障的设备从维修申请,到派工、维修、完工验收等流程进行设置,通过流程管理建管维修过程情况。

4) 公共安全管理

建立应急管理保障体系,在发生灾难和紧急情况时确保业务连续性,加快设施功能恢复。

(1) 与 BIM 或 CAD 结合,可以快速准确访问人员位置、设备位置、有害物质分布、安全出口分布等数据,帮助现场决策。

(2) 建立多级紧急响应团队和相关负责人,组织各类信息实施灾难恢复计划,迅速恢复正常运营。

(3) 协助加快保险理赔和谈判更有利的保险条款。

5）能耗管理

将 BIM 技术与 BAS 楼宇自动化系统结合建立能耗管理系统,通过 BIM 对建筑内的能源使用情况进行监控和管理,赋予每个能源使用记录表传感功能,在管理系统中及时做好信息的收集处理,通过能源管理系统对能耗情况自动统计分析,并对异常使用情况进行警告。

第 5 章

体育公园项目运营管理研究

泰州体育公园项目是泰州市第一个 PPP 示范项目,是泰州市区重点的城建民生工程,也是泰州市体育产业发展的重要举措,体现了泰州市发展体育产业、繁荣体育事业的决心。体育公园项目的实施顺应政策,顺应时代,顺应民心,对提升城市品牌、倡导健康泰州、促进产业升级,推动跨越式发展具有重要的现实意义。泰州体育公园的建设符合国务院《关于加快发展体育产业促进体育消费的若干意见》及相关政策,是为了更好地实现《体育事业"十三五"规划》,落实《全民健身条例》和《全民健身计划纲要》,进而实现习近平总书记"健康中国"的战略构想。围绕建设体育与文化、旅游、医疗、健康等深度融合发展示范区和创新区,是推动泰州市竞技体育、全民健身的重要举措。要以规范化、社会化、专业化、实体化为要求,鼓励社会力量参与项目的投资、建设、运营。

5.1 发展计划与运营思路

5.1.1 发展计划

1) 核心理念

"以体育运营城市"为核心理念,以泰州体育公园项目为切入点,通过"创新驱动、产业带动、行业联动"的整体布局搭建泰州体育产业平台,围绕"创新、绿色、共享"的概念,以创新的体育产业带动当地健康、医疗、旅游、文化、娱乐产业的整体发展。

2) 核心目标

打造泰州体育公园生态产业链(图 5-1),建立以资源、概念、环保为主题的三大品牌,引领泰州实现从传统工业城市向体育生态城市的转型,成为全国知名的体育城市。

图 5-1 体育公园项目实现核心目标示意图

3) 商业模式

利用中体泰州体育场馆运营管理有限公司(以下简称"中体")的品牌优势、管理优势、资金优势、资源优势、人才优势全面建立与体育产业相关的智能生态体育场馆经营体系(图 5-2),多维度打造泰州体育公园综合体。用多种经营性收入保障场馆运营收支平衡并使盈利高速增长。

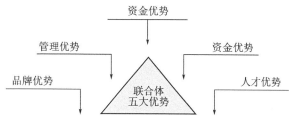

图 5-2　联合体五大优势示意图

（1）多元拓展，提升体育设施运营利用水平。采用现代公司化运营机制，激发体育场馆活力。充分利用泰州体育公园的场馆资源，将其打造成融体育、文化、休闲、商贸、旅游等多种服务功能于一体的体育服务综合体。

（2）智慧场馆。推动智慧体育场馆建设，依托互联网、大数据等先进的技术手段，提高场馆运营管理能力和使用效率，增强场馆的盈利能力。

（3）建立科学的管理机制，采用多元化经营的方式。积极引入有品牌、有特色的文艺演出、展出展览等大型活动，在场馆的无形资产开发、特许产品售卖、商业零售等方面做出成效。

（4）多种业态经营。在体育公园内引入体育主题的酒店、餐饮、酒吧、健身、培训等多种服务业态，满足附近群众的多种生活化需求。

（5）专业人才团队。引入专业的体育场馆复合型管理人才，既要懂体育，又要懂经营，同时通过合作培训等方式培养当地的体育经营管理人才。

（6）公益性场馆。发动社会力量设立"公共体育场馆发展基金"，参照体育彩票公益金管理模式由政府财政部门监管，专款专用，以确保体育场馆的运营实现良性发展。

（7）泰州场馆联盟。中体将在泰州体育局的领导下，建立泰州市场馆联盟，形成区域联动发展，互相促进支持，全面整合泰州市体育场馆的存量资源。

（8）管理模式。采用现代化智能系统管理模式，引入目前国际上先进的场馆智能管控系统，场馆信息索引系统、场馆信息分发系统、场馆人力资源管理系统、场馆财务管理系统等智能控制系统，倡导标准化、专业化、智能化、可控化。

5.1.2　运营思路

1）市场分析

（1）宏观经济环境

泰州市是江苏省中部地区重要的经济文化中心。历史上就是苏中的政治、经济、交通和文化中心。城市位于江苏中部，长江下游北岸，总面积 5 793 km²，其中市区面积 428 km²。人口：全市总人口 497 万人，其中市区人口 60 万人。泰州西面连接扬州市、北面和东北毗邻盐城市、东面紧依南通市、南面与苏州、无锡、常州三市以及镇江市所辖扬中市隔江相望。南北长而东西窄，南北最大直线距离约 124 km，东西最窄处约 19 km，最宽处也仅 55 km。辖区划分为海陵、高港、姜堰三个区和兴化、靖江、泰兴三个县级市。泰州是江苏省历史文化名城,具有2 100多年的历史,深厚的文化积淀,使泰州素有"汉唐古郡""淮海名区"之称。依托泰州特有的自然环境资源和人文资源,努力建设"文化聚集区,休闲旅游区,生态宜居区",着力调整产业结构,大力发展第三产业,加快经济发展步伐,着力加强城市建设管理,着力保障和改善民生,着力维护社会稳定,全力推动泰州实现跨越式发展和长治久安。

改革开放后,泰州市经济建设取得了前所未有的成就。尤其是近年来泰州市经济进入了高速发展的阶段。泰州市在全国的综合实力排名在第75位,在江苏省最具发展潜力城市排名GDP增速中排名第6位,增速达到每年14.5%。2017年6月,全市实现地区生产总值2 244.81亿元,增长8.1%,高于全国平均水平1.2个百分点、全省0.9个百分点,继续领跑全省。其中,第一产业实现增加值86.61亿元,增长2.5%,居全省第3位;第二产业实现增加值1 171.06亿元,增长7.1%,与淮安并居全省第6位;第三产业实现增加值987.14亿元,增长9.9%,居全省第4位,较一季度前移3位。泰州工业经济基础雄厚,现有各类工业企业3.4万多家,其中规模以上企业1 083家,形成以机电、化工、纺织、食品、轻工、医药、建材等为主体的支柱行业。全市近100个产品的生产规模、市场占有率在全国名列前茅,其中56个产品的产销量居全国同行前3位,17个产品成为全国产销量第一,涌现了春兰集团、扬子江药业集团、陵光集团、中丹集团、新世纪造船等一批销售突破10亿元或利税过亿元的企业。目前泰州全方位的开放开发格局初步形成,经济结构战略性调整取得实质性进展,经济技术开发区、高新技术产业开发区和区级经济成为新的经济增长点,以公有制为主体、混合所有制经济共同发展的格局基本形成。城市基础设施功能不断完善,建成了各具特色的城市功能街区。逐步形成了各具特色、初具规模的商业圈。

当前,中国经济建设和社会发展对人民的整体素质提出了新的更高的要求。但是,全民健身工作的现状还不能适应社会主义现代化建设的需要。群众的体育健身意识还不够强烈,群众性体育活动的开展还不够广泛,现有体育场地设施不够完善、距离满足群众开展体育锻炼的需求方面还有较大差距,全民健身工作的科学技术和监测管理还比较落后,适应社会主义市场经济体制的全民健身管理体制和运行机制还在探索之中。随着经济和社会事业的发展,以上问题应逐步加以解决。为进一步增强人民体质,适应中国特色社会主义现代化建设的需要,必须采取切实有效的措施,推行全民健身计划,发展群众体育,必须加强体育活动基础设施建设。

（2）泰州体育产业发展现状

泰州市作为产业布局十分完整的国家示范性经济体,在整体产业结构调整升级的大背景下,对体育产业快速增长的需求强烈。未来10年,我国体育产业将激活万亿元产值,泰州将抓住这一产业机会,大力发展体育产业及联动产业集群。因此,建设泰州体育公园,将为泰州市体育产业及相关产业打开巨大的市场空间,创造新的产业机会。

2014年10月,国务院出台了《关于加快发展体育产业促进体育消费的若干意见》;2015年6月,江苏省政府出台了《关于加快发展体育产业促进体育消费的实施意见》。两个《意见》的出台,加快了体育产业发展、促进体育消费、深化体育事业改革的步伐,也给泰州体育产业发展带来了重要战略机遇。近年来,泰州市委、市政府高度重视公共体育服务体系建设工作,先后出台了《泰州市全民健身实施计划(2011—2015 年)》《泰州市加快体育产业发展实施意见》《泰州市购买公共体育服务项目的实施方案》等文件,有力推进了公共体育服务体系建设。

目前泰州市体育产业还处于粗放的基础性阶段,想要优化城市体育产业结构,必须加快转型升级。转型要从传统业态向新兴业态转变,从传统的贴牌加工、生产制造,向物流、互联网、赛事经营、体育培训、体育无形资产开发,甚至向俱乐部和运动队的经营模式方面转换。升级就是让现在小、散、旧、乱的格局,通过市场的推动,让企业进行重组、整合。引进以名人命名和组建的体育俱乐部已经开始产生效益,引发社会广泛关注和普遍欢迎。

体育赛事是体育产业的核心驱动力,大型赛事开始尝试市场化运作模式,能够极大地释放市场和社会组织的活力,同时也吸引了更多的社会资源、社会资本对泰州体育市场的关注和投入。目前泰州的部分赛事活动的品牌效应开始呈现,并体现出区域特色和文化元素,如凤城公开水域游泳比赛已连续举办 4 届,并成功升格为国家级赛事,做足了“水文章”;世界国际象棋女子锦标赛对抗赛、“春兰杯”世界职业围棋赛和“黄龙士杯”世界女子围棋擂台赛等一批赛事,突出了“棋文化”;2015 年 8 月 23 日在溱潼风景区举办的“铁人三项”赛事,由于组织有序、保障有力、成效良好,获得国家铁人三项协会的高度认可,经报批国家“铁协”,同意 2015 年升格举办亚洲杯“铁人三项”比赛,持续打造“泰铁品牌”。这些赛事都较好地发挥了体育宣传城市、促进旅游、拉动消费的多元功能。

(3)泰州体育场馆现状分析

体育是我国社会主义现代化事业的重要组成部分,是一项关系国家强盛、民族兴旺、人民健康的社会事业。在全面建成小康社会的新形势下,体育在凝聚人心、提高素质、提升文化品位、展示精神境界、塑造城市形象等方面的作用愈来愈重要。体育产业是当今全球经济中发展最快的产业之一,每年为世界带来 8 000 亿美元以上的直接收入,以平均每年 20% 的速度增长。如果计入相关的连带效益,估计达 20 000 亿美元以上,体育产业的发展已经成为国民经济重要的增长点之一。

2015 年江苏省公布的《江苏省人民政府关于加快发展体育产业促进体育消费的实施意见》,明确提出了体育产业的发展目标:到 2025 年,基本建立结构合理、门类齐全、功能完善、竞争力强的体育产业体系,形成政府引导、市场驱动、社会参与、协同推进的发展格局,对其他产业的带动作用明显提升,体育规模超过 7 200 亿元,增加值约占全省地区生产总值的 1.6%,体育服务业增加值占体育产业增加值 50% 左右,体育产业从业人员达到 180 万人,人均体育场地面积达到 2.6 m²;群众体育健身和消费意识显著增强,人均体育消费大幅提升,经常参加体育锻炼的人数达到 3 500 万人、约占总人数的 42%,国民体质合格率和中小学生体质合格率指标居全国前列。

泰州市近年来连续发布《泰州市全民健身实施计划(2011—2015 年)》《泰州市加快体育产业发展实施意见》《泰州市购买公共体育服务项目的实施方案》等文件,有力推进了公共体育服务体系建设。大力开展公共体育服务体系示范区创建。着力推进城市社区 10 min、农村 20 min 体育健身圈建设,积极改善公共体育设施条件,2015 年底全市人均体育设施面积近 2.8 m²。体育场馆是体育产业和体育事业发展的重要载体,是满足人民日益增长的体育需求的重要保障,体育场馆资源丰富程度和经营质量直接影响了体育产业的发展以及场馆自身的可持续性运营。我国现有体育场地的存量是非常大的,但相对我国庞大的人口基数来说,我国体育场地资源还严重短缺,随着人民物质文化水平的日益增长,人民群众对体育的巨大需求和健身娱乐场所供给不足的矛盾日益突出。随着社会的不断发展和人们思维观念的转变,越来越多的地方政府认识到举办体育赛事对推动城市基础建设、拉动区域经济发展的重要作用,并以此为契机,新建、改建和扩建了一些大型公共体育场馆。建设大型公共体育场馆一方面满足大型赛事及大众健身活动的需要,另一方面借以树立城市良好的形象,成为城市的标志性建设。

目前泰州体育场馆建设远远落后于全省平均水平,规划建设步伐甚至落后于苏北地级市,是省内 13 个地级市里唯一没有修建大型体育场馆设施的城市。

泰州市目前的体育基础还很薄弱,体育设施陈旧落后,体育场地相对不足,严重影响了泰州市体育事业和文化事业的发展。体育场馆是发展体育事业的物质基础,是群众参加体育活动的主要场所,是竞技体育事业发展的重要组成部分,因此为了完善泰州市的体育设施、满足承接全国综合性运动会和国际单项赛事对体育场馆的需求,满足全民健身日益增长的需要,增强新区发展的吸引力和活力以及繁荣泰州市文化体育事业,实现城市的跨越式发展,泰州市体育局提出了泰州体育公园建设项目。建成后的泰州体育公园将成为泰州市体育事业和体育产业发展的基地,成为广大市民体育、休闲、娱乐生活的聚集地,对展示整个泰州市的城市面貌,促进体育产业和社会经济的发展以及提升城市知名度等方面,都将起到不可估量的推动作用。

(4)赛事活动市场分析

① 泰州大型赛事发展现状

近年来泰州的体育赛事活动呈井喷式发展,2016 年,"泰州铁人三项赛"、AC 米兰泰州行、橄榄球联赛、乒乓球世界冠军挑战赛成功举办;2017 年"春兰杯"世界围棋锦标赛、铁人三项亚洲杯赛、全国男子排球冠军赛、中国武术散打职业联赛陆续落地泰州,开启了泰州体育发展的新纪元。

2017 年泰州市举办 21 项重大体育赛事(表 5-1),这些赛事中,既有市民喜闻乐见、易于参加的群体比赛,也有国际级或国家级的足球、拳击、马拉松、排球、钓鱼、自行车等比赛项目。目前,世界马拉松邀请赛、世界花样足球大赛、2017 年"一带一路"U15 男子或女子国际足球邀请赛、世界拳击争霸赛、中超中甲足球精英赛、全国钓友泰州行系列赛等正在按照程序报国家体育总局,等相关部门审批。这些赛事都较好地发挥了体育宣传城市、促进旅游、拉动消费的多元功能。

表 5-1　2017 年泰州市举办重大体育赛事一览表

序号	级别	内容
1	国际	铁人三项亚洲杯赛
2	国际	2017 年"一带一路"国际足球邀请赛
3	国际	世界花式足球大赛
4	国际	世界拳击争霸赛

序号	级别	内容
5	国际	世界马拉松邀请赛
6	全国	"国际奥委会主席杯"全国百城市自行车赛
7	全国	"中国·泰州"环天德湖长跑比赛
8	全国	"中国·泰州"凤城河公开水域邀请赛
9	全国	全国赛艇测功仪大赛
10	全国	全国青少年自行车冠军赛
11	全国	中超中甲足球精英赛
12	全国	全国大学生沙滩排球赛
13	全国	全国钓友泰州行系列赛 2017 泰州行中国钓鱼大奖赛
14	省级	江苏省首届智力运动会
15	省级	江苏省拳击争霸赛
16	省级	2017 年泰州首届 OP 帆船赛
17	省级	江苏省青少年游泳冠军赛
18	省级	江苏省青少年田径短跨项群赛
19	省级	江苏省青少年乒乓球锦标赛
20	省级	江苏省青少年击剑冠军赛(第二分站)
21	省级	江苏省青少年足球锦标赛(女子乙组)

从上述资料中可以看出,泰州市在 2017 年举办了国际单项比赛、国内综合性比赛以及各类商业比赛,赛事种类涉及足球、拳击、田径、游泳、棋牌、帆船等多种形式不同级别的赛事,但目前来讲还没有举办过大型综合性体育赛事及单项知名国际赛事。大型体育比赛可以通过赛事传播、现场观赛等方面,体育比赛可以增进了解,对外开放。因此泰州可围绕泰州特有的"水文化""智慧之城""康泰之州"的城市品牌,引进世界运动会、全国智力运动会、摩托艇世界杯、男篮中国杯、跳水世界杯等优质的国际化赛事。

② 赛事定位

体育公园项目可开展的赛事级别包括国际单项赛事、国内综合赛事、单项赛事,省级比赛以及联赛:

a. 足球赛事:可举办中国足球甲级联赛外、青少年足球锦标赛、邀请赛,商业性质的足球赛事。

b. 篮球赛事:中欧篮球锦标赛、中国之队篮球赛事、国奥男篮赛事、中国女篮赛事等。

c. 排球赛事:中国女排赛事、女排联赛全明星赛。

d. 游泳类赛事:根据场地规模,可举办国家级别的青少年、成年组赛事,国家级别的游泳、花样游泳、水球等单项赛事。

e.综合类赛事：根据泰州市的地理位置以及可接待能力，可承办省级、城市运动会及国家级智力运动会、体育文化博览会等。

f.其他赛事：据调研和资料显示，根据当地市民的需求，体育公园还可以考虑举办羽毛球、乒乓球、台球等国际、国内相关单项比赛。

通过上述分析可以看出，泰州市已有的竞赛体系已具备一定的规模。其中足球、篮球、铁人三项、国际象棋等赛事具有一定的市场。结合泰州城市特点、定位、发展可以看出：泰州市有举办相关赛事的需求，应建立其完善的赛事举办体系。目前在没有大型体育场馆的前提下，无法满足未来赛事方向的需求。

（5）文化演出市场分析

泰州是历史文化名城，梅兰芳、郑板桥、施耐庵都是泰州的文化名人，可以说泰州有着良好的文化传统。但目前泰州的文化演出市场并不活跃，多为以政府为主导的惠民演出活动，商业演艺活动很少。2015年以来基本上每年举办的演唱会为1～2场，文化演出活动不多，且类型单一。据了解，泰州举办的唱响泰州1018天王天后举办演出时场地爆满，一票难求。可见，泰州市当前举办的大型文化演艺活动数量与当地群众的需求不成正比，人们对于参与文化活动的需求难以得到满足，与当地人民持续增长的文化活动需求难以匹配。泰州市群众性文化活动数量近年来迅猛上涨，有巨大的发展潜力，泰州市群众文化演出观赏需求十分旺盛，当前的大型文化演出活动已不能匹配当地群众日益高涨的需求。

泰州体育公园充分利用多样化的场馆，开展全年性的文化演出活动。结合本项目中的其他功能（商业、餐饮、住宿），可举办较为高端的商业文化活动，同时，为当地人民带来更好的视听享受；还可以将"文体结合"，开展综合性的"文体活动"，更好地带动当地文化和体育的发展。目前泰州市文化活动整体发展势头良好，作为江苏省中部地区的重要城市，泰州市应在未来文化市场的发展中起到带头作用。中体将与国内外多家文化演艺机构合作，将更多高水平的商业演出引入泰州，丰富泰州的文化演出市场。

（6）全民健身市场分析

泰州市居民喜爱的5个运动消费项目依次为羽毛球、游泳、篮球、足球、网球，其他重要的运动消费项目还有瑜伽、健身操、室内足球（五人制、七人制）、跆拳道、极限运动（攀岩、小轮车、滑板、轮滑等）。

羽毛球作为当地全民健身的热点项目之一，有以下几点原因：竞技水平高、兴起时间早、参与群众多、青少年培训火爆、业余赛事多等。目前泰州市对外营业的球馆场地总数不足100处，相对于群众的火爆需求，当前的场地数量远远不能满足需要，尤其是在冬季，室内羽毛球场地一场难求。此外，泰州市羽毛球的经营场地由于建成时间较久，场地条件较为落后，严重影响群众开展羽毛球活动。目前泰州市的游泳经营场所多为小区配套的游泳池，面积小、设施相对落后，无法满足越来越多的群众对于游泳健身的需求，也不能满足当地举行各类游泳赛事的需求。

泰州体育公园将借助多样化的体育场地，积极开展全民健身日常开放及体育培训，并根据不同时间段向市民免费开放场馆，提供品牌体育培训，借助泰州市民对于健身运动日益高涨的热情，大力发展泰州的全民健身事业。

（7）项目运营管理定位

泰州体育公园项目的建成，是实现泰州市体育影响力、发挥体育国内外交往功能的关键载体，项目整体设计新颖、布局合理、场馆设施先进、配套设施完善、"一站式"文体体验，可满足大型体育赛事、全民健身活动、国际体育商贸活动、区域及国际文化交流活动等重要活动需求。以满足城市功能定位和国家战略政策。匹配泰州城市地位，宣传泰州城市形象，打造"运动之城，康泰之州"的城市品牌。

2）运营规划

（1）概念规划

以一场两馆（体育场、体育馆、游泳馆）为核心运营主体，在园区内全面规划打造健身培训中心、足球公园、篮球公园、运动训练康复中心、国家级全民体质监测中心、奥林匹克博物馆、智力运动馆、电子竞技馆、搏击运动中心、全民健身广场等多种体育娱乐服务设施。打造出符合国际比赛标准、全民健身需要、多种形式经营的场馆集群综合体。

在泰州体育公园内的可拓展区域建立奥林匹克全民健身区，适合全年龄段人群，为泰州的人民群众最大程度上提供全民健身服务。规划多功能运动场、驿站健身区、青少年体能训练区、儿童游乐区、地面健身区、老年人活动区、残障人活动区、核心力量拓展区和健身步道，每个区域都有不同的健身设施。重点是增设儿童游乐区和青少年体能训练区。可供 3～15 岁的儿童和青少年进行娱乐健身。

（2）运营定位

泰州体育公园项目是在初步确定的设计方案的基础上，对体育场、体育馆、游泳馆、全民健身馆、商业用房、体育产业用房进行的初步运营策划。体育公园主要的功能板块定位有赛事功能、文艺演出功能、健身功能、住宿功能、训练功能、商业功能等。泰州体育公园整体的营销策略和方案应与其作为泰州市体育竞赛和大型文化活动中心，以及泰州地区重要的全民健身场所的自身定位相吻合。

（3）营销思路

① 坚持"以体为主，多元化营销"

泰州体育公园是为泰州市的体育产业和体育事业发展而建立，是以满足泰州市民日益增长的体育需求为目的。因此运营管理的营销过程将始终贯彻"以体为主，多元化营销"的策略，坚持场馆公益化与市场化并行的营销路线，在满足竞技体育、全民健身需求的基础上，坚持市场化营销，注重商业开发及市场化运营。在服务产品设计上坚持优质低价和市场价格组合的策略，以最大限度地满足泰州市民的体育健身需求为目标，追求场馆运营管理工作社会效益与经济效益的和谐发展。

② 媒体整合营销

充分利用常规媒体渠道，加强日常及各类活动的宣传推广，利用媒体传播推动体育馆品牌的建立和价值的提升；重视自媒体渠道的建立，通过官方网站、微博、微信等方式建立与泰州市民的直接联系。

③ 发挥营销优势

充分发挥运营商在国内大型体育场馆运营管理积累的经验和标准化优势，积极引进高水平赛事资源,引进经过市场培育和优化的群体性活动方案,引进已经较为成熟的青少年培训及管理体系,在保证青运会各项工作的前提下,用最短的时间内使泰州体育公园进入正常的运营管理状态。

④ 合作伙伴营销

与国家体育总局及相关运动管理中心,省、市、区政府及相关主管部门,体育总会及单项协会,体育爱好者组织逐步建立长期、良好的合作关系,力争获得社会各方合作伙伴的理解和支持,确保体育公园各项运营管理工作的顺利开展。

⑤ 智能化场馆运营

泰州体育公园要实现网络化、智能化、数据化。将创新性地引入了智能系统,尝试利用"互联网+"解决体育器材的日常使用及维护管理。增加智能化、人性化的设施条件,比如客流量监测、Wi-Fi、饮料自动销售机等,旨在为泰州市民打造更加时尚、科学、安全的体育休闲健身娱乐场馆。

通过楼宇自动化系统(BAS)对整个建筑的建筑自控、综合布线、安防安保、出入控制、给排水系统、供配电系统、照明系统、电梯系统等各种设备实施自动化监控与管理,保证系统运行的经济性和场馆管理的现代化、信息化和智能化。围绕智能终端及软件升级而衍生的各种服务模式,基于大数据通过轨迹追踪将传统赛事、展会等商业行为智能化,进而将观众、展商及产品信息数据化。由此而产生的各种蓝图勾勒在我们眼前:对人流量进行追踪分析,了解观众在场馆中的行动偏好,从而更新标识系统及广告位的设置,以提升客户体验及场馆的综合收益;通过人流量考察体育赛事及文化演艺活动的吸引力,作为赛事影响力和文化演艺活动受欢迎程度评估的依据;追踪及记录客户行为,为主办方提供决策依据;根据场馆的繁忙和空闲时期进行能耗控制,达到绿色节能的目的等。

结合泰州当地的安全考虑,可将"实名制一卡通"运用在场馆中,会员实名制登记后经相关部门核实身份,可持会员卡通过"快速安检区",方便快捷地进入场馆功能区,享受运动带来的乐趣。通过智能场馆的运用,不仅降低了运营成本,在提高工作效率的同时还增强了用户的体验度。由此可以看出,"体育+互联网"在未来可以为用户带来创新的观赛和消费体验。

⑥ 商业租赁策略

泰州体育公园配套商业面积约为 58 662 m²,按照规划指挥中心在后期投建,目前可利用的商业面积 33 662 m²,结合功能区域划分及业态分布,大致将招商方向定为:体育产业孵化基地、体育文化培训、休闲娱乐体验、大型超市、品牌餐饮、儿童乐园等。

体育场的商业配套面积较大,未来可作为体育产业孵化基地使用,为中小型体育产业创业者搭建体育行业的交流平台,吸引更多的体育创业公司入驻。结合体育产业的特点,更好地服务体育产业创业者,建立完善的体育产业项目孵化机制,鼓励创新、创业,强化体育公共服务网络建设,提供服务水平,发展体育人口,引导体育消费并促进体育产业发展。

体育馆东侧未来可作为商业用房使用,此区域经营内容定为儿童培训区,设置内容包括:早教中心、钢琴、舞蹈、书画等。建议将儿童培训设在体育馆商业用房的北部,距离北侧入口较近,并距离人流聚集的商业区较远,保证该区域相对独立,为儿童提供一个相对安全、安静的培训区。此外,对于 VIP 用户,在赛事期间提供尊贵的包厢观赛体验以及配套餐饮服务。与此同时,包厢也作为体育场馆的无形资产进行冠名租售,从而为体育馆带来可观收益。

由于游泳馆可承接的赛事较少,游泳馆二层的观众平台大部分时间为闲置状态,为充分挖掘其商业价值,可将此区域设置为儿童活动区,包括儿童生日会、乐高积木、遥控赛车等易于拆卸且收益较高的项目。

地下商业部分可开展瑜伽培训、体育舞蹈培训等。全民健身馆的配套商业用房未来将规划作为智能健身俱乐部使用,健身俱乐部智能化解决方案已经能够很好地为用户提供周到的健身及培训服务,并运用专业的管理系统来保障健身俱乐部的稳定运营。

对于传统健身俱乐部中存在的枯燥、乏味等问题,通过数字虚拟技术,专为动感单车房、滑雪运动体验中心量身打造多人同屏智能骑行、滑行系统,为用户搭建便捷流畅的全新体验平台,同时为健身俱乐部节约能耗成本。

地下商业区域未来将规划为大型超市、餐饮为主。在超市引进中计划引进迪卡侬体育用品超市。传统的体育用品销售模式已经不足以吸引消费者消费,网络消费也对实体消费带来了巨大的冲击,线下销售只有更加注重体验性才能更具竞争力。以最具人气的迪卡侬运动超市,产品包括滑雪、滑冰、自行车、轮滑、跑步、爬山、露营、越野、瑜伽、游泳、羽毛球、足球、篮球、网球、乒乓球、击剑、跆拳道、水上运动等,打造一个涵盖不同消费区间的、包含几乎全部体育运动领域的一站式体育用品售卖服务区域。同时,在售的体育用品均可供消费者试玩、试穿、试用,旨在通过多种运动体验,培养泰州体育公园市民的体育消费习惯和体育运动爱好。为泰州的市民提供优质服务及良好体验。除此之外,还可以设置一个中档消费水平的美食天地,以风味小吃和简餐档口为主,为健身人群和工作人员提供餐饮服务,丰富整个体育公园的餐饮类型。

⑦ 指挥中心运营策略

2016 年泰州旅客数量达到了 2 282 万人次,同比增长 12%。泰州市旅游资源综合价值凸显。泰州市作为全国知名的旅游城市,近几年酒店的发展数量呈增长趋势,酒店数量增长较快,且还会继续保持较快的增长速度。

泰州体育公园二期投建的配套设施——体育公园指挥中心,按满足 500 人训练队的训练需求设置房间,同时可以转换为大型赛事时的媒体中心,赛后作为酒店运营。高新区甚至泰州市都缺乏高端酒店,不能满足未来商务人群和游客的住宿需求,因此运动员公寓定位为四星级酒店标准,酒店客房数为 250～300 间。

未来将通过在泰州体育公园引进赛事、展会及文化演出,来提高酒店的入住率;此外,泰州市的旅游景区也将为本区域增加一部分旅游客户,这类客户将带来部分酒店潜在客户,有助于整体旅游产业的发展和提升,未来将形成泰州城市体育文化旅游休闲产业集群联动发展的方向。

⑧ 大型体育文化活动营销策略

无论是体育赛事活动,还是大型文化活动,泰州体育公园在运营管理过程中向市场提供的主要是场地保障和全程自办两种服务产品。场地及保障服务产品是指项目公司向体育赛事或文化活动的主办方提供场地及保障服务,而综合服务产品是指由项目公司策划、组织和开发的体育赛事及文化活动,除了场地及保障服务外,还包括赛事策划、市场开发、票务销售、观众服务,运动员(队)接待、媒体服务、电视转播,以及赛事与活动本身的运行、管理等多个方面的内容。针对体育赛事和文化活动两种市场的不同,项目公司在运营管理过程中将采取不同的营销策略。

在体育赛事方面,除加强同省、市、区体育主管部门的联系,积极承接由他们主办、承办的体育赛事,提供场地及保障服务外,项目公司将充分依托中体在体育赛事方面的资源和经验优势,发挥自身机制灵活性的优势,积极打造自身赛事策划、开发、组织团队,独立自主地举办高水平体育赛事活动,打造泰州体育公园的亮点赛事,并通过赞助商开发、供应商开发、广告开发等多种手段获取收益,弥补成本支出,同时降低对体育赛事、文化活动本身利润的诉求,以低价策略向体育爱好者提供高性价比的赛事产品,为培育泰州体育竞赛市场做出贡献。

在文化演艺活动方面,项目公司将针对泰州市文化演艺市场的实际情况,主要采取场地及保障服务的方式,积极引进演唱会、中小规模文化演出、商业会展、体育会展、企业活动等活动形式,通过加强对泰州体育公园设施设备的管理、维护和保养投入,确保场地及设施设备的良好状态及运行,并根据市场的实际情况,完善服务流程,提高服务质量,确保场地及保障服务的高品质。从而为泰州体育公园的运营管理提供多样化的选择和良好的内容补充。

⑨ 全民健身市场营销

项目公司将针对全民健身市场向社会提供日常全民健身、青少年体育培训和大型群体活动三类不同的服务产品。

a. 日常全民健身

根据泰州体育公园全民健身市场的实际情况,项目公司在运营管理过程中将全面向市民开放体育馆开展健身活动,主要提供羽毛球、篮球、足球、网球、乒乓球、棋牌、游泳、门球等项目的健身服务。在这个服务过程中,项目公司将秉承中体在不同场馆开展全民健身服务的一贯宗旨,采取低价有偿策略,有偿的目的不是为了追求盈利,而是弥补场馆运营管理费用的支出。在提供舒适、周到的高标准健身场地和服务的同时,项目公司还将逐步为健身客户建立全面的个人健康档案,定期提供体质检测服务,根据消费者健身效果,提供专业的健身辅导意见。同时,项目公司将全面开放室外共同平台、广场,并设置安全可靠的电源设备,免费供周边市民开展广场健身活动,提高体育馆整体设施的利用率,也为体育馆集聚更多的人气。

b. 青少年体育培训

中体10余年来在国内体育场馆运营管理的探索,特别是在青少年培训领域,已经建立了较为成熟的青少年俱乐部管理体制。在相关单项体育协会颁发的《青少年体育训练大纲》基础上,形成较为完善的课程体系。项目公司将直接引进这一体制,在泰州体育公园建立青少年运动俱乐部,并引进篮球、羽毛球、乒乓球、网球、跆拳道课程,初期以开设寒暑期、日常单项培训班为主,并逐渐过渡到以各项目的长训体系为主。

在运营管理初期,为了尽早打开青少年体育培训工作的局面,项目公司将加强与区教育部门和中小学校的合作,为区内缺少场地条件的中小学校免费提供体育馆用于体育教学,并根据实际需要无偿提供项目公司的教练员服务。

　　c. 大型群体活动

　　结合泰州体育公园的区域位置、影响力和多样的场地资源,在承接传统性群众健身活动的基础上,项目公司将自主策划、组织区域性的大型群体活动,以泰州体育公园为龙头、带动全民健身运动的开展,为塑造城市、企业文化和精神,倡导健康生活服务,并逐渐打造全民健身活动品牌。

　　初步规划,项目公司将按照区域、企业、机关、社区等不同的区域属性,与市体育主管部门相配合,尝试策划和组织不同主题的全民健身活动及业余赛事。包括泰州市奥林匹克日长跑、全民健身万里行、泰州市民运动会及单项的公开赛、对抗赛和联赛,组织企业、社区、镇街运动会,并逐渐将成熟的群体赛事进行优化整合,设立综合性的市民运动会,形成"周周有比赛、月月有决赛"的良好群体赛事氛围,并最终将这一全民健身品牌推广至全国范围。

　　⑩ 运营模式的确定

　　对运营收入和成本的测算,可将体育公园设定为自营和招商租赁两种运营模式。自营项目以出租场地收取场租作为收入,能耗费用计入成本;招商租赁项目按出租面积收取的租金计入收入,水电及能耗费用由租赁方自行承担,不再计入体育公园运营成本。

　　a. 自营:大众健身基础好的项目,如羽毛球、篮球、足球、网球、乒乓球、游泳、停车。

　　b. 合作:指挥中心、跆拳道、击剑、体育舞蹈,考虑引进专业的机构合作运营。

　　c. 招商租赁:超市、餐饮、儿童培训、娱乐、商业、办公等。

　　d. 其他:室外活动场地均以收取场租的形式运营。

5.2　运营成本管理

5.2.1　成本控制方法

　　项目成本分为直接成本和间接成本。直接成本为体育类赛事活动、文化演出会展活动、体育培训、商品销售等业务开展时产生的成本。此成本将随着收入的增长而增加,因此直接成本存在着增长的不确定性。而间接成本,如场馆能耗、物业费用、运营办公费用、保险费则相对稳定,增长幅度不大。总体而言,随着社会经济及社会工资、能源价格的增长而增长,成本与收入的增长成正比,但收入的增幅会高于成本的增幅。另外,体育场馆公益属性较强,需要考虑政府低收费免费使用的需求,为大众免费开放同样需要成本的支出。因此,场馆的经营成本控制压力较大,需要较强的运营管理团队合理化控制。

　　(1)场馆的成本控制需建立完善的场馆成本管控体系,划分责任成本和非责任成本。其中责任成本包括项目直接成本和间接物业成本,项目直接成本由业务部门负责,细分到每一项赛事、每一场文化演出,进行单项的成本预算和监控;间接物业成本由物业服务中心负责,对物业管理费、能耗费、绿化养护费、物料消耗费、维修维护费等进行专项成本预算和过程监控。对非责任成本,如折旧费等,也须合理预算并进行定期的分析总结,发生大幅执行偏差的应及时进行调整。

（2）落实成本预算的全过程管理,体现全员、全方位的原则,监控预算执行情况并深入分析,改进预算编制及日常经营管理工作;同时加强管理信息系统建设,通过准确高效的数据分析,为实施合理有效的场馆运营成本控制提供决策依据。

（3）完善公司内部控制机制,对重大经营计划、重大资金流出进行严格的内部监控,通过建立财务预警机制以保障公司成本控制工作的有效实施。关注并寻求体育产业相关政策支持,积极争取大型体育场馆低收费免费开放的补贴资金,在减轻场馆高额成本压力的同时,促进泰州体育事业和体育产业的发展,创造更优质的全民健身场所。

5.2.2 经营成本构成及说明

1）人工成本

人工成本是指运营公司管理人员和其他相关部门人员的成本,在对泰州体育公园人员成本测算中,考虑到通货膨胀,社会平均工资将持续增长,人工成本预计每3年增长10%。

2）物业成本

（1）物业管理

预计首年物业管理的费用为685.25万元,主要为物业人员的工资,因泰州体育公园管理面积较大,需要的物业人员较多,因此本项开支较大。未来随着社会工资及保险的逐年增长,以及物业管理水平的提高,物业费用将逐年小幅提高,预计每3年增长10%。

（2）维护保养

预计首年的维护保养费用为50万元,主要为各种机器设备、场馆相关器材等大型设备的维护保养费用。因招标方未提供完整的设备设施清单,测算主要按照国家乙级场馆常规使用设备计算。

（3）物料消耗

根据泰州的体育公园的运营面积及运营状态,预计首年物料消耗费用为45万元主要为日常的耗材费用,如电缆、电线、保洁物品、耗材等。

（4）维修检测

因场馆为新建场馆,设备实施都在质保期内,因此首年维修费用较低,但需一定金额的设备检测费。预计首年维修检测费用为10万元,主要为场馆内大型设备的维修检测费用。

（5）绿化费用

泰州体育公园整体占地面积46.932万 m^2,绿化率为30%绿化面积约为14.08万 m^2,按照0.3元/m^2/月计算,费用预计首年为50.69万元。

3）能耗成本

能耗成本测算主要是基于泰州体育公园的基本情况,目前掌握的设备型号、能耗标准及泰州市能耗价格以及运营商多个正在运营类似场馆能耗数据的汇总分析的基础上进行计算。

泰州体育公园项目将采用智能化系统节能管控的方式,对能耗成本进行严格控制。精细的管理及合理使用,可使泰州体育公园的能耗处于相对节约的状态。预计可比用电设备测算出的电费节省 40% 左右,预测电费总额为 501.47 万元。水费因无用水设备清单及能耗标准,因此根据大型体育中心运营经验,并参照运营的类似体量的体育中心的数据分析预计用水量为 17 万 t,泰州的生产和服务业用水价格为 3.56 元/t,预计水费全年总费用为 60 万元。蒸汽费按每天使用 12 m³ 计算,单价 260 元/m³,每年使用 225 d,预计蒸汽费总费用为 70 万元。由于假设运营管理期内举办的赛事及活动能耗由赛事及活动主办方按照实际发生额承担,因此测算的能耗是日常经营状态下的能耗。

4）保险成本

运营商计划给泰州体育公园全范围进行投保,预计每年保费 32.19 万元（表 5-2）。根据体育公园投标的险种及类似规模场馆的保险金额增长幅度,预计每 5 年保费上涨 10%。

表 5-2　保险预算表

序号	险种	保额(万元)	预估保险费用(万元)
1	财产一切险	130 000	19.5
2	机器设备损坏险	预估 20 000	6
3	公众责任保险	300	2
4	现金险	20	0.14
5	营业中断险(财产)	500	0.6
6	营业中断险(机损)	500	0.6
7	游泳池专项责任保险	75	2.349
8	环境污染责任险	100	1
	合计		32.189

注：体育馆承接大型的非常规竞技性比赛时,不承担责任,需被保险人单独申报。

5）赛事活动成本

赛事活动成本主要为赛事引进费及赛事运营管理费用,赛事引进费为支出给国家体育总局项目运动管理中心、各运动项目协会、赛事资源拥有公司等机构的费用。赛事运营费用由竞赛费用、接待费用、差旅费用、宣传费用、电视转播费用、赛事相关活动费用、赛事奖金等构成。

因场馆运营前期处于市场培育阶段,因此前期举办的赛事为微利状态,随着市场的成熟,赛事将逐渐实现盈利的增长。因赛事引进及举办存在一定的不确定性,因此赛事成本也存在着不确定性,本测算假定赛事引进项目长期固定,引进数量及质量逐年增加,成本同比逐年增加。

需要注意的是赛事成本中的赛事运营费用已包括器材购置费用,器材购置费已包含在项目运营初期的赛事成本中,按赛事及全民健身需求进行分批采购。

6）日常开放成本

日常开放成本为日常开放收入的 15% 左右,主要为健身卡采购费用、智能系统管理费用、宣传费用等构成。

7）培训成本

培训项目根据运动项目的不同,成本为培训收入的 20%～30%,主要为培训品牌授权费用、教练员费用、编制教材费用、耗材费用、智能系统管理费用等。

8）商品销售成本

商品销售成本为商品销售额的 50% 左右。主要为采购销售商品的成本费用及销售产品所雇佣的人工费用支出及相关宣传展示费用。

9）文化演艺活动成本

文化演艺活动成本为文化演艺活动的 40% 左右，主要为临时人员费用、广告费用、宣传费用、场地搭建费用、物料制作费用等。

10）市场推广成本

为增大体育公园的影响力和各经营收入项目的宣传推广，需在运营每年支出广告费用、媒体宣传费用、制作广告制作物费用等推广类费用预计首年为 50 万元左右。

11）税金及附加费用

经营成本中的税金部分按照政府要求，仅需考虑除增值税、所得税以外的税费支出，故税费的预测中并没有增值税、所得税科目。

税金的主要构成为文化事业建设费及房产税，按照国家相关规定，文化事业建设费为无形资产开发收入的 2%，房产税为商业租赁收入的 3%。

5.3 安全管理和突发事件管理

体育公园安全防范工作是日常管理服务工作中非常重要的一环，应切实做好安全防范与管理工作，杜绝因管理原因而造成治安事件。从服务大局和维护稳定的角度出发，确保泰州体育公园的安全运营和稳定开放。

5.3.1 安全管理总述

为加强外防、内保，防止一切可能出现的安全、安全防范事件，维护体育公园中心公共区域安全及公共秩序，中体主要从以下几个方面加强体育公园的安全防范与管理工作。

（1）智慧管控，建立中枢管理监控系统，把体育公园的消防、节能、运营、监控集成在一个系统上，完全实现自动化、科技化管理。通过中枢监控系统，把各个子系统数据集中统计并进行整合分析，及时发现安全隐患和问题。如：消防管道安装水压检测装置，把信号连接到控制中心如消防管道缺水，中央控制系统会自动报警等。

（2）在内部管理方面，严格制定人员录用培训标准，重点做好对员工的安全服务意识、业务技能、管理标准和思想品德、职业操守的教育培训，做到培训前有计划、有目的，培训过程中有记录，培训后有考核，并以此作为员工晋升、奖励和淘汰的依据，全面提高员工素质。依据 ISO9001：2 000 质量体系标准制定各项内部管理制度、操作规程，严格履行各级人员的岗位职责，加强对体育会展中心区域的巡查力度。

（3）制度建设上，项目公司将根据体育公园物业实际特点及管理服务需求，及时建立该项目的各项公众管理制度，包括安全防范管理规定、消防管理规定、物品进出管理规定、车辆管理规定、防火应急指南等，为体育会展中心物业管理工作提供标准、依据。

（4）安全防范管理采取"层级控制、全员参与"的管理措施，保安员实行定岗、定员、定责制，对体育会展中心的安全进行全面防范，确保因管理原因而造成的安全事件发生率为零，让广大群众有安全感、舒适感。同时在微信公众号中建立安全隐患板块，让所有来到体育公园的人填报安全隐患，并每天安排专人筛选排查。

5.3.2　安全防范及公共秩序管理

1）日常安全防范及公共秩序管理

（1）维持秩序，做好体育会展中心区域内的治安防范、安全监督工作，及时制止任何危及物业财产和人身安全的行为，杜绝被盗和安全事故的发生，提供 24 h 值守及紧急支援服务。以"预防为主、防治结合"的管理方针，做好辖区内消防、治安、交通、公共秩序的预先防范工作，防止刑事案件及治安、消防、交通事故的发生。

（2）负责维护体育公园区域内部治安秩序，预防和协助公安机关查处区域内的治安事故，配合公安机关打击违法犯罪活动。

（3）坚持"纪律严明，和善助人"的服务宗旨，既要坚决纠正违规行为，也要为顾客提供热情、周到的服务。

（4）完善区域内的安全防范设施，合理调配整个区域的安防力量及安防岗点，注重治安硬件设施的维护及使用，并根据实际情况提出整治意见。

（5）维持辖区内交通秩序，禁止未经许可的小摊贩进入辖区进行经营活动，车辆出入有序，道路畅通；车辆停放规范、安全。

（6）与当地公安机关、治安队建立良好的工作关系，同时与体育公园周边单位建立联防联保关系。

（7）贯彻落实"谁主管，谁负责"的消防原则，负责安全消防教育和培训工作，组建义务消防队，建立健全消防安全制度，组织全辖区性的消防检查及演练。

（8）负责消防器材的管理，包括消防器材的安放、检查、整理和更换并按规范操作使用。

（9）密切联系管辖区域内的各租户，共同做好群防群治工作，强化安全防范意识，建立各种内部安全防范措施，协助处理区域内租户和客户对安保工作的投诉问题。

（10）对管辖区域内大件物品实行放行条制度，有效防止区域内物品丢失。

2）安全管理运作流程

安全管理运作流程如图 5-3 所示。

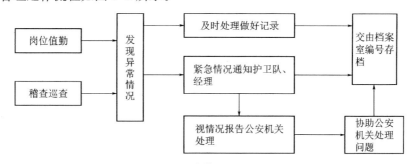

图 5-3　安全管理运作流程图

5.3.3 应急方案及保障措施

提高对可能出现的突发事件的组织指挥能力和应急处置能力,为体育赛事及各种文体活动安全做好支撑保障工作,满足突发情况下应急处置工作的需要,结合体育公园实际情况制订此预案。

1) 适用范围

本预案适用于公司各部门及物业服务企业在发生下述情况下的应急处置:重大自然灾害、事故灾难、突发公共卫生事件、突发社会安全事件。

2) 组织机构

(1) 成立应急情况处置领导小组,总经理为组长,物业服务中心经理、副经理为副组长,成员由物业服务企业部门经理、主管担任。

(2) 成立应急情况处置小组,总经理为组长,组员为物业服务中心经理、副经理、物业各工种人员。

3) 主要职责

(1) 负责制订、修订"应急预案";遇重大突发事件,启动本预案,并向上级部门汇报实施和进展情况。

(2) 根据本预案,制订适合本区域应急情况处置的各类预案,并组织预演。遇突发情况,由总经理指挥各类人员,及时有效地处置。

(3) 各类预案经物业服务中心统一拟定,按照体育公园物业本体的特殊性,结合大型活动保障及日常物业服务保障的要求制定。

(4) 体育公园各类预案经过物业服务中心拟定后,上报公司总经理批示审核,经审核批准后实行。

4) 应急处置程序

体育公园接到报告后需对各种事件作出迅速准确的判断,以最快的速度通知有关单位、部门和人员进行应急处置。根据突发事件的严重程度决定拨打"110""119"请外援处理。同时上报上级主管部门、投资公司、保险公司、市应急办、公司相关部门,寻求支援。处理流程如图 5-4 所示。

5.3.4 突发事件处理预案

1) 火灾疏散应急预案

体育公园是一座多功能现代化的大型体育设施。其建筑的面积庞大、设施众多,加上人员流量大这一特点,火灾的隐患也就相应增加。而体育公园一旦发生火灾,无论是人员疏散,还是火灾的扑救或物资的营救等都十分困难。为保证财产和观众及运动员的生命安全,要求体育公园各部员工,无论在什么时候,一旦在体育公园发现有火情时,体育公园的每一名员工均应按照本方案的程序要求(图 5-5),参加灭火战斗,争取快速、有效地扑灭或控制火灾,从而减少火灾所造成的损失。

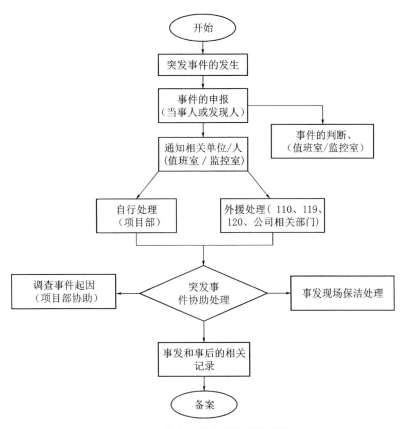

图 5-4 体育公园应急处置流程图

2) 停电停水应急预案

（1）当电力公司或自来水公司发出停电、停水通知时，应及时书面或电话告知业主，并通知各相关二馆一场技术值班人员做好设备停水、停电的应急准备。

（2）当供水供电恢复时，维修工检查所有水阀、水泵、配电开关的正常运作情况，如有损坏，立即修复。

（3）维修人员必须准备应急照明灯具和其他照明物品，以便突然发生停电时使用。

（4）当发生突然停水、停电事故时，值班人员应立即通知维修人员，并通知业主有关情况。

（5）维修人员必须具有相关的专业资格。任何非专职人员均不得自行修理，以免造成人身、财产的伤害或触犯有关法规。

（6）秩序维护队员加强停电、停水期间物业区域的秩序维护工作。

（7）事故应急处理程序见《停电、停水应急预案流程图》（图 5-6）。

（8）突发事件处理完毕后，要认真填写突发事件表并存档备查。

3) 水浸事故应急预案

当发现物业有水浸情形，管理人员、设备维修人员必须迅速采取行动以阻止水势蔓延，避免破坏物业其他设施，一旦接获水浸报告，按规定流程（图 5-7）处理，具体内容如下：

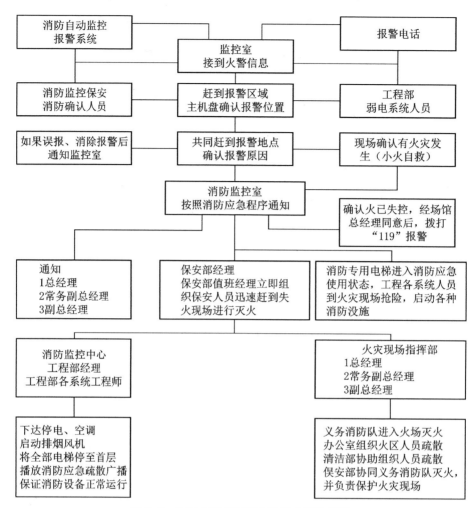

图 5-5 体育公园应急灭火疏散方案流程图

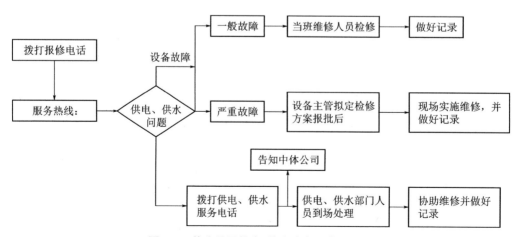

图 5-6 体育公园停电、停水应急预案流程图

（1）检查漏水的准确位置及所属水质,例如冲厕所、生活用水或排水等,并在许可能力下,立即设法制止水势蔓延,如关上水阀、启动潜水泵降低水位。若不能制止时应立即通知项目总经理寻求支援。在支援人员到达前须尽量控制现场,防止范围扩散。

（2）观察四周环境,漏水是否影响各项设备设施、电力配电房、电梯、电线槽、配电柜等,如有浸水应立即切断电源,以防水浸、漏电伤人。

（3）利用沙包遏止水势蔓延到其他地方,防止漏水渗入电梯、供配电等设备,并须将升降电梯立即升至水浸以上楼层(体育公园电梯使用率低,一般都要求停在 2 层),以免被水浸漏电伤人。

（4）利用现有设备工具拖把、扫把及潜水泵等工具设法清理现场。

（5）如漏水可能影响日常操作、保养及申报保险金等问题,须拍照片以做日后存档及证明。

（6）协助保洁公司清理现场积水,检查受影响范围,通知受影响业主。

（7）日常巡逻时,应留意渠道是否有淤泥、杂物或塑料袋,随时加以清理干净,以免堵塞。

（8）必须准备足够的沙包、条木等作为爆水管及雨季使用。

（9）将一切有关资料包括水浸原因,涉及面积、破坏程度等详细记录,并向项目总经理及项目公司呈交报告。

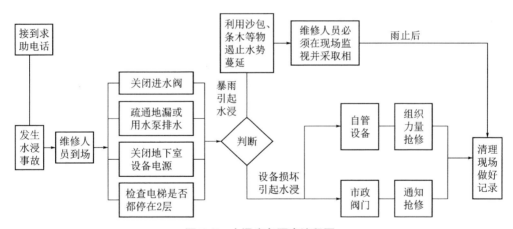

图 5-7　水浸应急预案流程图

4）踩踏事件应急处理预案

在空间有限,而人群相对集中、过于激动、兴奋、愤怒等容易出现骚乱的场所如体育场馆,遇有突发情况容易发生踩踏事件。

（1）此时现场的工作人员应先保持冷静,提高警惕,尽量不要受周围环境影响。

（2）熟悉所管辖范围内所有的安全出口,同时要保障安全出口处的畅通无阻。

（3）当身不由己混入混乱人群中时,一定要双脚站稳,抓住身边一件牢固物体,工作人员有权利和义务组织安排在场人员有序疏散。

（4）在指挥过程中,应尽量及时联系外援求助。

（5）日常工作中首先应及时发现并清除场地设施设备中存在的安全隐患,对开放区域内的场地设施设备各部门应做好定期巡检工作,发现安全隐患应及时采取措施或上报上级主管部门。

（6）流程:发现险情→立即上报→开启消防广播系统→有目标地引导群众疏散→告知防护技巧→及时拨打"110""120"等急救电话寻求援助。

5）游泳馆突发事件应急预案

为了泰州体育公园的稳固发展,加强安定团结,坚持依法治国,进一步落实社会治安综合治理,减少突发事件的发生,泰州体育公园依据经营管理工作需要制定突发事件应急措施,并按公司要求成立泰州体育公园置突发事件小组,因地制宜果断处置突发事件,确保泰州体育公园游泳馆的安全运营。

（1）泰州体育公园处置突发事件小组积极督促保安部门认真执行保安门卫岗位职责制度,做到24 h有人值班,消费人员一律须购票或刷卡方可进入馆内消费区域,对进出公干人员须出示有关证件,对无理取闹、聚众哄吵、扰乱秩序者由值班保安人员或体育公园处置突发事件小组直接处理。

（2）对于泰州体育公园游泳馆重要部位均制定安全管理制度,并明确责任由体育公园项目部保安部门定期检查落实情况,定期向上汇报,发现问题,及时解决,特别是重大节日,禁止烟花爆竹燃放。

（3）泰州体育公园游泳馆工作人员在日常工作中遇到的以下突发事件的处理办法:

① 发现火警立即通知当班主管,并马上通知工程部门及时切断电源,组织保安人员进行灭火抢救,情况严重时应立即拨打"119"报警电话并向公司领导汇报,在报警时准确地说明火灾单位、地址路名、电话号码及火警部位,同时派出人员引导消防车辆进入现场并介绍水源所在位置。与此同时保安部门要及时引导和疏散火灾现场的顾客和工作人员,并维护好现场秩序,最大限度地降低火灾损失和减少人员伤亡。

② 工作人员在工作区域发现治安案件时应迅速通知当班主管,主管视情况向当地公安机关报案,如遇人员危险时,应及时通知"120"送医院抢救或采取其他紧急措施,并有义务向公安机关提供一切与案件有关的信息,协助捉获犯罪嫌疑人。

③ 泰州体育公园游泳馆工作人员在日常工作中遇到在工作区域发生群众斗殴事件,应及时组织保安人员劝阻斗殴事件、及时组织保安人员劝阻斗殴当事人离开现场、缓解矛盾,并劝阻围观群众离开现场,以免受到意外伤害。必要时及时向当地公安机关或拨打"110"报警,在事态发展过程中,现场工作人员要提高警惕,防止不法分子利用混乱进行破坏或偷拿财物。

④ 泰州体育公园游泳馆营业区域如有溺水及运动损伤事件,工作人员应积极救治。将溺水者及时救出水面,空出腹水后安置于通风处,保持呼吸通畅;如出现意识丧失,呼吸心跳停止等症状,要及时进行人工呼吸和心肺复苏并拨打急救电话"120",救护车赶到之前坚决不能放弃对溺水者的抢救。对运动创伤者,要及时采取方法止血,根据创伤情况处置;如有人突发心脏病,立即找口含药,根据患者情况确定是否进行心肺复苏术,同时拨打"120"向医院求救。

5.4　大型活动安全防范管理

5.4.1　工作流程

为保障大型活动、赛事的规范安全进行,制订适用于泰州体育公园内体育场、综合馆、游泳馆场地业务操作的工作流程(图 5-8)。

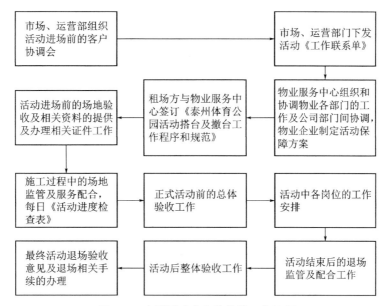

图 5-8　大型活动安全防范的工作流程

5.4.2　总体部署

(1) 调配人员,保障赛事及大型活动工作安全有序。

(2) 赛前三天对场馆设备进行安全大检查,同时对活动现场施工进行安全监管。

(3) 设置物品保管站,对物品进行临时保管。

(4) 准确标明体育公园各出入口方向位置。

(5) 接待贵宾到贵宾休息室或主席台,行走路线布岗警戒。

(6) 引导观众对号入座,确保疏散通道畅通。

(7) 控制突发事件,组织人员有序疏散。

(8) 指挥车辆到指定地点停放,防止车辆事故和丢失。

(9) 协助赛事、大型活动、会场布置及事后清理工作。

(10) 组织实施检票、验票工作。

(11) 制定各项应急预案,包括但不限于防火灾预案、防踩踏预案、防恐怖袭击预案等,并组织实施。

5.4.3　工作内容

（1）经营部、赛事活动部在赛事活动合同签订后，召集主办方、施工方与物业服务中心相关部门进行活动协调会，综合对接相关工作。

（2）物业服务中心物业服务企业出具《活动保障方案》，经物业服务中心活动总协调负责人审核后交公司总经理审批。

（3）赛事活动进场前由客服部会同场馆部与活动主办方对于功能用房、场地等进行综合验收。

（4）进场后场馆部按照要求全程监管和协调搭台事宜，主要负责场地保护、安全监管及协调场灯、时间等。

（5）工程部安排人员与主办方在进场前，对水、电、气的表数进行核定，为活动结束后的能耗数据进行跟踪和记录。

（6）工程部相关人员在搭台期间，每天例行巡检工作，发现有违规操作和乱接乱挂现象进行检查和记录并进行监管整改。

（7）物业服务中心在活动期间对于场馆灯光开放时间、观众入场时间、开门、活动保障的相关保障人员进行安排和检查，确保活动的安全、有序进行。

（8）活动结束后，安排场馆及相关人员监管整个活动撤台工作。

（9）活动撤场结束后由场馆、客服、仓管等相关部门尽心现场综合验收，提供验收报告与物业服务中心活动总负责人。

（10）根据活动验收单，物业服务中心对活动后的退场意见进行分析，报总经理审批后交市场、经营部门。

5.4.4　大型赛事活动接待管理工作制度

（1）在活动举办前10～15 d内由市场部联络客户与公司，整理相关会议材料，并初步确定会议内容。在活动前10 d左右，市场部整理双方资料以及要求召开活动协调会。目的是通过整理客户以及公司针对本次的活动要求，促进客户与公司间共同协调，保障活动顺利成功举办。

（2）市场部在活动举办前15 d左右向客户出示《体育场馆搭台及撤台工作程序和规范》以及相关管理条例，并要求客户提供相关活动方案和服务需求。

（3）市场部根据要求收集客户相关活动方案，并按照公司惯例与客户沟通修改方案，最后将修改方案交公司物业服务中心。服务部门针对修改稿根据公司相关管理规定整理合理的修改意见，待协调会时双方协商解决。意见包括方案不完善、方案与公司管理规定不符、场地使用冲突、责任不清晰、双方专项责任人通讯录等。

（4）市场部在活动10 d前通知公司相关部门和客户召开协调会。与会人员包括市场部项目协调人、服务中心项目协调人、安保部、场地部、保洁部、工程部、项目负责人及市场部相关责任人。客户包括主办方负责人、设施搭建公司负责人、广告布置负责人、演出公司负责人、安保责任人等。协调会由市场部主持，主要根据客户提供修改后的草案，针对双方存在的分歧进行调整,确定服务范围和时间以及进一步完善。会中项目负责人做好会议纪要,生成工作任务单,会后双方签字确认。在活动执行过程中,工作任务单中规定的时间、地点、服务内容和方式等一经协调会确认不得擅自改变,如单方面违反约定应负相关责任。

(5) 如公司或客户因为特殊原因需临时改变工作任务单内容,必须经项目负责人确认方可实施。

(6) 注意事项:

① 《体育场馆搭台及撤台工作程序和规范》包括进场验收表、撤场验收表、场地确认书、安全施工责任书、消防责任书以及施工入场须知。客户协调会后进场前需仔细阅读以上文件,并结合场地情况进行确认,一经客户方确认,客户必须按照以上文件规定执行,并负相关责任。因此,服务中心在和客户签订前必须向客户明确相关信息。

② 在协调会后的保障过程中,除市场部项目负责人外,任何人不得向客户提出任何有偿服务的要求,包括但不限于人事、水电能耗、票务、饭餐等。

5.4.5 秩序维护保障

1) 大型活动的特点

大型活动最大的特点是人员多而且出入集中,参加的群众情绪比较高昂,难以控制局面。我们在活动中要根据主办方的计划协助其工作,要积极配合公安、消防、城管、演艺等单位的工作,做好进场的检录工作和散场后的善后工作,并在发生紧急突发事件时及时汇报和进行必要的控制工作。

2) 安防保障

(1) 由工作组根据从服务中心了解到的信息和工作要求制订安全保卫预案,报服务中心确认后向全体工作人员进行相关的工作内容、要求的培训。培训要做到人人均熟知岗位职责和突发事件的处理规程,各组长负责各组的培训。

(2) 组织活动前的安全检查小组,小组成员包括安全保卫负责人、相关设备技术人员等。对现场的安全状况进行检查和评估,对存在的安全隐患提出整改意见,并责令整改,直到达标为止。

(3) 消防器材的配置应符合以下要求:

① 要在规定的位置配置适当数量的灭火器。

② 要配置足够长度的消防水带,喷射位置应没有死角,并且 3 条消防水带对射有交叉点。

3) 对重要领导或嘉宾的接待。

对重要领导、嘉宾的接待及安全保卫工作,是对体育公园物业管理的一项重要工作。对这项工作的实施,项目公司在对其他体育场馆物业管理过程中有很多成功的经验,将从车辆的行走线路、安全保卫及服务接待的岗位安排。每一岗位的职责,突发事件的应急处理等制定详细的实施方案。

4) 突发事件的处理

(1) 发生紧急突发事件时要立即向组委会或服务中心汇报,并根据制定好的处理规程进行处理。

（2）人员发生拥挤时要及时通知外围安保对人员入场进行控制，并及时疏散人员。

（3）在任何情况下，禁止出现与观众打骂吵闹的现象，如发现不文明群众，要快速带其离开人员聚集区，不能在现场处理事情，避免不明原因的群众起哄。

（4）发生火警时要及时汇报，应急分队应迅速赶往现场处理，其他岗位上的人员要坚守岗位，不得擅自离开。

（5）疏散人群时要按计划制定的方向单向进行疏散，禁止人员返回。

（6）现场人员出现紧急病症时要通知医疗救护人员到达现场救护，并帮助其撤离现场。

（7）其他突发事件处理规程参照活动安全预案执行。

5）车辆停放管理

大型活动期间，车辆凭《出入证》进出。进出车辆要按车辆行驶、停放交通图行驶和停放。停车场以外（主要是体育公园外）车辆由交警部门疏导。进入停车场的车辆要按次序由里到外依次停放，并根据计划，设定专用停车位，以供应到场领导、嘉宾和运动员、演员等专用。要检查进入停车场车辆的状况，发现车窗未关等异常情况时，要及时采取相应的有效措施。

6）人员出入场秩序的维护

进场人员按路线图入场，中途不能返回。如需凭票入场，根据组委会的样票进行检票入场。出场后不得通过出口入场，必须按单行线从入口再次入场。在检票期间，出口一律封闭，并派 1～2 人看管。在进口处，如有公安负责检票的，保安员做好协作工作。在离场时，根据计划安排，开放相应的通道，注意运动员通道和记者通道的畅通。活动结束前 30 min 开放出口，有效组织人群有序离开场馆。

7）清场工作

清场时要采取拉网式进行，人流单向疏散。清场时注意地上是否留有观众遗留下的物品，如发现有观众遗失的物品，应即刻登记并交由组委会处理。清场时要仔细检查现场是否遗留火源或易爆物品，如发现有上述物品，应及时进行排除。清洁人员在清场完毕后才能进场打扫卫生。

8）人员增加配备

活动期间的保障人员是平时在岗人员的数倍，安防工作更是人多力量大。作为该项目的物业公司，在合肥地区，拥有十几个项目，且有多家保安公司合作单位，保安资源十分充裕。从其他项目和合作单位抽调足够人员，以保障体育公园组织活动顺利开展的实际要求。

5.4.6 场馆器材服务保障

1）活动前准备

（1）确认活动开展的信息后，场馆服务人员在项目经理的指导下，制订场地和器材预备工作计划。

（2）根据活动主办方的要求，对所涉及的器材，进行清理、陈列，把可能遇到的问题提前解决，不让器械在活动中出现故障。协调配合主办方做好前期的准备工作。配合客服中心对场地进行验收。

2）活动中保障

（1）根据活动情况和主办方的要求，按时将各种器材或工具搬运到指定地点。需要固定的器材，要固定位置，对于仪表、小型仪器要放置合理，防止丢失。

（2）在活动中，器材保管人员佩戴工作证件，留守在场地，负责看护器材。对于违规使用或挪用器材，应及时问询，掌握器材使用去处。对于过程中突发事件，要及时提供备用器材。

3）活动后的收集

活动结束后，及时清点各种设施、器材，避免与主办方的设施混淆，待演出方离场后，及时收集器材，并归类存放至指定房间，使用后应恢复场馆设施设备的完整性、原样性，如有人为损坏设备由使用单位或个人依照有关规定照价赔偿。待主办方基本撤离完毕后，监督主办方对场地进行验收签字。对于损毁的设施，要在活动结束一周内及时向项目部上报损坏记录。

参考文献

［1］范兆祥,刘梦萱,汤朔宁.互动·共生——基于场所精神的体育公园外部空间建筑景观"交互"设计策略［J］.新建筑,2022(02)：76-81.

［2］汤朔宁,赵孔,谭杨.融合与共生—大中型体育中心的复合化设计研究［J］.城市建筑,2016(28)：35-37.

［3］汤朔宁,李阳夫.大中型体育中心"混合功能"设计研究［J］.建筑与文化,2016(07)：154-156.

［4］蔡仲华.有黏结预应力技术在超长混凝土结构施工中的应用［J］.福建建筑,2017(02)：59-61.

［5］龙涛.论超长.无黏结预应力混凝土结构施工技术［J］.中国新技术新产品,2012(08)：66.

［6］李欣.《缓黏结预应力混凝土结构施工技术规程》说明和应用［J］.天津建设科技,2008(10)：7-8.

［7］赵仕桥.缓黏结预应力混凝土施工技术及应用［J］.福建建材,2018(08)：50-52.

［8］郝玉松,张栩珲.某大跨度缓黏结预应力空心楼盖施工关键技术［J］.施工技术,2017(03)：48-50.

［9］肖勇,李斌,毛建国等.大直径缓黏结预应力施工技术在工程中的应用［J］.北方建筑,2016(11)：58-61.

［10］黄成立.缓黏结预应力施工技术在大跨度井字梁中的应用［J］.山西建筑,2015(05)：100-101.

［11］阴光华.大跨度体育场索网结构施工关键技术［J］.建筑施工,2019(07)：1254-1256.

［12］李治,王红军,涂建,等.第七届世界军运会主赛场钢结构屋盖施工模拟分析［J］.建筑结构,2019(06)：59-62.

［13］刘荣春,张华君.基于 BIM 建模优化的钢桁架屋盖滑移施工工艺［J］.建筑,2021,(04)：71-72.

［14］曹江,李永明,苑庆涛,等.郑州奥林匹克中心体育场钢结构施工技术［J］.钢结构,2018(11)：127-131.

［15］王丰,徐刚,吕品,等.徐州奥体中心体育场环向悬臂索承网格预应力施工关键技术［J］.施工技术,2014(07)：78-82.

［16］张伟.徐州市奥体中心体育场索承网格结构的施工技术［J］.建筑技术开发,2014(03)：43-46.

［17］张宁,陈萌,张伟,等.大跨度大悬挑屋盖网架跨层提升施工技术［J］.施工技术,2021,50(08)：114-116.

［18］孙云飞.多个场馆椭圆形屋盖钢结构的深化设计及施工［J］.建筑施工,2021,43(04)：590-592.

［19］方能榕,陈怡,潘钧俊,等.萧山国际机场 T4 航站楼主楼钢结构屋盖施工技术［J］.施工技术,2021,50(05)：8-11.

［20］彭科,钟亚雯,王宁军.大型室内体育场馆屋盖钢网架的施工技术与管理［J］.建筑经济,2020,41(S2)：170-173.

［21］汤贝贝.大跨度空间双曲桁架结构钢屋盖的建造技术分析研究［J］.建筑技术开发,2020,47(18)：84-86.

［22］张明亮,雷周,刘维,等.液压同步整体提升技术在演播厅钢结构屋盖施工中的应用［J］.施工技术,2020,49(14)：22-26.

［23］杨鹏.延庆综合交通服务中心大跨度钢桁架分段吊装施工技术［J］.施工技术,2020,49(10)：50-52.

2017 年 12 月 29 日,泰州体育公园项目开工典礼

2019 年 9 月 2 日,泰州职业技术学院建筑工程学院教师团队至体育公园项目交流研讨

2019 年 12 月 27 日,泰州体育公园体育场钢结构主体吊装完成

2020 年 3 月 19 日,江苏省委常委、统战部部长杨岳调研指导泰州体育公园项目建设

2020 年 5 月 18 日,泰州体育公园游泳馆、健身馆混凝土主体结构封顶仪式

2020 年 6 月 6 日,体育公园体育馆混凝土主体结构封顶

2020 年 6 月 18 日，江苏省体育局局长、党组书记陈少军一行视察项目建设情况

2021 年 6 月 9 日，江苏省副省长陈星莺一行调研省运会筹备工作和项目建设情况

2021 年 12 月 28 日,泰州体育公园"一场三馆",进入竣工实目测阶段

2021 年 12 月 31 日,2022 年"迎新年、迎省运"跑步活动在泰州体育公园内拉开帷幕

2022 年 1 月 26 日,泰州体育公园"一场三馆"工程竣工会

2022 年 4 月 11 日,全国、江苏省、泰州市部分人大代表视察泰州体育公园

泰州体育公园竣工后航拍实景

2022年6月25日,江苏省第二十届运动会青少年部手球比赛(12~13岁组)在泰州
体育公园体育馆举行,这是泰州体育公园建成后举办的首场正式比赛

2022 年 7 月 1 日,江苏省第二十届运动会青少年部足球比赛(16~17 岁组)
在泰州体育公园足球场拉开战幕

2022 年 8 月 28 日,江苏省第二十届运动会开幕式在泰州体育公园举行